"十四五"时期国家重点出版物出版专项规划项目
土壤环境与污染修复丛书
丛书主编：骆永明

土壤矿物界面有机反应

高 娟 谷 成 等 著

科学出版社
北 京

内 容 简 介

本书介绍了土壤矿物与有机物的相互作用过程与机制，主要包括铁氧化物、锰氧化物、层状硅酸盐和矿物有机质复合体界面介导的氧化还原、自由基等反应的微观机制，以及矿物/微生物和矿物/植物间的相互作用对有机污染物去除过程的影响，同时也探讨了矿物在生命物质起源中所起到的重要作用。

本书适合环境科学、土壤环境学的本科生、硕士生、博士生阅读，也适合广大爱好环境科学的读者阅读。

图书在版编目（CIP）数据

土壤矿物界面有机反应 / 高娟等著. —北京：科学出版社，2024.4

（土壤环境与污染修复丛书）

"十四五"时期国家重点出版物出版专项规划项目

ISBN 978-7-03-077207-7

Ⅰ.①土… Ⅱ.①高… Ⅲ.①土壤污染－污染防治 Ⅳ.①X53

中国国家版本馆 CIP 数据核字（2023）第 243953 号

责任编辑：周 丹 沈 旭 高 微 / 责任校对：郝璐璐
责任印制：赵 博 / 封面设计：许 瑞

科学出版社出版
北京东黄城根北街16号
邮政编码：100717
http://www.sciencep.com

涿州市般润文化传播有限公司印刷
科学出版社发行 各地新华书店经销

*

2024年4月第 一 版 开本：720×1000 1/16
2025年1月第二次印刷 印张：12
字数：242 000
定价：128.00元
（如有印装质量问题，我社负责调换）

"土壤环境与污染修复丛书"
编委会

主　编：骆永明

副主编：王玉军　吴龙华　王　芳　滕　应

编委会委员：蒋　新　王兴祥　刘五星　高　娟
　　　　　　　宋　静　尧一骏　刘　云　方国东
　　　　　　　党　菲　吴宇澄　涂　晨　周　俊
　　　　　　　叶　茂

"土壤环境与污染修复丛书"序

  土壤是农业的基本生产资料，是人类和地表生物赖以生存的物质基础，是不可再生的资源。土壤环境是地球表层系统中生态环境的重要组成部分，是保障生物多样性和生态安全、农产品安全和人居环境安全的根本。土壤污染是土壤环境恶化与质量退化的主要表现形式。当今我国农用地和建设用地土壤污染态势严峻。2018年5月18日，习近平总书记在全国生态环境保护大会上发表重要讲话指出，要强化土壤污染管控和修复，有效防范风险，让老百姓吃得放心、住得安心。联合国粮农组织于同年5月在罗马召开全球土壤污染研讨会，旨在通过防止和减少土壤中的污染物来维持土壤健康和食物安全，进而实现可持续发展目标。可见，土壤污染是中国乃至全世界的重要土壤环境问题。

  中国科学院南京土壤研究所早在1976年就成立土壤环境保护研究室，进入新世纪后相继成立土壤与环境生物修复研究中心（2002年）和中国科学院土壤环境与污染修复重点实验室（2008年）；开展土壤环境和土壤修复理论、方法和技术的应用基础研究，认识土壤污染与环境质量演变规律，创新土壤污染防治与安全利用技术，发展土壤环境学和环境土壤学，创立土壤修复学和修复土壤学，努力建成土壤污染过程与绿色修复国家最高水平的研究、咨询和人才培养基地，支撑国家土壤环境管理和土壤环境质量改善，引领国际土壤环境科学技术与土壤修复产业化发展方向，成为全球卓越研究中心；设立四个主题研究方向：1）土壤污染过程与生物健康，2）土壤污染监测与环境基准，3）土壤圈污染物循环与环境质量演变，4）土壤和地下水污染绿色可持续修复。近期，将创新区域土壤污染成因理论与管控修复技术体系，提高污染耕地和场地土壤安全利用率；中长期，将创建基于"基准-标准"和"减量-净土"的土壤污染管控与修复理论、方法与技术体系，支撑实现全国土壤污染风险管控和土壤环境质量改善的目标。

  "土壤环境与污染修复丛书"由中国科学院土壤环境与污染修复重点实验室、中国科学院南京土壤研究所土壤与环境生物修复研究中心等部门组织撰写，主要由从事土壤环境和土壤修复两大学科体系研究的团队及成员完成，其内容是他们多年研究进展和成果的系统总结与集体结晶，以专著、编著或教材形式持续出版，旨在促进土壤环境科学和土壤修复科学的原始创新、关键核心技术方法发展和实际应用，为国家及区域打好土壤污染防治攻坚战、扎实推进净土保卫战提供系统性的新思想、新理论、新方法、新技术、新产品、新标准和新模式，为国家生态文明建设、乡村振兴、美丽健康和绿色可持续发展提供集成性的土壤环境保护与修复科技咨询和监管策略，也为全球土壤环境保护和土壤污染防治提供中国特色的知识智慧和经验模式。

中国科学院南京土壤研究所研究员
中国科学院土壤环境与污染修复重点实验室主任

2021 年 6 月 5 日

前　言

　　土壤是地球表面一层疏松的壳层，是具有生命活力的混合体，其中包括矿物、有机质、空气、水和生物。土壤为地面的植物提供营养，也为微生物、土壤动物和人类提供了栖息地和食物。在土壤中无机矿物占 10%～60%，在沙漠等地区，土壤中无机矿物的组分甚至能达到 90%以上。这些无机矿物主要包括一些金属矿物、金属氧化物、硅酸盐颗粒和层状硅酸盐矿物。而土壤矿物由于其特殊的结构特征，具有不同的物理化学性质，如黏土矿物由于具有巨大的比表面积和表面电负性，能吸附一些有机污染物，而一些含铁矿物（包括黏土矿物中的结构铁）能够利用其氧化还原特性催化污染物的转化过程。另外，有些金属氧化物在光照下能产生光电流，并且一些具有纳米结构的矿物在光照下会发生电子跃迁而具有光催化活性。因此，土壤矿物将对环境中污染物的迁移转化、土壤中碳的固定，甚至生命的起源等，都能够起到重要的作用。

　　由于母质和环境的影响，土壤矿物的结构组成和形态性质会发生变化，且矿物间能够相互转化。例如，在温带湿润、半湿润环境条件下，云母类黏土容易转变为蒙脱石，而针铁矿、赤铁矿和无定形铁氧化物间能够相互转化，但物理化学性质各不相同。此外，矿物界面还能够产生自由基，促进有机物的转化，并形成土壤有机质。土壤的厌氧-有氧状况的交替变化能够促进土壤有机质的氧化，产生二氧化碳排放到大气中，而多次的氧化还原反应还会改变土壤矿物的结构，以及诱导新型矿物的生成。

　　土壤是自然界中最重要的碳库，有机质与矿物结合形成矿物-有机质复合体。矿物对有机质的吸附并不完全取决于总比表面积，吸附过程往往是分层进行的，并且矿物有机质的稳定性与矿物的结晶性以及有机质中的氧化还原活性官能团的种类相关。一般而言，与矿物结合的有机质生物有效性明显降低，但微生物会通过分泌小分子酸以及胞外聚合物来利用这些有机组分，而且土壤矿物界面也会介导聚合反应的发生，促进土壤的腐殖化过程，因此土壤矿物与有机质的界面反应会影响土壤中碳的固定与释放，值得进一步深入研究。

　　土壤矿物为微生物的生存提供栖息地和营养，保护微生物不受外界因素的伤害。微生物与矿物间的相互作用受到范德瓦耳斯力、静电作用、疏水作用力、空间位阻效应、氢键和溶液离子强度等因素的影响，微生物表面的羟基、羧基、磷酸基等基团能与矿物表面的羟基等基团发生特异性结合。微生物与矿物生成相关，它们能够通过吸收或富集矿物元素在体内直接形成矿物。同时，微生物也可以促进矿物的溶解，从而释放出各种元素，为自身的生长提供营养。土壤矿物还能为植物提供营养，而植物根系分泌的小分子酸、蛋白酶和糖类等，一方面可以改变矿物周边环境，影响根系周围的微生物群落，另一方面促进矿物界面的有机污染物和营养物质的共代谢或协同代谢等微生态过程。在植物根-土界面通常会形成氧化铁和锰胶膜，也会改变腐殖质的组成结构，改变污染物在根-土界面的环境行为。

目前有研究表明黏土矿物与生命物质的形成有一定相关性。在地球的形成过程中，一些矿物慢慢风化成为具有手性特征的黏土矿物，如高岭石和蒙脱石，有利于手性的生命小分子的合成，发生这些过程的能量来自太阳光照、闪电、火山爆发和陨石撞击。但目前关于黏土矿物在生命物质起源的作用还存在一些尚未解决的问题，如生命物质的手性问题、重复性问题等。

本书的第一章由中国科学院南京土壤研究所仝运平和高娟（中国科学院大学南京学院岗位教师）撰写，第二章由中国科学院南京土壤研究所王星皓和高娟撰写，第三章由中国科学院南京土壤研究所楚龙港和高娟撰写，第四章由南京工程大学的王艺、南京大学的金鑫和谷成撰写，第五章由中国科学院南京土壤研究所牛军浩和孙昭玥撰写，第六章由南京师范大学的朱凤晓和南京大学的谷成撰写，第七章由中国科学院南京土壤研究所的蔡月和高娟撰写，第八章由南开大学的陈泽友、天津城建大学的彭安萍和南京大学的谷成撰写，第九章由中国科学院南京土壤研究所的孙昭玥、楚龙港、牛军浩、仝运平和南京工程大学的王艺撰写。

本书的顺利撰写是各位老师通力合作、辛勤劳动取得的成果，得到了中国科学院战略性科技先导专项，国家自然科学基金面上项目、联合基金和重大项目的支持。本书得到中国科学院南京土壤研究所和中国科学院大学南京学院的支持，是"土壤环境与污染修复丛书"之一，得益于骆永明研究员提供的机会。本书也是对我们长期以来研究工作的总结和反思。

由于作者的水平有限，书中难免存在一些疏漏和不足，敬请读者批评指正。

高 娟 谷 成
2023 年 10 月于南京

目 录

"土壤环境与污染修复丛书"序
前言
第一章 铁氧化物界面有机污染物的反应 ·············· 1
  第一节 环境中的铁氧化物 ·············· 1
    一、铁氧化物的分类 ·············· 1
    二、铁氧化物的性质 ·············· 2
    三、铁氧化物的转化 ·············· 3
  第二节 有机污染物在铁氧化物表面的吸附 ·············· 4
    一、铁氧化物吸附有机污染物的相关机制 ·············· 4
    二、铁氧化物吸附有机污染物的影响因素 ·············· 4
  第三节 有机污染物在铁氧化物表面的转化 ·············· 6
    一、有机污染物在铁氧化物表面的水解反应 ·············· 6
    二、有机污染物在铁氧化物表面的氧化反应 ·············· 7
    三、微生物还原铁氧化物对有机污染物转化的作用 ·············· 8
    四、有机污染物在铁氧化物表面的光催化反应 ·············· 9
  第四节 铁氧化物在污染治理中的应用 ·············· 11
  参考文献 ·············· 11
第二章 锰氧化物赋存形态变化对有机污染物的作用 ·············· 16
  第一节 土壤中含锰矿物简介 ·············· 16
    一、土壤中氧化锰矿物的来源与成因 ·············· 16
    二、氧化锰矿物的晶型结构 ·············· 17
    三、土壤中锰的形态和转化规律 ·············· 20
  第二节 锰氧化物对有机污染物的吸附与转化作用 ·············· 21
    一、锰氧化物对有机污染物的吸附作用 ·············· 21
    二、锰氧化物对有机污染物的转化作用 ·············· 21
    三、锰氧化物与有机污染物反应的影响因素 ·············· 25
  第三节 三价锰对有机污染物的转化 ·············· 27
    一、固态三价锰 ·············· 27

二、溶解态三价锰···28
　第四节　土壤环境中锰矿物对碳循环的影响·························30
　参考文献···31
第三章　含硫矿物界面有机污染物的反应·····································40
　第一节　环境中的含硫矿物···40
　　一、金属硫化物···40
　　二、铁硫酸盐矿物···41
　　三、单质硫矿···42
　第二节　金属硫化物对有机污染物的还原作用······················42
　　一、金属硫化物介导的直接还原过程······························43
　　二、金属硫化物介导的间接还原过程······························43
　第三节　金属硫化物对有机污染物的氧化作用······················45
　　一、超氧自由基及过氧化氢对有机污染物的氧化作用··············45
　　二、羟自由基对有机污染物的氧化作用··························46
　　三、环境因素对自由基形成的影响·······························47
　第四节　金属硫化物在环境修复中的应用··························48
　参考文献···49
第四章　黏土矿物界面对有机污染物的催化转化·····························53
　第一节　黏土矿物性质···53
　　一、黏土矿物的结构···53
　　二、黏土矿物的表面酸性··54
　　三、黏土矿物的吸附性··56
　第二节　黏土矿物介导有机污染物的水解反应······················58
　　一、蒙脱石诱导的水解反应······································58
　　二、高岭石诱导的水解反应······································61
　　三、表面湿度和有机质的影响···································63
　第三节　黏土矿物介导有机污染物的氧化聚合反应··················64
　　一、蒙脱石介导有机污染物氧化聚合的反应机制··················64
　　二、蒙脱石介导有机污染物氧化聚合的影响因素··················67
　　三、蒙脱石介导有机污染物氧化聚合的产物······················70
　第四节　黏土矿物界面的环境意义·································72
　参考文献···73
第五章　土壤矿物与有机质的相互作用·······································79
　第一节　有机质在矿物界面的反应·································79
　　一、矿物界面有机质的吸附固定··································80

二、矿物-有机质界面氧化还原反应 83
　　三、矿物-有机质界面自由基生成 84
第二节　矿物与有机质相互作用过程中的土壤碳转化 89
　　一、矿物对有机质的分馏作用 89
　　二、氧波动环境下矿物与有机质的相互作用 91
　　三、根际环境中矿物与有机质的相互作用 93
第三节　矿物与有机质相互作用对有机污染物迁移转化的影响 96
　　一、矿物-有机质复合体对有机污染物的吸附 96
　　二、矿物-有机质界面有机污染物的转化 98
参考文献 100

第六章　土壤-植物界面相互作用对有机污染物迁移转化的影响 109
第一节　土壤矿物-有机污染界面反应 110
　　一、土壤主要矿物对有机污染物在土壤-植物界面中环境行为的影响 110
　　二、土壤含硅矿物对有机污染物在土壤-植物界面中环境行为的影响 112
第二节　有机污染物-植物界面反应 114
　　一、根系界面过程 114
　　二、根际界面过程 116
　　三、典型植物活性分子对有机污染物迁移转化的影响 120
　　四、有机污染物性质对其在有机污染物-植物界面反应中的影响 121
　　五、土壤矿物-作物作用与研究趋势 122
参考文献 123

第七章　矿物与微生物间的界面反应 127
第一节　微生物在矿物上的吸附和作用类型 127
　　一、微生物在矿物上的吸附过程 127
　　二、吸附机制及初始吸附的理论模型 128
　　三、微生物对矿物的作用类型 129
第二节　矿物对微生物生长和活性的影响 133
　　一、微生物的生长和代谢活性 133
　　二、微生物胞外分泌物 134
　　三、矿物对微生物的保护作用 135
第三节　微生物-矿物相互作用对有机污染物的降解转化 136
　　一、污染物的酶促降解 137
　　二、胞外电子传递过程中的污染物转化 139
　　三、微生物-矿物界面反应与碳循环 141
第四节　微生物-矿物相互作用的研究展望 144

参考文献 145

第八章 矿物与生命起源 149
第一节 地球的早期环境 149
第二节 黏土矿物与简单生物分子的形成 150
　　一、黏土矿物介导氨基酸的形成 150
　　二、黏土矿物对氨基酸的吸附 151
　　三、氨基酸手性问题挑战黏土矿物的作用 152
　　四、黏土矿物介导核酸碱基的形成 154
　　五、黏土矿物对核酸碱基的吸附 155
　　六、黏土矿物介导糖类的形成 155
第三节 黏土矿物与复杂生物分子的形成 156
　　一、黏土催化产生核酸 156
　　二、黏土催化肽类的形成 157
第四节 黏土矿物与细胞的起源 158
第五节 生命起源之争 159
参考文献 160

第九章 矿物表征方法 163
第一节 电子顺磁共振波谱 163
　　一、基本参数 163
　　二、样品制备注意事项 165
　　三、变温测量 165
　　四、应用举例 166
第二节 原位光谱表征 168
第三节 扫描电子显微镜 170
第四节 透射电子显微镜 172
第五节 循环伏安法 173
第六节 X 射线光电子能谱 174
　　一、X 射线光电子能谱原理 175
　　二、X 射线光电子能谱应用 175
第七节 石英晶体微天平应用 177
　　一、基本原理 177
　　二、QCM-D 在矿物界面反应中的应用 178
参考文献 179

第一章 铁氧化物界面有机污染物的反应

第一节 环境中的铁氧化物

铁是地壳中丰度为第四位的元素，广泛存在于土壤、沉积物、天然水体、大气气溶胶以及动植物体内，在地球化学生物循环中扮演重要角色。土壤中常见的含铁矿物包括次生黏土矿物、铁（氢）氧化物、铁硫化物等。其中铁（氢）氧化物是土壤中含量最多的金属氧化物，其在土壤中的含量一般在 1%～5%的范围内，部分红壤中可高达 5%～25%（苏玲，2001；Shimizu et al.，2013；熊娟，2015）。在早期阶段，陆地和海洋环境中的各种岩石经地表风化作用形成铁氧化物，随后通过一系列物理、化学和生物作用进入环境圈层（于成龙，2019）。针铁矿和赤铁矿是环境中常见且稳定的铁氧化物，在风化程度较高、通气良好的土壤中，含有大量的针铁矿和赤铁矿。此外，这两种矿物也是土壤颜色的主要来源（Dixon and Weed，1989）。

一、铁氧化物的分类

按照矿物学分类，铁氧化物可分为水铁矿（$Fe_5HO_8·4H_2O$）、针铁矿（α-FeOOH）、赤铁矿（α-Fe_2O_3）、磁铁矿（γ-Fe_3O_4）、磁赤铁矿（γ-Fe_2O_3）、纤铁矿（γ-FeOOH）等。按照化学形态分类，可分为结构态铁氧化物和游离态铁氧化物。结构态铁氧化物与硅酸盐和铝氧化物结合，或因同晶置换而存在于黏土矿物的结构内；其余铁氧化物及其水合物则统称为游离态铁氧化物（Oades，1963）。游离态铁氧化物包括晶态和无定形态，多吸附在黏土矿物表面，易于参与环境中各种反应（王旭刚，2007）。一般提到的铁氧化物指的是游离态铁氧化物。土壤或沉积物中能够使用连二亚硫酸钠-柠檬酸钠-碳酸氢钠溶液（DCB 方法）提取的部分为游离态铁氧化物（丁昌璞和徐仁扣，2011）。其中，能够使用草酸-草酸铵溶液提取的部分为活性铁氧化物，相比于晶态较好的针铁矿、赤铁矿等，其在构造上结晶较差，具有极细的颗粒和较大的比表面积，包括伯纳尔石和水铁矿等无定形矿物。我国红壤黏粒中游离氧化铁的含量占总铁氧化物的比例为 2%～24%（赵其国，2002）。

此外，同一种晶型结构的铁氧化物，因合成方式或者环境的差异，表面暴露的晶面不同，具有不同的理化性质（Zhao et al.，2013）。α-Fe_2O_3 是晶型构造较为复杂的一类铁氧化物，由于表面暴露的晶面不同，会表现出棒状［(110) 晶面、(100) 晶面］、立方体［(012) 晶面］、片状［(001) 晶面］等各种形态（Liang and Su，2009）。有研究表明（Han et al.，2021），在微生物异化还原过程中，相比于(100) 晶面暴露的棒状 $\alpha\text{-Fe}_2O_3$，(001) 晶面暴露的片状 $\alpha\text{-Fe}_2O_3$ 与 O_2 反应更易进行，会产生更多的活性氧物种（reactive oxygen species，ROS）；与立方体 $\alpha\text{-Fe}_2O_3$ 和棒状 $\alpha\text{-Fe}_2O_3$ 相比，过硫酸盐（persulfate，PS）更易吸附在片状 $\alpha\text{-Fe}_2O_3$ 表面，被活化和产生 ROS 的效率也更高（Guo et al.，2021）；棒状 $\alpha\text{-Fe}_2O_3$ 具有暴露的(110) 晶面，可作为活性材料负载在碳毡电极表面（杨祥龙等，2018），其电催化降解罗丹明的效果要比(001) 晶面暴露的片状 $\alpha\text{-Fe}_2O_3$ 更好。

二、铁氧化物的性质

不同铁氧化物具有不同的晶态、结构和价态等，它们的物理化学性质不同，在一系列生物和非生物反应中的活性有较大差异。表 1-1 中罗列了几种常见铁氧化物的基本理化性质（Schwertmann and Cornell，2000；Gorski and Scherer，2009；童琳颖，2013；Frierdich et al.，2015；Alexandratos et al.，2017；贾蓉，2017；Chen and Arai，2019；Wu et al.，2019）。土壤中铁氧化物类型、含量和结晶特性等取决于成土环境条件，并随时间和空间的变化而变化。不同类型铁氧化物颜色差异大，呈红色、棕色、橙色、黄色和黑色，所以可从土色变化上观察其变化。不同的铁氧化物主要存在的土壤类型及环境条件如表 1-2 所示（Schwertmann，1985；李学恒，2001；李瑛，2019）。

表 1-1 几种常见铁氧化物理化性质

铁氧化物	比表面积/(m²/g)	粒径/nm	形态	颜色	pH_{pzc}
水铁矿（$Fe_5HO_8 \cdot 4H_2O$）	200～300	2～6	球状	红	8.50
针铁矿（$\alpha\text{-FeOOH}$）	60～200	20～100	针状	黄	8.88
纤铁矿（$\gamma\text{-FeOOH}$）	70～80	—	条状	橘红	8.47
赤铁矿（$\alpha\text{-Fe}_2O_3$）	50～120	20～50	六角板状	亮红	8.96
磁赤铁矿（$\gamma\text{-Fe}_2O_3$）	14.4	—	细小微粒	红棕	8.25
磁铁矿（$\gamma\text{-Fe}_3O_4$）	62.0	20～100	八面体	黑	8.72

注：铁氧化物形成于不同环境，性质略有不同，表中数据为参考文献平均值（见上文）。

表 1-2 铁氧化物在土壤中的分布

铁氧化物	主要土壤类型
水铁矿	好氧和厌氧土壤中所有区域；常见于黄棕壤和我国南方山地土壤
针铁矿	排水良好、富含有机质和氧化还原交替频繁的土壤中；常见于潮湿、温和或冰冷的非石灰性土壤

续表

铁氧化物	主要土壤类型
纤铁矿	地下水、滞水土壤（潜育土、水稻土）和灰壤中的温和或冰冷区域
赤铁矿	亚热带及湿润半湿润热带区域的高度风化土壤中；常见于红壤和砖红壤
磁赤铁矿	热带及亚热带高度风化、有机质含量高的土壤表层及铁锰结核中
磁铁矿	热带及亚热带高度风化、有机质含量高的土壤表层及铁锰结核中；生物区，尤其是趋磁细菌存在的地方

三、铁氧化物的转化

不同环境中铁氧化物种类和含量不同，并随着环境温度、pH、氧化还原条件、共存离子和有机质等的变化，其结构相互之间发生转化。铁氧化物的形态转化大致可以分为两个方向：①老化，沿着"离子态—非晶质—隐晶质—晶质"的方向转化；②活化，沿着"晶质—非晶质—离子态"的方向转化（李芳柏等，2006）。在还原环境和配体存在的条件下，土壤中各种铁氧化物还原溶解或者络合溶解，从而实现活化过程；离子态铁和络合态铁的水解、氧化、沉淀过程则可以使其转变为比表面积较大的氢氧化铁或者水铁矿等，实现铁氧化物的老化过程（于天仁和陈志诚，1990）。自然条件下，排水或旱作能促使土壤中铁氧化物的老化，而灌溉和增施有机肥可促进铁氧化物的活化。

铁氧化物的老化过程在环境中较为常见，如水铁矿在不同 pH 条件下可通过溶解和再结晶转化为针铁矿和赤铁矿，纤铁矿在碱性环境下通过溶解和再结晶可以转变为针铁矿，而针铁矿在水溶液中通过热解脱羟基可以转变为赤铁矿。在好氧环境下，针铁矿和赤铁矿是热稳定性最高的矿物，因此也是众多转化反应的终端产物（于成龙，2019）（图1-1）。在酸性环境或者还原条件下，铁氧化物多发生活化过程。无机/有机酸等可通过质子交换溶解铁氧化物。而在厌氧条件下，微生物以铁氧化物为终端电子受体，溶解和还原铁氧化物。不同形态铁氧化物之间的转化是铁地球化学循环的重要过程，同时也会影响环境中有机碳、有机污染物、重金属等的迁移转化行为。

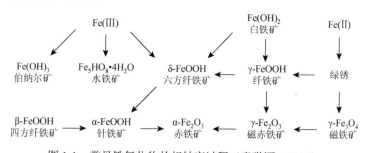

图 1-1 常见铁氧化物的相转变过程（童琳颖，2013）

第二节　有机污染物在铁氧化物表面的吸附

一、铁氧化物吸附有机污染物的相关机制

铁氧化物在各种土壤中分布较为广泛，由于其颗粒较小而且比表面积大，还具有一定的孔隙，因此对多种污染物有强烈的吸附作用，是土壤和沉积物中有机污染物主要的"汇"。有机污染物在铁氧化物表面的吸附会影响其在环境中的扩散迁移及转化过程。吸附态的污染物可移动性和生物有效性降低，环境风险也随之降低。有机污染物在铁氧化物表面的吸附机制主要有以下几种：①络合作用，有机污染物特征基团（氨基、酮基、羟基、羧基等）与铁氧化物表面的铁配位形成络合物，如四环素分子中的三羧基酰胺及酚二酮基在碱性条件下会与针铁矿形成双齿络合物（Zhao et al., 2014），环丙沙星（CIP）分子中的羧基和酮基会与针铁矿形成双齿螯合物（Trivedi and Vasudevan, 2007）；②静电引力，铁氧化物的pH_{pzc}较高（>8.0），在一般环境情况下带有正电荷，可以有效吸附阴离子型有机污染物（如农药等）；③氢键作用，有机污染物的官能团（如羟基、羧基等）与铁氧化物表面羟基形成氢键而直接被吸附在矿物表面。有机污染物在铁氧化物表面的吸附，一般是多种机制共同作用的结果。

二、铁氧化物吸附有机污染物的影响因素

（一）铁氧化物的种类

铁氧化物的种类会显著影响有机污染物的吸附行为。不同类型的矿物（如无定形态和晶态）表面形态和晶相结构有很大不同，理化性质相差较大，因此同一种有机污染物在不同铁氧化物上的吸附行为不同。例如，四环素在水铁矿和针铁矿表面的吸附均为内层络合吸附，但是水铁矿的平衡吸附量是针铁矿的 2 倍以上（Wu et al., 2019），这和水铁矿比表面积较大有关。此外，水铁矿的孔隙大小与四环素分子结构相当，更利于捕获四环素分子。有研究（雷斐斐，2016）显示，虽然针铁矿的比表面积大于赤铁矿和磁铁矿，但由于其颗粒间孔隙小，环丙沙星难以进入，因此吸附量小于后两种铁氧化物。

（二）环境酸碱性

环境酸碱性（pH）通过影响铁氧化物表面羟基以及有机分子的解离，影响铁氧化物表面电荷情况和有机分子的离子形态，从而显著影响铁氧化物对有机物的吸附作用。以针铁矿为例，针铁矿表面羟基的解离常数有两个值，pK_{a1} = 5.3 和 pK_{a2} = 8.8。当溶液 pH 低于 pK_{a1} 时，针铁矿表面带正电荷（≡$FeOH_2^+$）；当

pK_{a1}<pH<pK_{a2}时，针铁矿表面为电中性（≡FeOH）；当pH>pK_{a2}时，针铁矿表面带负电荷（≡FeO⁻）(Zhang and Huang, 2007)。随着pH升高，草甘膦分子和针铁矿表面逐渐发生去质子化过程，二者的络合形式会随之发生改变（Yan and Jing, 2018）。pH=5时，草甘膦主要是以双齿双核和双齿单核的形式吸附在针铁矿表面，而在pH=9时，则主要是单齿单核的配位形式。童琳颖（2013）的研究表明，随着pH的升高，针铁矿表面由正电性向负电性转变，影响了其对氯酚类物质的吸附。顾维（2011）的研究表明，不同pH条件下针铁矿对诺氟沙星的吸附量大小顺序为pH 5.6>pH 5.0>pH 6.2>pH 3.5。

（三）有机质

腐殖质是环境中广泛存在的有机质，含有多种官能团，会对铁氧化物吸附有机污染物的行为产生较大影响。腐殖质聚集在铁氧化物表面，会增加矿物表面的疏水性，增强对弱极性有机污染物的吸附作用（于成龙，2019）。另外，吸附在铁氧化物表面的腐殖质会改变铁氧化物表面所带电荷性质及分布形态，影响其对污染物的吸附（Saito et al., 2004）。有机质中的一些小分子物质，如多酚类或者小分子有机酸，可以通过分子结构中的羟基或羧基，与铁氧化物形成外层或内层络合物，改变铁氧化物表面的吸附位点，从而影响对其他污染物的吸附（Redden et al., 1998）。雷斐斐（2016）的研究表明，当存在较低浓度的柠檬酸时，其分子中的羧基占据了针铁矿表面的吸附位点，抑制环丙沙星在针铁矿表面的吸附；随着柠檬酸浓度的增大，其在针铁矿上的吸附逐渐达到饱和，柠檬酸结构中剩余一部分羧基不参与吸附，这部分未与针铁矿表面结合的羧基会与溶液中的环丙沙星结合形成三元复合物，促进环丙沙星的吸附。

（四）无机离子

环境中广泛存在的各种无机离子也会影响铁氧化物对有机污染物的吸附作用。一些金属阳离子（K^+、Na^+、Mg^{2+}、Ca^{2+}、Al^{3+}等）通过竞争铁氧化物表面的吸附位点，抑制其对有机污染物的吸附。一些金属阳离子通过与有机分子之间的络合作用，作为阳离子键桥促进铁氧化物对有机分子的吸附（Zhao et al., 2011; Tan et al., 2015）。磷酸根是环境中常见的阴离子，对铁氧化物具有高亲和力，会强烈地吸附在铁氧化物表面，改变其表面电荷，同时占据铁氧化物表面吸附位点，磷酸根的存在一般会抑制铁氧化物对有机分子的吸附并促进其解吸（Qin et al., 2014a；Qin et al., 2014b）。其他阴离子如Cl^-等，可能会竞争铁氧化物的吸附位点，同时也有可能通过吸附改变铁氧化物表面电荷状态，促进其对有机分子的吸附。

第三节 有机污染物在铁氧化物表面的转化

一般认为环境中有机污染物的自然消减主要是微生物降解作用，但无机矿物介导的非生物转化过程同样不可忽视。土壤和沉积物中有大量稳定存在的铁氧化物，它们与有机污染物之间的相互作用，影响其迁移转化和生物有效性，对环境地球化学有十分重要的意义。目前研究报道的铁氧化物介导有机污染物的转化，主要包括水解、氧化、还原和光催化氧化过程。了解有机污染物在铁氧化物作用下的迁移转化规律，对于评价其在环境中的转化归趋及生物效应是十分重要的。

一、有机污染物在铁氧化物表面的水解反应

游离态的金属离子与有机污染物的络合可以极大地促进有机污染物的水解，其主要机制为金属离子与有机污染物络合改变有机分子结构中电子云密度的分布，使其更有利于发生水解反应。如 β-内酰胺等抗生素类药物结构中的羧基、羰基、氨基等多种特征基团与 Cu^{2+}、Fe^{3+}、Mn^{2+} 等金属离子配位结合后，分子结构中 β-内酰胺环电子云分布改变，更易被亲核试剂进攻，快速发生水解反应（Chen et al.，2016；Chen et al.，2017；Huang T et al.，2017）。近来有研究发现，铁氧化物表面铁原子或者其他酸性基团（路易斯酸和布朗斯特酸）也可以起到类似游离金属离子的作用，催化有机污染物的水解（Xu et al.，2019a）。有研究报道磁铁矿加速氨苄西林（ampicillin，AMP）的水解（王莹，2017），主要机制与 Fe^{3+} 催化作用相似，磁铁矿表面 Fe(III) 与 AMP 络合后，改变了 AMP 结构中 β-内酰胺环电子云密度分布，从而加速水解过程。盛峰（2019）的研究表明，针铁矿能够催化青霉素 G（penicillin G，PG）的水解，表面 Fe(III) 是主要的反应活性位点。Zn^{2+} 的加入会加速这一水解过程，在此三元体系中，针铁矿表面羟基同时吸附 Zn^{2+} 和 PG 后，Zn^{2+} 作为强亲核试剂破坏 PG 的分子结构，使其快速水解。针铁矿、赤铁矿、菱铁矿和磁赤铁矿均可以催化氯霉素（chloramphenicol，CAP）在其表面的水解，不同矿物表现出不同的催化性能，磁赤铁矿＞赤铁矿＞针铁矿＞菱铁矿，这与矿物比表面积及表面羟基密度有关（Wu et al.，2021）。不同铁氧化物表面与 CAP 的相互作用模式如图 1-2 所示。红外光谱（IR）和漫反射傅里叶变换红外光谱（DRIFTS）结果表明，矿物表面的路易斯酸位点［≡Fe(III)］是赤铁矿和磁赤铁矿水解 CAP 的主要活性位点；使用 PO_4^{3-} 和 F^- 对针铁矿表面的羟基进行改性会极大地抑制 CAP 的水解，说明表面羟基在针铁矿催化 CAP 的过程中也具有重要作用。不同环境湿度对反应速率影响很大，一方面水解反应需要一定的水分子参与，另一方面过多的水分子会占据铁矿物表面的活性位点，抑制其水解反应。菱铁矿与以上三种铁氧化物性质不同，它是含有 Fe(II) 的碳酸盐，表面对于 CAP 的

络合能力较弱，因此环境湿度对水解无明显影响。根据 IR、漫反射傅里叶变换红外光谱表征和密度泛函理论（DFT）计算结果，作者推测是 CAP 与菱铁矿表面形成的双配位氢键促进了 CAP 的水解。菱铁矿的 CO_3^{2-} 首先被表面自由水分子质子化，然后 CAP 的羰基向 HCO_3^- 的羟基提供孤对电子形成氢键。同时，（Z）型 CAP 异构化为（E）型 CAP，在酰亚胺和 HCO_3^- 之间形成第二个氢键。因此，酰胺基的电子密度进一步降低，有利于水分子的亲核攻击。在此研究中，有限的水分条件更接近真实的土壤环境，证明了土壤中的铁氧化物对有机污染物水解转化的重要作用。

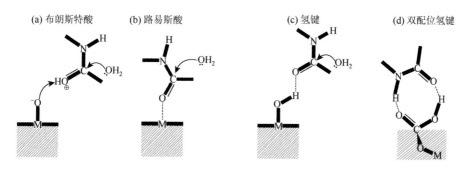

图 1-2　铁氧化物表面与 CAP 之间的不同相互作用模式（Wu et al.，2021）

二、有机污染物在铁氧化物表面的氧化反应

铁氧化物广泛存在于土壤和沉积物中，比表面积大，反应性强，能与多种有机分子发生反应。铁氧化物能够与一些酚类、小分子有机酸类物质（如苯酚、邻苯二酚、苯甲酸和水杨酸等）发生氧化还原反应，减轻酚、酸对动植物的危害（程正奇，2016；易鹏，2019）。同时，铁氧化物还可以吸附和氧化一系列有机污染物，包括氯苯酚、苯胺、抗生素类药物等，减轻其环境危害（Lin et al.，2012；童琳颖，2013；吴庭雯，2017）。铁氧化物与有机分子之间的相互作用影响有机分子的迁移转化过程和生物有效性，对环境地球化学具有重要意义。

铁氧化物表面的 Fe(Ⅲ) 具有亲电特性，一些有机分子尤其是农药类和抗生素类药物，如氯酚和四环素等，其分子结构具有氨基、羧基、羟基等多种官能团，具有亲核性。因此，这些有机污染物易与铁氧化物表面 Fe(Ⅲ) 形成络合物，随后发生配体-金属电荷转移（ligand-to-metal-charge-transfer，LMCT）过程。铁氧化物表面对有机污染物的氧化转化涉及三个步骤：①有机分子与铁氧化物表面 Fe(Ⅲ) 络合形成前体复合物；②电子从有机分子转移到 Fe(Ⅲ)；③后续复合体的解离和氧化产物的释放。在此过程中，有机污染物作为电子供体还原铁氧化物，随后发生进一步的转化和降解，而还原生成的 Fe(Ⅱ) 会释放到溶液中或者重新吸附在铁氧化物表面。其中，根据反应产物的不同，又可以分为两类：结构简单的卤代酚类有机分子通过 LMCT 过程，通常生成稳定的酚氧自由基中间体，可进一步交联聚合生成二聚物或者多聚物；结构复杂的有机分子如四环素类和喹诺酮类药物，中间体难以稳定存在，通常发生进一步的转化和降解。

氯酚类和溴酚类有机物能够强烈地吸附在针铁矿表面，并与表面 Fe(III)形成络合物，随后发生电子传递过程（丁佳锋，2015）。卤代酚类有机分子被氧化为酚氧自由基，并进一步发生聚合反应，生成多氯联苯醚（PCDEs）和多溴联苯醚（PBDEs）类物质，而铁氧化物表面 Fe(III)则被还原为 Fe(II)释放到溶液中（童琳颖，2013；孙粉玲等，2015）。不同铁氧化物对五氯酚的转化效果为纤铁矿>赤铁矿>针铁矿>磁铁矿，这主要与铁氧化物比表面积、总孔体积以及无定形态铁所占比例有关。无定形态铁比例越高，比表面积越大，转化效果越好。纤铁矿中无定形态铁所占比例较高，且比表面积大，因此具有较高的氧化活性。Lin 等（2012）的研究表明，针铁矿介导双酚 A 的转化过程也涉及表面络合物的电子传递，反应产物为双酚 A 的二聚体。此外，卤代苯酚在铁氧化物表面的转化产物 PCDEs 和 PBDEs，相比于母体分子毒性更高，其生物效应不容忽视。

铁氧化物是导致环境中有机分子尤其是药物类分子非生物降解的主要原因（Gu and Karthikeyan，2005；Hsu et al.，2018）。七种典型的喹诺酮类抗生素（环丙沙星、诺氟沙星等）吸附在针铁矿表面后，均会发生一定程度的氧化（Zhang and Huang，2007）。喹诺酮分子通过羧基吸附在针铁矿表面形成前体复合物，随后哌嗪环与针铁矿表面的 Fe(III)发生电子传递，生成自由基中间体，并进一步开环。还原溶解生成的 Fe(II)会吸附在针铁矿表面，因为其占据吸附位点，所以对后续有机物降解有抑制作用。赤铁矿对于环丙沙星的吸附和降解过程，与针铁矿相似（Martin et al.，2015）。对于其他种类的抗生素分子，相似的反应也会发生。Gu 等（2005）和 Wu 等（2019）的研究都表明，无定形铁氧化物（水合氧化铁、水铁矿等）也能够吸附四环素类抗生素分子，并进一步发生氧化转化。

三、微生物还原铁氧化物对有机污染物转化的作用

环境中以 Fe(II)-Fe(III)循环为主导的氧化还原过程影响有机污染物的转化。铁氧化物含有的 Fe(III)可以氧化降解有机污染物，同时其中少量的 Fe(II)也可介导部分有机污染物的还原反应。虽然铁氧化物在环境中的含量十分丰富，但在接近中性及碱性条件下，多以 Fe(III)的氢氧化物、氧化物等形式存在。微生物对铁氧化物的异化还原作用，可将铁氧化物中的 Fe(III)还原为 Fe(II)。在此过程中，Fe(III)作为电子受体接受来自微生物的电子。还原生成的 Fe(II)和铁氧化物共存体系可以有效还原氯苯类及硝基苯类等多种有机污染物（Hofstetter et al.，1999；Gregory et al.，2004）。

在缺氧和厌氧条件下，土壤和沉积物中广泛存在的异化铁还原菌以 Fe(III)作

为呼吸链末端电子受体,通过铁还原酶催化完成 Fe(III)的还原,在此过程中,微生物通过氧化有机或无机电子供体释放能量以供细胞生长所需。异化铁还原微生物研究较多的是地杆菌属 *Geobacter* 和希瓦氏菌属 *Shewanella*。微生物还原铁氧化物主要有以下途径:①铁氧化物和微生物直接接触,通过细胞外膜蛋白将电子直接转移给铁氧化物(刘丽红等,2008);②微生物向细胞外分泌高铁载体(siderophore),该物质可以通过螯合作用增加可溶性铁,进而被还原(Neilands,1995;Nair et al.,2007);③微生物利用可溶性的外源性或内源性的含有醌类结构的物质将电子传递给铁氧化物(王瑞华,2015);④某些异化铁还原菌会形成类似菌毛的纳米导线,它自身作为电子导管可远距离向铁氧化物传递电子(Reguera et al.,2005)。

微生物还原铁氧化物生成的 Fe(II)吸附在铁氧化物表面,其还原电位比游离态 Fe(II)的还原电位低,可以有效促进有机污染物的还原转化(Gorski et al.,2016)。铁还原菌/针铁矿体系生成的 Fe(II)可以使双对氯苯基三氯乙烷(DDT)还原脱氯,快速转化为二氯二苯基二氯乙烷(DDD)(Li et al.,2010)。添加蒽醌-2-磺酸盐(AQS)作为电子穿梭体,能够促进铁还原菌/针铁矿体系对 4-硝基苯乙酮、三氯生和 2,4-二氯苯氧乙酸(2,4-D)等有机污染物的还原和降解(臧辉,2011;王瑞华,2015)。天然有机质可同时作为铁螯合剂及电子穿梭体,加速铁氧化物的还原及有机污染物的转化,如腐殖酸能够促进铁还原菌/赤铁矿(纤铁矿)体系对硝基苯及 4-硝基苯乙酮等的还原降解(许超,2012;何晓娅,2014)。

近来有研究报道,厌氧条件下微生物介导铁氧化物还原生成的 Fe(II)接触 O_2 后会发生电子传递过程,生成活性氧物种(ROS),包括 $•O_2^-$、H_2O_2、$•OH$ 等(Han et al.,2020;Han et al.,2021),这一过程也被认为是地下水、河流沉积物等好氧厌氧交互界面 ROS 产生的主要机制(Page et al.,2013;Xie et al.,2020)。此过程中产生的 •OH 氧化性强(E = 2.7 eV),且无选择性,对有机质的分解、重金属的转化以及有机污染物的降解有重要作用。

四、有机污染物在铁氧化物表面的光催化反应

铁氧化物具有窄带隙(一般在 2.0~2.1 eV 之间)的半导体特性,在光照条件下具有光化学活性,可作为光催化剂介导污染物的转化(Lei et al.,2006)。有机污染物吸附在铁氧化物表面形成络合体后,可在光照条件下发生电子传递,生成自由基中间体及 Fe(II),随后通过 Fe(II)/Fe(III)循环及自由基产生,实现进一步的转化[式(1-1)~式(1-5),其中 L 代表有机污染物分子]。在可见光照射下,针铁矿可显著促进泰乐菌素及磺胺二甲基嘧啶的降解(郭学涛,2014)。除了针铁矿表面的异相反应,溶液中溶解的 Fe(III)介导的均相反应在其转化过程中也发挥重要作用。

$$\text{Fe(III)} + \text{L} \longrightarrow \text{Fe(III)-L} \tag{1-1}$$

$$\text{Fe(III)-L} + h\nu \longrightarrow \text{Fe(II)}_{aq} + \cdot\text{L} \tag{1-2}$$

$$\text{Fe(OH)}^{2+}_{aq} + h\nu \longrightarrow \text{Fe(III)}_{aq} + \cdot\text{OH} \tag{1-3}$$

$$\text{Fe(III)}_{aq} + \text{L} \longrightarrow \text{Fe(II)} + \cdot\text{L} \tag{1-4}$$

$$\text{L} + \cdot\text{OH} \longrightarrow \cdot\text{L} + \text{OH}^- \tag{1-5}$$

铁氧化物的半导体特性弱于二氧化钛（TiO_2）和氧化锌（ZnO），因此无法在光照下产生大量的具有强还原性的光生电子和强氧化性的光生空穴，但其与环境中广泛存在的有机酸分子形成络合物后，组成类芬顿体系，在光照条件下生成 $\cdot O_2^-$、$\cdot CO_2^-$、$\cdot OH$ 等自由基，促进有机污染物的快速转化（黄明杰，2017）。例如，草酸和柠檬酸是环境中广泛存在的小分子有机酸，它们能够与铁形成强络合体，并在光照条件下发生电子转移，生成 H_2O_2 和自由基。常见的铁氧化物如磁铁矿（Zhou et al.，2014；Huang M et al.，2017）、赤铁矿（Gulshan et al.，2010）、磁赤铁矿（Lan et al.，2008）和针铁矿（Lan et al.，2010）等，都能与草酸组成类芬顿体系，并可高效降解磺胺甲嘧啶（sulfamethazine）、诺氟沙星（norfloxacin）、亚甲基蓝（methylene blue）和五氯苯酚（pentachlorophenol）等有机污染物。在铁氧化物/草酸体系中，自由基主要通过以下过程产生：草酸首先吸附于铁氧化物表面，形成草酸铁络合物，其次铁氧化物在光照和草酸络合作用下被快速溶解，释放 Fe(III)与溶液中的草酸形成络合物$[\text{Fe}(C_2O_4)_3]^{3-}$，并在紫外光照射下发生光解离反应，生成 Fe(II)和 $\cdot C_2O_4^-$。其中 Fe(II)被重新吸附于铁氧化物表面，与晶体结构中的 Fe(III)发生电子传递并重新释放到溶液中发生光化学反应，同时溶液中的 $\cdot C_2O_4^-$ 在 O_2 存在下会发生一系列的自由基反应生成 $\cdot CO_2^-$、$\cdot O_2^-$ 和 $\cdot OH$ 等多种 ROS，实现对有机污染物的高效降解（Wu and Deng，2000）。除了上述自由基过程，在草酸/水铁矿体系和草酸/赤铁矿体系，草酸-Fe(III)络合物会以非还原解离的方式从铁氧化物表面释放，随后在溶液中发生络合物之间的光解离，生成 Fe(III)和 $\cdot CO_2^-$，进一步反应生成其他 ROS，可使浓度为 5 mg/L 的磺胺甲嘧啶转化 95%以上（Xu et al.，2019，2021）。

柠檬酸/铁氧化物体系自由基产生机制与草酸/铁氧化物体系相似。在柠檬酸/纳米赤铁矿体系中，柠檬酸通过纳米赤铁矿表面的氧空位吸附在赤铁矿表面形成络合物，且紫外光电子能谱和 DFT 计算表明，柠檬酸-Fe(III)络合物在热力学上的带隙能量（＜5.8 eV）要低于单独的柠檬酸（7.0 eV），因此更易使柠檬酸在光照下发生电子传递生成 $\cdot C_2O_4^-$ 等自由基（Shuai et al.，2018）。纳米赤铁矿在光照条件下会产生光生电子（e^-）和光生空穴（h^+），也可参与柠檬酸和矿物表面的自由基过程，促进邻苯二甲酸二乙酯（diethyl phthalate）的高效降解（Sun et al.，2021）。

第四节 铁氧化物在污染治理中的应用

铁氧化物在环境中广泛存在,且活性位点丰富,因此对被吸附的有机污染物的环境行为有较大影响。铁氧化物对多种污染物具有较高的吸附能力,能够减少其在土壤和沉积物中的迁移,同时吸附态的污染物毒性相应降低。有机污染物吸附在铁氧化物表面后,铁氧化物表面特征官能团或者路易斯酸位点会催化有机污染物发生进一步的水解、氧化、还原或者光催化转化过程。因此,铁氧化物与有机污染物之间的相互作用影响有机污染物的迁移转化过程和生物有效性,对环境地球化学有着十分重要的意义。

由于铁氧化物被广泛应用于环境污染治理与修复中,开发优质且高效的含铁矿物环境材料也成为近年来的研究热点。许多学者通过对自然界中铁氧化物的晶型、颗粒大小、形貌及结构界面等特性的研究,调控并合成了一系列具有不同种类、不同晶相和不同晶面的铁氧化物,作为吸附剂或者催化剂应用于水体和土壤中污染物的去除,都取得了不错的效果(Figueroa and Mackay,2005;Gu and Karthikeyan,2005;Wu et al.,2019;Han et al.,2021;Li et al.,2021)。此外,铁氧化物作为活化剂催化分解过硫酸盐、单过硫酸盐等氧化剂,能够产生强氧化性的自由基,可高效去除多种持久性、难降解有机污染物(Wu et al.,2020;Kang et al.,2021;Long et al.,2021;Tran et al.,2021;Zhao et al.,2021;Peng et al.,2022)。

参 考 文 献

程正奇. 2016. 天然有机质负载对邻苯二酚在二氧化硅—赤铁矿表面降解的影响. 昆明:昆明理工大学.
丁昌璞, 徐仁扣. 2011. 土壤的氧化还原过程及其研究方法. 北京:科学出版社.
丁佳锋. 2015. 铁锰氧化物氧化卤代苯酚生成二噁英及其前体化合物的研究. 杭州:浙江工业大学.
顾维. 2011. 诺氟沙星在针铁矿和赤铁矿表面的吸附行为研究. 南京:南京信息工程大学.
郭学涛. 2014. 针铁矿/腐殖酸对典型抗生素的吸附及光解机理研究. 广州:华南理工大学.
何晓娅. 2014. 铁氧化物异化还原动力学特征、影响因素及对4-硝基苯乙酮降解的影响. 西安:西安建筑科技大学.
黄明杰. 2017. 紫外光/铁氧化物/草酸体系降解诺氟沙星及量子化学计算研究. 武汉:华中科技大学.
贾蓉. 2017. 水稻土中微生物发酵过程对氧化铁还原的贡献. 咸阳:西北农林科技大学.
雷斐斐. 2016. 环丙沙星在铁(氢)氧化物上的吸附机理研究. 北京:中国地质大学(北京).
李芳柏, 王旭刚, 周顺桂, 等. 2006. 红壤胶体铁氧化物界面有机氯的非生物转化研究进展. 生态环境, 15(6):1343-1351.
李学恒. 2001. 土壤化学. 北京:高等教育出版社.
李瑛. 2019. 类质同像置换对磁铁矿与游离态Fe(Ⅱ)耦合体系还原性能的制约及其机理研究. 广州:中国科学院大学(中国科学院广州地球化学研究所).
刘丽红, 谢桂琴, 王晓萍. 2008. 异化金属还原菌及其应用. 哈尔滨师范大学自然科学学报, 24(3):81-84.

盛峰. 2019. 青霉素在天然水体及土壤矿物上的转化机理及毒性研究. 南京：南京大学.

苏玲. 2001. 水稻土淹水过程中铁化学行为变化对磷有效性影响研究. 杭州：浙江大学.

孙粉玲, 丁佳锋, 周时洋, 等. 2015. 针铁矿催化氧化溴酚生成羟基多溴联苯醚和溴代二噁英. 环境化学, 34（9）：1581-1586.

童琳颖. 2013. 羟基氧化铁吸附和转化氯酚类化合物及其机理. 杭州：浙江工业大学.

王瑞华. 2015. "醌—针铁矿—微生物"相互作用特征及其对有机污染物降解的初步试验研究. 西安：西安建筑科技大学.

王旭刚. 2007. 土壤胶体界面五氯酚的还原转化研究. 咸阳：西北农林科技大学.

王莹. 2017. 铁及其氧化物对 β-内酰胺抗生素的降解研究. 苏州：苏州科技大学.

吴庭雯. 2017. 四环素与含水层中常见铁氧化物矿物的相互作用机理研究. 北京：中国地质大学（北京）.

熊娟. 2015. 土壤活性组分对 Pb(II) 的吸附及其化学形态模型模拟. 武汉：华中农业大学.

许超. 2012. 微生物异化还原铁氧化物协同衰减硝基苯作用研究. 长春：吉林大学.

杨祥龙, 沈晚秋, 丁星, 等. 2018. 晶面依赖 Fe_2O_3 电催化降解有机污染物性能研究. 华中农业大学学报, 37（3）：61-67.

易鹏. 2019. 邻苯二酚在铁矿表面的降解及产物形成持久性自由基的机制. 昆明：昆明理工大学.

于成龙. 2019. 土壤铁氧化物对芳香酸类吸附行为及机理研究. 北京：中国地质大学（北京）.

于天仁, 陈志诚. 1990. 土壤发生中的化学过程. 北京：科学出版社.

臧辉. 2011. 针铁矿生物/非生物还原解离动力学特征及其对 4-硝基苯乙酮的生物降解作用研究. 西安：西安建筑科技大学.

赵其国. 2002. 中国东部红壤地区土壤退化的时空变化、机理及调控. 北京：科学出版社.

Alexandratos V G, Behrends T, van Cappellen P. 2017. Fate of adsorbed U(VI) during sulfidization of lepidocrocite and hematite. Environ Sci Technol, 51：2140-2150.

Chen A, Arai Y. 2019. Functional group specific phytic acid adsorption at the ferrihydrite-water interface. Environ Sci Technol, 53（14）：8205-8215.

Chen J, Sun P, Zhang Y, et al. 2016. Multiple roles of Cu(II) in catalyzing hydrolysis and oxidation of β-lactam antibiotics. Environ Sci Technol, 50（22）：12156-12165.

Chen J, Wang Y, Qian Y, et al. 2017. Fe(III)-promoted transformation of β-lactam antibiotics：Hydrolysis vs oxidation. J Hazard Mater, 335：117-124.

Dixon J B, Weed S B. 1989. Minerals in Soil Environments. Madison：Soil Science Society of America.

Figueroa R A, Mackay A A. 2005. Sorption of oxytetracycline to iron oxides and iron oxide-rich soils. Environ Sci Technol, 39（17）：6664-6671.

Frierdich A J, Helgeson M, Liu C, et al. 2015. Iron atom exchange between hematite and aqueous Fe(II). Environ Sci Technol, 49（14）：8479-8486.

Gorski C A, Edwards R, Sander M, et al. 2016. Thermodynamic characterization of iron oxide-aqueous Fe^{2+} redox couples. Environ Sci Technol, 50（16）：8538-8547.

Gorski C A, Scherer M M. 2009. Influence of magnetite stoichiometry on Fe^{II} uptake and nitrobenzene reduction. Environ Sci Technol, 43（10）：3675-3680.

Gregory K B, Larese-Casanova P, Parkin G F, et al. 2004. Abiotic transformation of hexahydro-1, 3, 5-trinitro-1, 3, 5-triazine by fell bound to magnetite. Environ Sci Technol, 38（5）：1408-1414.

Gu C, Karthikeyan K G. 2005. Interaction of tetracycline with aluminum and iron hydrous oxides. Environ Sci Technol, 39（8）：2660-2667.

Gulshan F, Yanagida S, Kameshima Y, et al. 2010. Various factors affecting photodecomposition of methylene blue by iron-oxides in an oxalate solution. Water Res, 44 (9): 2876-2884.

Guo T, Jiang L, Wang K, et al. 2021. Efficient persulfate activation by hematite nanocrystals for degradation of organic pollutants under visible light irradiation: Facet-dependent catalytic performance and degradation mechanism. Appl Catal B: Environ, 286: 119883.

Han R, Lv J, Huang Z, et al. 2020. Pathway for the production of hydroxyl radicals during the microbially mediated redox transformation of iron (oxyhydr)oxides. Environ Sci Technol, 54 (2): 902-910.

Han R, Lv J, Zhang S, et al. 2021. Hematite facet-mediated microbial dissimilatory iron reduction and production of reactive oxygen species during aerobic oxidation. Water Res, 195: 116988.

Hofstetter T B, Heijman C G, Haderlein S B, et al. 1999. Complete reduction of TNT and other (poly)nitroaromatic compounds under iron reducing subsurface conditions. Environ Sci Technol, 33 (9): 1479-1487.

Hsu M H, Kuo T H, Chen Y E, et al. 2018. Substructure reactivity affecting the manganese dioxide oxidation of cephalosporins. Environ Sci Technol, 52 (16): 9188-9195.

Huang M, Zhou T, Wu X, et al. 2017. Distinguishing homogeneous-heterogeneous degradation of norfloxacin in a photochemical Fenton-like system (Fe_3O_4/UV/oxalate) and the interfacial reaction mechanism. Water Res, 119: 47-56.

Huang T, Fang C, Qian Y, et al. 2017. Insight into Mn(Ⅱ)-mediated transformation of β-lactam antibiotics: The overlooked hydrolysis. Chem Eng J, 321: 662-668.

Kang H, Lee D, Lee K M, et al. 2021. Nonradical activation of peroxymonosulfate by hematite for oxidation of organic compounds: A novel mechanism involving high-valent iron species. Chem Eng J, 426: 130743.

Lan Q, Li F B, Liu C S, et al. 2008. Heterogeneous photodegradation of pentachlorophenol with maghemite and oxalate under UV illumination. Environ Sci Technol, 42 (21): 7918-7923.

Lan Q, Li F B, Sun C X, et al. 2010. Heterogeneous photodegradation of pentachlorophenol and iron cycling with goethite, hematite and oxalate under UVA illumination. J Hazard Mater, 174: 64-70.

Lei J, Liu C, Li F, et al. 2006. Photodegradation of orange Ⅰ in the heterogeneous iron oxide-oxalate complex system under UVA irradiation. J Hazard Mater, 137 (2): 1016-1024.

Li F B, Li X M, Zhou S G, et al. 2010. Enhanced reductive dechlorination of DDT in an anaerobic system of dissimilatory iron-reducing bacteria and iron oxide. Environ Pollut, 158 (5): 1733-1740.

Li Y, Deng M, Wang X, et al. 2021. *In-situ* remediation of oxytetracycline and Cr(Ⅵ) co-contaminated soil and groundwater by using blast furnace slag-supported nanosized Fe^0/FeS_x. Chem Eng J, 412: 128706.

Liang C, Su H W. 2009. Identification of sulfate and hydroxyl radicals in thermally activated persulfate. Ind Eng Chem Res, 48 (11): 5558-5562.

Lin K, Ding J, Wang H, et al. 2012. Goethite-mediated transformation of bisphenol A. Chemosphere, 89 (7): 789-795.

Long Y, Li S, Su Y, et al. 2021. Sulfur-containing iron nanocomposites confined in S/N co-doped carbon for catalytic peroxymonosulfate oxidation of organic pollutants: Low iron leaching, degradation mechanism and intermediates. Chem Eng J, 404: 126499.

Martin S, Shchukarev A, Hanna K, et al. 2015. Kinetics and mechanisms of ciprofloxacin oxidation on hematite surfaces. Environ Sci Technol, 49 (20): 12197-12205.

Nair A, Juwarkar A A, Singh S K. 2007. Production and characterization of siderophores and its application in arsenic removal from contaminated soil. Water Air Soil Pollut, 180 (1): 199-212.

Neilands J B. 1995. Siderophores structure and function of microbial iron transport compounds. J Biol Chem, 270 (45):

26723-26726.

Oades J M. 1963. The nature and distribution of iron compounds in soils. Soils Fertilizers, 26（2）: 69-80.

Page S E, Kling G W, Sander M, et al. 2013. Dark formation of hydroxyl radical in arctic soil and surface waters. Environ Sci Technol, 47（22）: 12860-12867.

Peng X, Wu J, Zhao Z, et al. 2022. Activation of peroxymonosulfate by single-atom Fe-g-C_3N_4 catalysts for high efficiency degradation of tetracycline via nonradical pathways: Role of high-valent iron-oxo species and Fe-N_x sites. Chem Eng J, 427: 130803.

Qin X, Liu F, Wang G, et al. 2014a. Modeling of levofloxacin adsorption to goethite and the competition with phosphate. Chemosphere, 111: 283-290.

Qin X, Liu F, Wang G, et al. 2014b. Adsorption of levofloxacin onto goethite: Effects of pH, calcium and phosphate. Colloids Surf B: Biointerfaces, 116: 591-596.

Redden G D, Li J, Leckie J. 1998. Adsorption of UVI and citric acid on goethite, gibbsite, and kaolinite: Comparing results for binary and ternary systems//Jenne E A. Adsorption of Metals by Geomedia. San Diego: Academic Press: 291-315.

Reguera G, McCarthy K D, Mehta T, et al. 2005. Extracellular electron transfer via microbial nanowires. Nature, 435: 1098-1101.

Saito T, Koopal L K, van Riemsdijk W H, et al. 2004. Adsorption of humic acid on goethite: Isotherms, charge adjustments, and potential profiles. Langmuir, 20: 689-700.

Schwertmann U. 1985. The effect of pedogenic environments on iron oxide minerals//Stewart B A. Advances in Soil Sciences, New York: Springer: 171-200.

Schwertmann U, Cornell R M. 2000. Iron Oxides in the Laboratory Preparation and Characterization. 2nd ed. Weinheim: Wiley-VCH.

Shimizu M, Zhou J, Schroeder C, et al. 2013. Dissimilatory reduction and transformation of ferrihydrite-humic acid coprecipitates. Environ Sci Technol, 47（23）: 13375-13384.

Shuai W, Liu C, Fang G, et al. 2018. Nano-α-Fe_2O_3 enhanced photocatalytic degradation of diethyl phthalate ester by citric acid/UV（300-400 nm）: A mechanism study. J Photoch Photobio A, 360: 78-85.

Sun Z, Feng L, Fang G, et al. 2021. Nano Fe_2O_3 embedded in montmorillonite with citric acid enhanced photocatalytic activity of nanoparticles towards diethyl phthalate. J Environ Sci, 101: 248-259.

Tan Y, Guo Y, Gu X, et al. 2015. Effects of metal cations and fulvic acid on the adsorption of ciprofloxacin onto goethite. Environ Sci Pollut Res, 22（1）: 609-617.

Tran T, Abrell L, Brusseau M L, et al. 2021. Iron-activated persulfate oxidation degrades aqueous perfluorooctanoic acid （PFOA） at ambient temperature. Chemosphere, 281: 130824.

Trivedi P, Vasudevan D. 2007. Spectroscopic investigation of ciprofloxacin speciation at the goethite-water interface. Environ Sci Technol, 41（9）: 3153-3158.

Wu D, Huang S, Zhang X, et al. 2021. Iron minerals mediated interfacial hydrolysis of chloramphenicol antibiotic under limited moisture conditions. Environ Sci Technol, 55（14）: 9569-9578.

Wu F, Deng N S. 2000. Photochemistry of hydrolytic iron(III) species and photoinduced degradation of organic compounds. A minireview. Chemosphere, 41（8）: 1137-1147.

Wu T, Xue Q, Liu F, et al. 2019. Mechanistic insight into interactions between tetracycline and two iron oxide minerals with different crystal structures. Chem Eng J, 366: 577-586.

Wu Y, Liu X, Wang D, et al. 2020. Iron electrodes activating persulfate enhances acetic acid production from waste activated sludge. Chem Eng J, 390: 124580.

Xie W, Yuan S, Tong M, et al. 2020. Contaminant degradation by ·OH during sediment oxygenation: Dependence on Fe(II) species. Environ Sci Technol, 54 (5): 2975-2984.

Xu T, Fang Y, Tong T, et al. 2021. Environmental photochemistry in hematite-oxalate system: Fe(III)-oxalate complex photolysis and ROS generation. Appl Catal B: Environ, 283: 119645.

Xu T, Zhu R, Shang H, et al. 2019. Photochemical behavior of ferrihydrite-oxalate system: Interfacial reaction mechanism and charge transfer process. Water Res, 159: 10-19.

Yan W, Jing C. 2018. Molecular insights into glyphosate adsorption to goethite gained from ATR-FTIR, two-dimensional correlation spectroscopy, and DFT study. Environ Sci Technol, 52 (4): 1946-1953.

Zhang H, Huang C H. 2007. Adsorption and oxidation of fluoroquinolone antibacterial agents and structurally related amines with goethite. Chemosphere, 66 (8): 1502-1512.

Zhao G, Zou J, Chen X, et al. 2021. Iron-based catalysts for persulfate-based advanced oxidation process: Microstructure, property and tailoring. Chem Eng J, 421: 127845.

Zhao Y, Geng J, Wang X, et al. 2011. Adsorption of tetracycline onto goethite in the presence of metal cations and humic substances. J Colloid Interf Sci, 361 (1): 247-251.

Zhao Y, Pan F, Li H, et al. 2013. Facile synthesis of uniform α-Fe_2O_3 crystals and their facet-dependent catalytic performance in the photo-Fenton reaction. J Mater Chem A, 1 (24): 7242-7246.

Zhao Y, Tong F, Gu X, et al. 2014. Insights into tetracycline adsorption onto goethite: Experiments and modeling. Sci Total Environ, 470-471: 19-25.

Zhou T, Wu X, Mao J, et al. 2014. Rapid degradation of sulfonamides in a novel heterogeneous sonophotochemical magnetite-catalyzed Fenton-like (US/UV/Fe_3O_4/oxalate) system. Appl Catal B: Environ, 160-161: 325-334.

第二章 锰氧化物赋存形态变化对有机污染物的作用

锰（Mn）元素广泛地分布于土壤、水、沉积物等环境中，在地壳中含量排在第十二位。它位于周期表第四周期ⅦB族，与铁元素同属于过渡金属，是环境中非常活泼的元素之一，在生物地球化学循环中起着关键作用，也是动植物体内重要的必需元素。土壤环境中的锰主要有可溶态锰和固态锰。可溶态锰包括游离态二价锰Mn(Ⅱ)、配体络合态三价锰Mn(Ⅲ)以及更高价态的锰酸盐等。而固态锰主要存在于各种矿物质中，如软锰矿、水钠锰矿和羟锰矿等，主要为+3和+4价，因此通常可以表示为MnO_x。在天然环境圈层中，含锰的矿物和岩石经地表风化作用以及一系列的物理、生物和化学的转化形成了不同晶型的锰氧化物以及可溶态锰。

锰矿由于物理化学性质优良，如密度大、表面吸附能力强、表面催化反应活性高，同时价廉低毒，在各个领域具有广泛的应用价值。例如，高价态锰氧化物（高锰酸钾等）可以直接作为氧化剂广泛应用于水污染治理和医学消毒杀菌的领域；含锰氧化物材料也应用于钢铁、干电池、电子产品等的制造工业，它还可作为高效催化剂应用于清洁能源、环境治理、印染和玻璃制备等领域。此外，一些含锰矿物还可以作为植物微量元素肥料应用于农业生产领域。

第一节 土壤中含锰矿物简介

一、土壤中氧化锰矿物的来源与成因

在海底沉积物、岩石、沙漠和土壤，以及淡水中都检测到锰氧化物（MnO_x）（Negra et al.，2005；Post，1999），锰氧化物是一类活性较强的天然氧化剂，它们对地球圈中金属元素和有机碳等物质的氧化还原循环起到调控作用，并影响它们在环境中的迁移转化和生物利用（Morgan，2000；Post，1999；Stone et al.，1994）。天然水体中溶解的Mn^{2+}可以通过生物与非生物的氧化反应形成不同晶型结构的锰氧化物，其中生物氧化形成的锰矿物质主要由细菌和真菌等微生物作用形成，而非生物氧化过程主要是在矿物界面氧化物催化氧化$Mn^{2+}/Mn(Ⅱ)$所产生（Tebo and He，1998；Tebo et al.，1997）。

在湖泊底层沉积物和浅层地下水中的锰氧化物主要是由微生物氧化过程产生

的(Harvey and Fuller, 1998),如海洋芽孢杆菌属菌株 SG-1、湿地和铁渗漏泉水中的纤发菌株 SS-1 和 SP-6 以及淡水和土壤中存在的恶臭假单胞菌菌株 MnB1,它们能通过锰氧化酶等将 $Mn^{2+}/Mn(II)$ 氧化为锰氧化物(Adams and Ghiorse, 1988; Beijerinck, 1913; Hastings and Emerson, 1986; Miyata et al., 2006; Tebo and He, 1998; Villalobos et al., 2003)。由纤发菌株 SS-1 产生的锰氧化物具有非常高的比表面积($224\ m^2/g$)(Nelson et al., 1999),它的晶体结构与 δ-MnO_2 相似(Loganathan and Burau, 1973);也有研究者发现纤发菌株 SP-6 产生的锰氧化物主要是四价锰(Pasten et al., 2000)。这些锰氧化微生物不仅存活于人类活动的环境中,而且在各种极端环境中也广泛存在,如强酸强碱环境(Haack and Warren, 2003; Webb et al., 2005b)、高温环境(Campbell et al., 1988; Dick et al., 2006)以及高盐度水体(即海水)中,因此在土壤、海洋结核(Mizukami et al., 1999)、水热沉积物(Dick et al., 2006)、淡水湖和河流沉积物(Tani et al., 2003; Webb et al., 2006)等环境中的锰氧化物矿物可能与这些微生物有关。$Mn^{2+}/Mn(II)$ 的氧化反应容易发生在好氧/缺氧的过渡区,包括湖泊、峡湾、淡水和海洋沉积物以及高有机质含量的地下水系统中(Tebo and He, 1998)。在浅海环境中,有时也有氧气进入,因此也观察到了铁锰氧化物层的形成(Tazaki, 2000)。在自然环境中,微生物将 $Mn(II)$ 直接氧化成 $Mn(IV)$ 可能是锰矿物的主要形成过程之一(Mandernack et al., 1995; Nealson et al., 1988)。

非生物氧化过程形成高价态氧化锰矿物 [$Mn(III)$ 或 $Mn(IV)$],这是锰地球化学循环中的另一主要过程。例如,在河流沉积物中,氧气可以缓慢氧化 Mn^{2+} 变成固态羟基氧化锰(III),当羟基氧化锰被进一步氧化后形成固态 MnO_x 而沉积在河流底部。在有机碳等还原剂作用下,固态氧化锰矿物又会被还原形成离子态的 $Mn^{2+}/Mn(II)$,从而形成锰循环的动态平衡过程,可溶态锰和固态锰氧化物可以同时存在于淡水和海水中(Johnson et al., 1996)。在土壤和天然水体中溶解态的 $Mn^{2+}/Mn(II)$ 被氧气氧化的过程在热力学上是可行的,并且受环境 pH 所控制(von Langen et al., 1997),但 $Mn(II)$ 的非生物氧化动力学反应更易于在碱性环境中发生。在实际环境中,$Mn(II)$ 很容易富集在锰铁矿物表面(Coughlin and Matsui, 1976; Davies and Morgan, 1989; Hem, 1981; Murray et al., 1985),如二氧化锰(Wilson, 1980)、赤铁矿、纤铁矿(Sung and Morgan, 1981)以及针铁矿等(Davies and Morgan, 1989),这些矿物表面均能够促进 $Mn(II)$ 被氧气氧化成为固态锰氧化物,进一步在矿物表面沉积或者形成锰氧化物矿物质(Graham, 1988)。

二、氧化锰矿物的晶型结构

目前锰氧化物的晶型结构已经被广泛地研究,锰元素的价电子构型是 $3d^54s^2$,不同价态的锰通常与 O^{2-}、OH^- 和 H_2O 进行八面体配位,从而形成不同的锰晶体结构。在自然环境中存在的固态锰氧化物主要以隧道或者层状结构存在（Remucal and Ginder-Vogel，2014），如图 2-1 和表 2-1 所示，锰氧化物的基本结构单元是 MnO_6 八面体，其通过边缘或角共同组装成隧道和层状结构，其中隧道结构的锰氧化物是通过 Mn 八面体边缘的单链、双链或三链建立起来的，这些链连接起来就形成了角状结构的隧道（Post，1999）。而层状的锰氧化物是由边缘共享的 Mn 八面体片堆叠而成的，如水钠锰矿（层状结构）、锰钾矿（2×2 隧道结构）和软锰矿（1×1 隧道结构）（Campbell et al.，1988）。不管是隧道结构还是层状结构的锰氧化物，它们都可以在夹层结构中承载大量的阳离子或水分子。通常情况下，锰氧化物的这些结构性质决定了锰矿物的反应活性（如吸附或者电子转移能力等）。

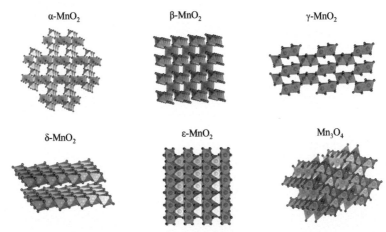

图 2-1 六种不同晶体结构的锰（III/IV）氧化物的结构示意图，其结构均来自无机晶体结构数据库（https://icsd.fiz-karlsruhe.de/）

表 2-1 不同锰（III/IV）氧化物的晶体结构

名称	化学式	结构
酸性水钠锰矿（acid birnessite）	$\delta\text{-}MnO_2$，$Mn^{IV}O_2$	层状
水钠锰矿（birnessite）	$(Na_{0.3}Ca_{0.1}K_{0.1})(Mn^{IV}, Mn^{III})_2O_4 \cdot 1.5H_2O$	层状
布塞尔矿（buserite）	$Na_4Mn_{14}O_{27} \cdot 21H_2O$	层状
六方水锰矿（feitknechtite）	$\beta\text{-}MnOOH$，$Mn^{III}OOH$	层状
锰钡矿（hollandite）	$\alpha\text{-}MnO_2$，$Ba(Mn_6^{IV}Mn_2^{III})O_{16}$	2×2 隧道状
锰钾矿（cryptomelane）	$K(Mn_7^{IV}Mn^{III})O_{16}$	2×2 隧道状
斜方锰矿（ramsdellite）	$\gamma\text{-}MnO_2$，$Mn^{IV}O_2$	2×1 隧道状

续表

名称	化学式	结构
软锰矿（pyrolusite）	$\beta\text{-}MnO_2$，$Mn^{IV}O_2$	1×1 隧道状
水锰矿（manganite）	$\gamma\text{-}MnOOH$，$Mn^{III}OOH$	1×1 隧道状
黑锰矿（hausmannite）	$Mn_2^{III}Mn^{II}O_4$	尖晶石状
生物成因锰氧化物	$Mn^{IV}O_2$	层状

氧化物和水合氧化物矿物是地壳中锰氧化物的主要形式，其中水钠锰矿和类水钠锰矿物在环境中很常见（表2-1），其具有较差的结晶度，没有整齐的层叠结构，也没有固定的计量组成形式（Post，1999）。自然环境中锰氧化物的组成几乎是从 MnO 到 MnO_2 的计量连续变化的，因此形成了对应不同形式的分子结构。其中软锰矿主要是以 MnO_2 组成的，理想的 MnO_2 六方晶系水钠锰矿的层状结构不会含有 Mn(III)（Silvester et al. 1997），但大多数天然存在的六角晶系的水钠锰矿，其八面体结构中都会含有较多的 Mn(III)（Bargar et al.，2009；Buatier et al.，2004；Jürgensen et al.，2004；McKeown and Post，2001；Saratovsky et al.，2006；Villalobos et al.，2003；Webb et al.，2005b）。另外，许多研究认为这些 Mn(III)是在 Mn(IV)还原和 Mn(II)氧化过程中形成的主要的中间产物（Banerjee and Nesbitt，2000；Luther，2005；Nesbitt et al.，1998；Tournassat et al.，2002；Zhu M Q et al.，2010）。这些锰氧化物结构中的 Mn(III)含量和氧空缺显著影响锰氧化物的反应活性，如金属离子的吸附能力、光化学活性、氧化能力，甚至包括其矿物结构相互转化的可能性（Cui et al.，2008；Drits et al.，2007；Kwon et al.，2008；Lanson et al.，2002；Manceau et al.，1997；Zhao et al.，2009b；Zhu M Q et al.，2010）。实验室不同合成方法获得的锰氧化物的晶体结构差异较大，表现出不同的反应活性。例如，通过 McKenzie 方法合成得到酸性水钠锰矿，属于三斜晶系（McKenzie，1971），其具有比六方晶系水钠锰矿（低温法合成）更高的结晶度（Murray，1974；Villalobos et al.，2003），其中低温法合成的水钠锰矿的结晶区域大约为 2 nm，而在高温下合成的亚稳态晶体的结晶区域大于 50 nm（Zhu et al.，2012）。另外不同的锰矿物中 Mn(III)的含量不同（表 2-1），如六方水锰矿（$\beta\text{-}MnOOH$）和水锰矿（$\gamma\text{-}MnOOH$）都是由 Mn(III)组成的，其分子结构完全不同，分别为层状与隧道结构。斜方锰矿（$\gamma\text{-}MnO_2$）和软锰矿（$\beta\text{-}MnO_2$）均由 Mn(IV)组成，其结构分别是 2×1 和 1×1 隧道结构。此外，环境中还存在着混合价态的 Mn(II/III/IV)氧化物，包括锰钡矿（$\alpha\text{-}MnO_2$）、水钠锰矿、黑锰矿和锰钾矿等，其 Mn(III)的含量不尽相同（Webb et al.，2005b）。

三、土壤中锰的形态和转化规律

通常土壤中锰含量为 100～5000 mg/kg，平均含量在 850 mg/kg，与土壤中母质岩石的风化相关，并受母质的种类、质地、成土过程以及土壤酸度、有机质含量等因素影响。目前关于我国土壤锰含量的空间分布已有大量研究。叶雅杰等（2011）研究了齐齐哈尔市南部城郊消融期湿地土壤中锰含量的垂直分布特征，发现土壤垂直剖面锰含量随着剖面的加深逐渐增加，且淀积层的含量明显高于其他层次。孙文广等（2013）对黄河入海口新生湿地土壤中锰的空间分布特征进行了研究，发现大多数湿地表层土壤锰含量大于中下层土壤。张智等（2016）对长江中游农田土壤锰含量的空间分布特征进行了研究，结果表明，江汉平原区域土壤锰含量较其他区域低。此外，资料显示，我国土壤总锰含量平均值为 710 mg/kg，但是具有南北方差异大的特点（Wang et al.，2016）。在我国南方酸性硫酸盐土壤中，土壤锰含量处于较低水平，处于 250～550 mg/kg 范围内，这主要是由于酸性硫酸盐土壤中，锰的活性较强，土壤中锰的淋溶和迁移系数较大（刘铮，1991）。

土壤中存在的锰形态十分复杂，其存在多种价态并且相互之间能够快速转化。土壤中锰主要以水钠锰矿、水羟锰矿、锂硬锰矿和钙锰矿等形式存在于铁锰结核、土壤裂隙表面的锰胶膜及块和结皮中（Xu et al.，2015；刘凡等，2002）。当土壤的酸碱度和氧化还原状态发生变化时，锰氧化物的形态与结构容易发生转变。例如，当土壤在酸性（pH<6）和淹水还原的条件下，锰氧化物容易被还原形成可溶态锰（主要是 Mn^{2+}）；而在碱性和氧化条件下，可溶态锰离子又被氧化成固态的锰氧化物。土壤中不同形态的锰也很大程度上影响土壤中重金属和有机污染物的迁移转化过程和生物有效性，对环境地球化学有着十分重要的意义（罗乐等，2019）。

土壤溶液中水溶态锰包括游离态和与有机质或无机配体复合的阳离子；交换态锰包括黏粒和有机质表面吸附的二价锰离子；易还原态锰是土壤中易被还原成二价锰离子的三价或部分四价锰氧化物；有机结合态锰包括被土壤有机质吸附的锰，结合较为牢固，主要是通过螯合作用形成的锰；矿物态锰包括黏土矿物结构中部分同晶取代铝和铁的少量锰以及难溶性的锰矿物。其中水溶态、交换态和易还原态锰，统称为活性锰，被认为是作物最容易吸收利用的有效态锰。土壤有效锰的分析主要是对水溶态、交换态和易还原态锰进行研究。水溶态锰直接采用水提取的方法，交换态锰采用 1 mol/L NH_4OAc 溶液进行浸提，易还原态锰主要是以 NH_4OAc 和对苯二酚混合溶液作为提取剂，其中对苯二酚为还原剂。但土壤条件、作物种类和管理措施会显著影响土壤中锰的有效性。对于氧化还原较为频繁的土壤，如水稻土，其锰的形态变化较为频繁，其活性锰的含量比旱地土壤高。因此，对土壤有效态锰测定时应同时结合考虑土壤条件如 pH、氧化还原状况和有机质含量等。

第二节 锰氧化物对有机污染物的吸附与转化作用

一、锰氧化物对有机污染物的吸附作用

土壤中的锰氧化物一般呈细颗粒状，有的是纳米级的晶体，具有较大的比表面积，因此对金属离子及有机污染物具有强烈的吸附和富集能力。锰氧化物矿物表面含有大量的含氧官能团，其化学性质受水体的酸碱性影响。通常锰氧化物表面的负电荷与矿物表面的电荷密度以及矿物的结晶程度相关（Manceau et al., 1992; Tebo et al., 2004）。Mn(Ⅲ/Ⅳ)氧化物常被用来去除水中的锰离子以及其他重金属离子（White and Asfar-Siddique, 1997）。多种晶型的锰氧化物已经被制作成商业化的滤膜和过滤柱用于吸附去除多种重金属（如 Pu、U、As、Cr 和 Co 等）（Manceau et al., 1992; Tebo et al., 2004）和有机物（de Rudder et al., 2004; Forrez et al., 2009; Huguet et al., 2013; Tipping and Heaton, 1983）。

在酸性条件下，Mn(Ⅲ)和 Mn(Ⅳ)的标准氧化还原电位为 $E^{\ominus}_{Mn(Ⅲ)/Mn(Ⅱ)} = 1.5\ V$ 和 $E^{\ominus}_{Mn(Ⅳ)/Mn(Ⅱ)} = 1.23\ V$（Sharma and Rokita, 2012），具有较高的氧化反应活性，因此锰氧化物矿物可以在水处理过程中去除较难处理的痕量无机和有机污染物。例如，Oscarson 等发现氧化锰能通过氧化 As(Ⅲ)为 As(Ⅴ)并吸附固定 As，去除溶液中的 As(Ⅲ)和 As(Ⅴ)（Oscarson et al., 1981）。天然和合成的 Mn(Ⅳ)氧化物晶体结构、表面缺陷和比表面积不同，它们对 As 的富集有明显的差异（Thanabalasingam and Pickering, 1986）。锰氧化物也可以选择性地氧化去除有机污染物（如苯酚类物质、农药、抗生素以及药物等环境中的新型污染物），不需额外的紫外光和其他能量物质（Bialk et al., 2005; Chen et al., 2010; Dong et al., 2009; Feitosa-Felizzola et al., 2009; Zhang and Huang, 2005b）。近期也发现基于生物细菌形成的锰氧化物可以用来去除污染物，同时该类锰氧化物可以再生，其成本效益高于商用的锰氧化物（Forrez et al., 2009; Forrez et al., 2011）。

二、锰氧化物对有机污染物的转化作用

一些有机化合物（如苯酚、苯胺和小分子有机酸等）在锰氧化物表面的反应机制和产物是相似的，这类反应可用于评价锰氧化物的反应活性。这些有机分子的相对反应活性与它们的自由能存在线性相关关系，因此可利用这些线性关系来推测其他目标有机污染物的氧化去除速率（Remucal and Ginder-Vogel, 2014）。环境中存在众多有机污染物，如抗菌剂（氟喹诺酮类、林可酰胺类、大环内酯类、氮氧化物类、苯酚类、磺胺类和四环素类）、染料、阻燃剂、农药、药物以及表面络合剂等，都与锰氧化物发生系列氧化还原反应（Remucal and Ginder-Vogel, 2014）。

1. 小分子有机化合物

酚类有机污染物具有还原性，常被用于研究锰氧化物的氧化活性（Bertino and Zepp, 1991; Stone and Morgan, 1984a, 1984b; Stone, 1987; Ukrainczyk and McBride, 1993; Ulrich and Stone, 1989; Zhao et al., 2009a）。图 2-2 显示的是研究者提出的锰氧化物对酚类物质的氧化反应机制（Stone and Ulrich, 1989; Ulrich and Stone, 1989）。如果锰氧化物的表面活性位点与有机还原剂之间存在特异性相互作用则有利于进一步的反应（McBride, 1987; Stone, 1987）。反应步骤如下：首先，酚类物质（苯酚阴离子 ArO^-）扩散到锰氧化物的边界层，通过表面吸附形成界面络合物；接着，酚类化合物通过络合物内部的单电子转移而被氧化成苯氧基自由基（$ArO\cdot$）（Fukuzumi et al., 1973; Fukuzumi et al., 1975; Kung and McBride, 1988; McBride, 1989），$ArO\cdot$ 可以两两化合，也可以和有机物反应。有研究表明，苯酚（ArOH）的反应活性要比苯酚阴离子（ArO^-）低得多（Stone, 1987）。

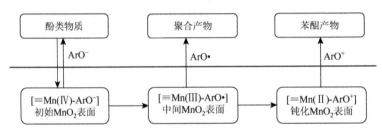

图 2-2　锰氧化物表面与酚类有机物质的氧化反应过程

在锰氧化物界面生成的氧化产物主要有两种类型。其一，$ArO\cdot$ 可以通过表面扩散与第二个 $ArO\cdot$ 发生反应形成聚合物，如对苯二酚、间苯二酚、邻苯二酚和溴酚等均被氧化形成多种聚合产物（Colarieti et al., 2006; Larson and Hufnal, 1980; Lin et al., 2014; Selig et al., 2003; Shindo and Huang, 1982, 1984, 1985），这类反应被认为是环境中腐殖质单体的形成过程（Shindo et al., 1996）。其二，在锰氧化物的表面络合物中可能发生第二次单电子转移反应，形成 Mn(Ⅱ)和酚氧阳离子（ArO^+），ArO^+ 也可以进一步水解形成苯醌（Stone, 1987）。另外，溶液中释放的 Mn(Ⅱ)可以作为锰氧化物还原溶解的一种指标离子（McBride, 1987; Stone and Morgan, 1984b; Stone, 1987）。

通常 Mn(Ⅳ)被认为是环境中有机污染物的氧化剂，其中 Mn(Ⅲ)在氧化反应中也起了重要的作用。一些研究者认为，在锰氧化物氧化苯酚过程中 Mn(Ⅲ)的氧化占主导作用（Ukrainczyk and McBride, 1992）。当使用氢醌作为有机还原剂时，在酸性水钠锰矿表面也检测到大量的 Mn(Ⅲ)（McBride, 1989）的存在。焦磷酸盐被认为能够很好地络合 Mn(Ⅲ)并形成稳定的络合物，加入焦磷酸

盐能够抑制 δ-MnO_2 对苯酚和氢醌的氧化（Nico and Zasoski，2001），这些说明 Mn(III)在氧化过程中起到了关键性作用，其相应的反应机制仍需要进一步的研究。

2. 有机污染物

土壤中常见的有机污染物主要有有机农药、多环芳烃、邻苯二甲酸酯、染料、阻燃剂、药物以及有机表面活性剂。这些有机污染物在土壤中容易被锰氧化物等活性矿物质吸附固定并进一步氧化转化，其反应活性顺序与这些污染物的吸附能力直接相关（Zhang and Huang，2005a），而且与 δ-MnO_2 表面的电子转移有关（Zhang et al.，2008）。如果有机污染物不能和锰氧化物相结合，则反应不能进行，如氟甲喹由于弱吸附能力不能与锰氧化物进行反应（Zhang and Huang，2005a）。另外，一些抗菌剂如克林霉素（Chen et al.，2010）、克拉霉素（Feitosa-Felizzola et al.，2009）、克巴多（Zhang and Huang，2005b）、三氯生（Zhang and Huang，2003）、磺胺二甲嘧啶（Bialk et al.，2005；Gao et al.，2012）、磺胺甲嘧啶（Dong et al.，2009）等均能够被锰氧化物吸附并氧化降解。对于四环素类抗生素来说，δ-MnO_2 对其降解氧化的过程同时包含了开环和聚合反应（Rubert IV and Pedersen，2006）。对于多种化学染料，锰氧化物也具有较强的去除能力，包括亚甲基蓝、酸橙 7 染料、酸性红 88、酸性红 151 和酸性黄 36 等（Clarke and Johnson，2010；Tipping and Heaton，1983）。脱色机制主要是通过染料分子表面的连续电子转移反应，导致偶氮键的不对称裂解，反应产物有分解产物，也有相关的聚合产物。对于农药来说，2-巯基苯并噻唑能够被 β-MnO_2 氧化成苯胺磺酸、苯并噻唑-2-亚硫酸盐、苯并噻唑-2-磺酸盐、SO_4^{2-} 和 NO_3^-，也有一部分被转化为 CO_2（Li et al.，2008）。

目前已有多种锰氧化物材料用来氧化去除双酚 A（BPA），如 δ-MnO_2（Lin et al.，2009b）、β-MnO_2 纳米线（Zhang et al.，2011）和商业化 MnO_2（Gao et al.，2011），以及锰氧化物包裹石英砂材料（Lin et al.，2013）。锰氧化物能强烈吸附 BPA，不同的 pH 影响锰氧化物对 BPA 的氧化能力（Gao et al.，2011；Lin et al.，2009b；Lin et al.，2013；Zhang et al.，2011）。当使用 δ-MnO_2 作为氧化剂时，发现了 BPA 的十种氧化产物，产生机制主要是通过原位产生的有机自由基偶合形成二聚体，也可以通过氧化苯环上的羟基生成氢醌或者羧基相关产物（Lin et al.，2009b）。锰氧化物包裹石英砂材料和商业 MnO_2 对 BPA 降解的产物种类相似（Gao et al.，2011；Lin et al.，2013）。不同的 Mn(III/IV)氧化物应用于 BPA 的转化去除时，其具有相似的转化机制（Lin et al.，2013）。另外，δ-MnO_2 也用来去除自然环境中的双酚 F，而且在相同条件下，双酚 F 的氧化速率比双酚 A 慢很多（Lu et al.，2011）。反应机制如下：首先锰氧化物从双酚 F 上剥夺一个电子，促使双酚 F 形成酚氧自由基，进一步酚氧自由基通过自偶合反应形成聚合物。

锰氧化物还可以氧化其他有机化合物，如四溴双酚 A（Lin et al.，2009a）和雌激素类化合物（de Rudder et al.，2004；Kim et al.，2012；Sabirova et al.，2008；Xu et al.，2008）。雌激素类化合物被氧化后，其雌激素效应明显降低直至全部消失（de Rudder et al.，2004；Sabirova et al.，2008；Xu et al.，2008）。通过产物鉴定和路径分析，δ-MnO_2 对雌激素（E2）转化过程主要包括两个反应路径：单电子传递和双电子氧化（图 2-3）。在反应初始阶段，由于单电子传递的作用，E2 首先失去一个电子形成酚氧自由基，进一步发生聚合反应形成二聚体、三聚体等聚合物；通过双电子氧化过程形成雌酮（E1）和 2-羟基雌二醇，并进一步开环使其矿化，同时锰矿被还原成 Mn^{2+} 释放到溶液中（Han et al.，2015；Jiang et al.，2009）。在实际污染土壤中发现，锰氧化物能够快速氧化 E2，但是在不含锰土壤中 E2 没有发生转化（de Rudder et al.，2004），表明土壤中的锰氧化物是雌激素非生物氧化的主要氧化剂。

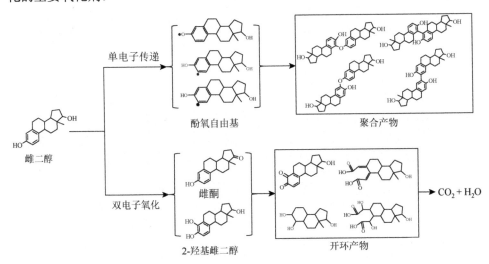

图 2-3　δ-MnO_2 氧化雌二醇 E2 反应的中间产物和两条转化路径（Wang et al.，2017）

虽然锰氧化物是一种有效的氧化剂，但锰氧化物仅能够有选择地氧化特定污染物，对一些难降解污染物并不起作用，需要结合其他的处理方法才能去除。锰氧化物氧化污染物的能力在酸性条件下较强，而在碱性条件下氧化能力较弱，因此在应用中需要将环境 pH 调整为弱酸性。锰氧化物氧化污染物之后会被还原成 Mn^{2+} 释放到水体中，导致水溶液中 Mn^{2+} 的浓度升高，需要考虑二次污染和 Mn(III/IV) 的再生再利用问题（Grebel et al.，2013；Tipping and Heaton，1983）。总之，在将锰氧化物应用于水处理之前，必须克服这些不利的环境挑战，在绿色去除污染物技术上需进一步探索和改进。

三、锰氧化物与有机污染物反应的影响因素

1. 氧化锰矿物的性质

锰氧化物有较大的比表面积，表面反应活性较高，与有机物发生反应的第一步是有机物活性基团与表面活性位点形成有机物基团-氧化物复合物（内圈络合或外圈络合），该步骤是整体反应的限速步骤（Stone，1987）。因此，锰氧化物表面活性位点的多少及活性限制了氧化锰与有机物的相互作用强度。当 Ca^{2+}、Mn^{2+}、磷酸根离子竞争吸附氧化锰的表面活性位点时，其反应活性就会被抑制（Stone and Morgan，1984a，1984b）。在氧化锰表面 Mn(Ⅲ)和 Mn(Ⅳ)是活性位点，其中 Mn(Ⅲ)活性比 Mn(Ⅳ)强，在吸附、氧化过程中起到主要作用，当磷酸盐或焦磷酸盐的加入使锰氧化物表面的 Mn(Ⅲ)减少后，锰氧化物对有机物的氧化能力明显降低（Nico and Zasoski，2001）。

2. pH 的影响

锰氧化物的表面电荷和有机物的带电性随反应体系酸碱性发生改变，并且在不同 pH 条件下锰氧化物活性位点和有机物的反应活性不同，产物也会不同。几乎所有机化合物的氧化速率都随着 pH 的增加而降低。在锰氧化物对氯酚的氧化过程中（Stone，1987），当反应体系 pH 处于锰氧化物的零电点（$pH_{pzc} = 1.4 \sim 4.5$）时，锰氧化物对氯酚类有机物具有很强的活性，但随着 pH 升高，锰氧化物表面负电荷量增多，表面活性位点减少而导致反应速率降低。

很多研究表明有机物氧化速率的变化与 pH 呈线性关系（Rubert and Pedersen，2006）。有机物在酸性条件下氧化速率增加主要归因于四个因素。第一，溶液 pH 越低，正离子形态的极性有机物分配比例越高，而带负电的锰氧化物颗粒对它们更容易吸附（Zhang and Huang，2005a，2005b）。对于三氯生，pH 从 5.0 升高到 8.0 时，质子化的化合物大大减少，三氯生在 MnO_2 上的吸附率分别为 55%和 10%（Zhang and Huang，2003）。在酸性水钠锰矿存在下，五氯苯酚在 pH 5 时的氧化降解速率最快，该数值接近该化合物的 pK_a 值；在较高的 pH 下，由于五氯苯酚大部分以阴离子形式存在，氧化锰矿物对其吸附较低；而在较低的 pH 下，五氯苯酚会与 H^+ 竞争氧化锰矿物表面活性位点，导致吸附量明显低于 pH 5 时的吸附量（Petrie et al.，2002）。第二，MnO_2 的氧化还原电位受溶液 pH 的影响变化较大，当 pH 4.0 时 MnO_2 的氧化还原电位为 0.99 V，而在 pH 8.0 时则明显降低至 0.76 V（Murray et al.，1985）（根据能斯特方程计算）。第三，由于 MnO_2 的还原需要有质子参与，因此在较低的 pH 下氧化锰与有机物之间的电子转移更容易发生（Stone and Ulrich，1989）。第四，MnO_2 的表面电荷密度

随着 pH 的增加而减小（Gao et al., 2012）。在这四个因素中，MnO_2 的氧化还原电位是主要的控制因素。

3. 有机物结构性质的影响

有机物有一定的酸碱性，它们带有的电荷性质会影响其与氧化锰的反应活性。已有研究比较了不同电荷性质的有机物与 β-MnO_2 的相互作用（pH = 7.0）（Bernard et al., 1997），包括带正电荷有机物（番红精、结晶紫、试铁灵）、带负电荷有机物和中性有机物（水杨酸、苯六甲酸、邻苯二甲酸、阿特拉津、十二烷基磺酸钠、牛血清蛋白、酪蛋白）。结果表明，由于 β-MnO_2 在 pH 7.0 时表面带有负电荷（-20 mV），带中性或正电荷的有机物比带负电荷的有机物更容易与锰氧化物反应。另外，锰氧化物对有机污染物的转化能力与有机物自身的失电子能力有关，一般来说有机物分子的最高占据分子轨道能（E_{HOMO}）数值越大，其反应动力学常数越大。

4. 阴、阳离子的影响

环境中常见的阴离子作为共溶质可能会影响氧化锰矿物对有机物的氧化反应。例如，氯离子、碳酸根、硝酸根、硫酸根和磷酸根等阴离子会降低酸性红 B 染料（Ge and Qu 2003）、双酚 A（Lu et al., 2011）和萘普生（Zhang et al., 2012）的氧化速率。羧酸类化合物（如草酸、柠檬酸和苹果酸）降低了 MnO_2 对 17β-雌二醇的氧化速率（Jiang et al., 2009）。焦磷酸盐吸附在氧化锰矿物表面能够络合 Mn(III)中心，从而降低了苯酚和对苯二酚的氧化速率（Nico and Zasoski, 2001）。另外，添加硫酸盐和磷酸盐对金霉素（Chen et al., 2011）或草甘膦（Barrett and McBride, 2005）的氧化速率也均有相似的抑制作用。

除此之外，阳离子的存在也会影响有机物（苯胺、林可霉素、三氯生、四环素、金霉素、双酚 A、17β-雌二醇、壬基酚、辛基酚、对乙酰氨基酚和卡马西平）与氧化锰矿物之间的氧化还原反应速率（Remucal and Ginder-Vogel, 2014）。Mn^{2+} 对有机污染物的氧化具有较强的抑制作用，这是由于随着 pH 的增加 Mn^{2+} 能够强烈吸附到 MnO_2 表面并改变了矿物的氧化还原电位（Barrett and McBride, 2005; Morgan and Stumm, 1964; Sulzberger et al., 1997）。对于其他阳离子来说，如 Zn^{2+}、Ca^{2+} 和 Mg^{2+}，也能够降低氧化锰对有机物的氧化速率，但抑制程度与 Mn^{2+} 相比减弱。这一现象可能归因于 MnO_2 吸附 Zn^{2+} 的能力比 Mn^{2+} 较弱，而对 Ca^{2+} 和 Mg^{2+} 的吸附能力会更弱（Morgan and Stumm, 1964）。

5. 有机质的影响

自然环境中存在大量溶解性有机质（DOM），它会影响氧化锰矿物对有机化合物的氧化速率。腐殖酸（HA）、天然有机质（NOM）和废水有机物均可降低氧化锰对一些有机污染物的氧化反应速率，如取代苯胺类化合物（Klausen et al.，1997）、大环内酯类抗菌剂（Feitosa-Felizzola et al.，2009）、林可酰胺类抗菌剂（Chen et al.，2010）、三氯生（Zhang and Huang，2003）、双酚 A（Zhang et al.，2011）、双酚 F（Lu et al.，2011）、17α-乙炔雌二醇（Kim et al.，2012）、17β-雌二醇（Wang et al.，2018a）和卡马西平（He et al.，2012）等。主要原因在于 DOM 在氧化锰界面的吸附（Tipping and Heaton，1983；Yao and Millero，1993）和氧化锰的还原溶解（Sunda et al.，1983；Sunda and Huntsman，1988；Sunda and Huntsman，1994）。但也有研究表明 DOM 可增加氧化锰对亚甲基蓝（Zhu M X et al.，2010）、双酚 A（Zhang et al.，2011）、17β-雌二醇（Sheng et al.，2009）、壬基酚（Lu and Gan，2013）和辛基酚（Lu and Gan，2013）的氧化速率。这主要是由于 DOM 与 Mn^{2+} 络合可阻断 Mn^{2+} 在氧化锰表面吸附（Xu et al.，2008；Zhu M X et al.，2010）。但也有研究发现腐殖酸对 MnO_2 氧化双酚 A 的反应速率没有影响（Lin et al.，2009a），这些不同的结果主要是由于 DOM 的结构性质和浓度不同而导致的。

第三节　三价锰对有机污染物的转化

自然环境中的锰主要是以溶解性的 Mn^{2+} 和微粒状的氧化态 MnO_x 这两种形式来介导化学反应（Butterfield et al.，2013）。在 2006 年和 2013 年 *Science* 分别报道了可溶性 Mn(Ⅲ)也广泛存在于自然环境中（Madison et al.，2013；Trouwborst et al.，2006）。由于 Mn(Ⅲ)是一种中间价态锰，易发生单电子转移反应，且 Mn(Ⅲ)易歧化，极不稳定而不易直接检测，因而 Mn(Ⅲ)在自然界中的存在和作用曾被长期忽略（饶丹丹等，2017）。随着有关地球化学氧化还原反应的研究进程发展，Mn(Ⅲ)的形成途径以及其对金属和有机污染物的环境转化过程也日益受到人们的广泛关注。目前已有研究表明，天然的 Mn(Ⅲ)可来源于 Mn(Ⅱ)的氧化和 Mn(Ⅳ)的还原，并主要以固态 Mn(Ⅲ)矿物和溶解态 Mn(Ⅲ)络合物两种形式存在（Sisley and Jordan，2006；Webb et al.，2005a）。也有研究发现，在实验室中 Mn(Ⅲ)可以通过高锰酸钾/亚硫酸氢盐体系快速生成，这些 Mn(Ⅲ)可应用于环境污染物的去除（Gao et al.，2017；Sun et al.，2015；Sun et al.，2016）。但是，由于受到 Mn(Ⅲ)的分析技术的限制，目前开展 Mn(Ⅲ)的形成机制及其对有机污染物的转化过程研究较少。

一、固态三价锰

固态锰氧化物矿物具有较强的氧化活性，在土壤中容易与还原性物质（如硫化物等）及有机物（如苯酚和天然有机质等）发生还原反应，从而改变了锰在土壤环境中的氧化还原形态，形成大量的含三价锰矿物。高氧化活性的水锰矿（γ-MnOOH）和酸性水钠锰矿（δ-MnO$_2$）能够与苯酚和硫化物发生氧化还原反应，其反应速率主要受锰氧化物结构和表面 Mn(III)含量所控制，反应后锰氧化物结构中富集了大量低价态锰（Balgooyen et al.，2017；Huang et al.，2018；Nico and Zasoski，2001；罗瑶等，2016）。六种不同结构和反应活性的有机物（儿茶酚、氢醌、抗坏血酸、柠檬酸、草酸和水杨酸）与土壤中的锰氧化物之间能发生不同程度的表面化学反应（包括吸附、络合和氧化还原等），在这些体系中能检测出 Mn(III) 的存在，其中有机物的结构、还原强度和络合能力是决定锰溶解量的主要因素（刘志光等，1991）。天然有机质也能够还原土壤中的锰氧化物，而且在不同 pH 条件下土壤中可溶性有机质能使锰氧化物 δ-MnO$_2$ 的形态发生变化（Wang Q et al.，2018）。在锰氧化物对酚类有机物的环境转化过程中，形成的 Mn(III)比 Mn(IV)具有更强的氧化还原能力，可能在反应中起到重要作用（Jiang et al.，2017）。亚硫酸氢盐能够高效激活二氧化锰和高锰酸钾形成 Mn(III)降解污染物，这一过程可通过模型拟合进行论证，而且发现在 200 ms 能够快速生成大量的活性中间体 Mn(III)（Sun et al.，2015）。

二、溶解态三价锰

溶解态 Mn(III)主要以络合态的形式存在于自然水体、沉积物和土壤环境中（Luther，2005；Madison et al.，2013；Webb et al.，2005a），主要通过 Mn^{2+}/Mn(II)在细菌、氧化物表面吸附被氧化形成或在均相溶液中形成。例如，Webb 等指出在锰氧化细菌存在的条件下，Mn^{2+}/Mn(II)能够被氧化成溶解态 Mn(III)中间体，其可与嗜铁素等螯合剂络合而稳定存在于环境中（Webb et al.，2005a）。铁氧化物表面能够催化氧气氧化 Mn^{2+}/Mn(II)生成含 Mn(III/IV)的氧化物，从而包裹在铁矿物表面（Lan et al.，2017），而溶解性有机质（DOM）的存在会通过络合作用促使络合态 Mn(III)的形成（Wang and Stone，2008；Wilson，1980）。近期研究发现在针铁矿-腐殖酸-Mn(II)系统中，也发现了络合态 Mn(III)的形成（Ma et al.，2020）。在均相体系中，Trouwborst 等在黑海和切萨皮克湾中检测到了 mmol/L 级的溶解态 Mn(III)，它们主要以无机配体（如焦磷酸盐等）和有机配体（如腐殖质等）络合而稳定存在（Trouwborst et al.，2006）。

溶解性有机质、焦磷酸盐（PP）等物质在实际环境中普遍存在，具有络合能力（Webb et al.，2005a）。它们一方面会促进 Mn(III)的生成，另一方面能迅速稳定产物 Mn(III)使其免于歧化。溶解态 Mn(III)既可作为氧化剂又可作为还原剂，对环境中的金属和有机物的氧化还原反应起到至关重要的作用（Trouwborst et al.，2006）。例如，Wang 等研究了实验室合成的 Mn(III)-PP 和 Mn(III)-DFOB（DFOB 为甲磺酸去铁胺）氧化溶解铀矿 UO$_2$ 的反应动力学，发现 Mn(III)-PP 络合物能够诱导 UO$_2$ 快速溶解形成 U(VI)$_{aq}$，而 Mn(III)-DFOB 络合物不起作用，说明溶解态

Mn(Ⅲ)的氧化能力受到有机配体活性的影响（Wang et al.，2014）。另外，Mn(Ⅲ)-PP 还可以作为还原剂还原溶解 PbO₂ 矿物形成 Pb(Ⅱ)（Wang et al.，2020a）。在有机污染物转化方面，Chen 等通过 MnO₂ 和草酸反应得到 Mn(Ⅲ)-草酸络合物，研究了 Mn(Ⅲ)对抗生素卡巴多的降解动力学，其主要转化机制是通过 Mn(Ⅲ)与卡巴多发生配位作用（图 2-4），形成以 Mn(Ⅲ)为阳离子中心的卡巴多-Mn(Ⅲ)-草酸三元络合物，进一步促使电子转移导致卡巴多的转化降解（Chen et al.，2013）。

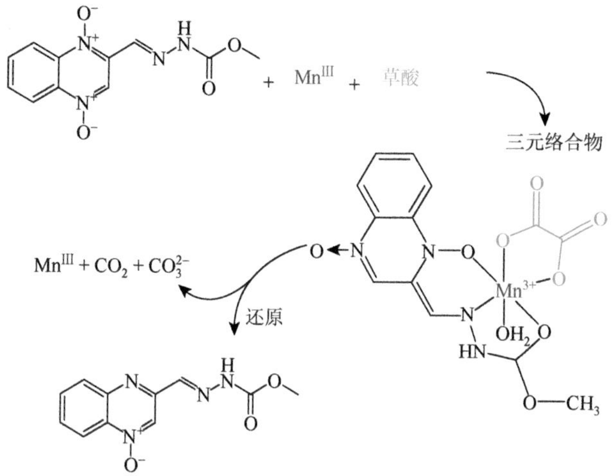

图 2-4　MnO₂/草酸体系中 Mn(Ⅲ)-草酸络合物对卡巴多抗生素的降解转化机制
（Chen et al.，2013）

Wang 等研究发现腐殖质/Mn(Ⅱ)体系在自然光照条件下能够产生大量溶解态 Mn(Ⅲ)，其主要作用机制是自然光照诱导腐殖质产生超氧自由基（$\cdot O_2^-$），其进一步快速氧化 Mn(Ⅱ)为 Mn(Ⅲ)，其中腐殖质能够作为络合剂使得溶解态 Mn(Ⅲ)-L 稳定存在（图 2-5）。采用 $\alpha,\beta,\gamma,\delta$-四（4-羧基苯基）卟啉作为测定 Mn(Ⅲ)的配体，通过竞争络合动力学模型测定溶解态 Mn(Ⅲ)的浓度，并且通过活性物种猝灭实验和电子自旋共振波谱实验验证了溶解态 Mn(Ⅲ)的光化学生成机制（Wang et al.，2018a；Wang et al.，2018b）。上述体系中形成的 Mn(Ⅲ)-L 络合物能够有效地氧化酚类有机污染物（如氯酚、雌二醇等）（Wang et al.，2020b），其主要作用机制是溶解态 Mn(Ⅲ)与酚类物质之间发生单电子传递过程，促使酚类形成酚氧自由基，进而发生聚合反应，其转化产物以低聚物（二聚体、三聚体以及四聚体产物）为主。另外，当有小分子酚类物质共存时，如苯酚容易被溶解态 Mn(Ⅲ)氧化形成酚氧自由基，进一步攻击难降解的有机污染物（如四溴双酚 A、壬基酚、2-氯酚、3-氯酚和 4-氯酚等），使其发生交叉聚合类腐殖化反应，这是土壤中锰参与有机污染物消减的重要过程之一（Wang et al.，2020b）。

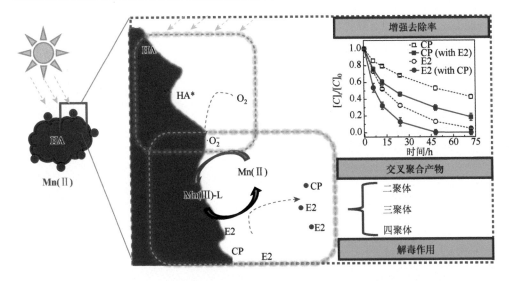

图 2-5 腐殖质/Mn(Ⅱ)体系中溶解态 Mn(Ⅲ)的光化学生成及其对 E2 的转化机制
(Wang et al., 2018a)

第四节 土壤环境中锰矿物对碳循环的影响

土壤中矿物质的存在对碳循环起到重要影响作用。最新研究表明，岩石、土壤和海洋沉积物占据着地球上最大的有机碳库，它们分别拥有 7000 万亿吨、2500 亿吨和 3000 亿吨有机碳（Hedges and Keil，1995）。这些有机碳都与矿物质具有密切的关系，矿物稳定的有机碳（OC），会直接影响全球气候，这一直是研究的热点和难点。许多研究人员对土壤（Kaiser and Guggenberger，2003）和海洋沉积物（Lalonde et al.，2012）中矿物稳定的有机碳进行了研究，但由于土壤与海洋沉积物固有的复杂性，有机碳在这些自然系统中的转化机制仍不清楚。土壤中铁锰氧化物是最具活性的矿物质，在土壤中有机碳的循环中起着重要作用，这些相互作用可能导致有机碳的降解或保存（Lovley，1991；Stone and Morgan，1984a；Sunda and Kieber，1994）。Roy 等（2013）研究了活性铁（Fe）和活性锰（Mn）与美国加利福尼亚州和俄勒冈州海岸附近海洋沉积物中的有机碳之间的相关性，结果发现活性铁比锰具有更强的相关性，这是因为活性锰在成岩过程中的流动性比铁强，从而导致锰与有机碳的相关性不高。

锰氧化物矿物对有机碳循环过程的影响主要体现在对有机质的降解与固定。溶解态有机质由数千种不明确的大分子化合物组成，可分为脂肪烃、碳水化合物以及芳香化合物［包括多环芳烃（PAHs）、多酚和酚］等（Coward et al.，2019）。这些化合物在与锰氧化物反应过程中，首先可以吸附在锰氧化物表面，再与锰氧化物发生氧化反应。有机质的氧化能够产生低分子量有机酸（如丙酮酸和乙酸）

和少量气体（如 CO_2 和 CO）（Allard et al., 2017; Chorover and Amistadi, 2001; Ma et al., 2020）。另外，有机质的化学性质及其结构能够改变其与锰氧化物的反应活性，如多环芳烃、多酚和碳水化合物类结构等对 $\delta\text{-}MnO_2$ 具有更高的还原活性（Zhang et al., 2021）。不同锰矿物结构对有机质的氧化也具有选择性，这与有机物的选择性吸附作用机制类似（Zhang et al., 2021）。有研究报道微生物不能直接利用复杂的腐殖质，而是首先通过锰氧化物氧化有机质形成低分子量有机物，再进一步被微生物利用（Sunda and Kieber, 1994）。因此，土壤中活性锰氧化物能通过非生物氧化将大分子有机质降解为小分子化合物甚至矿化为 CO_2（Sunda and Kieber, 1994），同时也对微生物利用腐殖质中的碳库具有重要意义。

目前也有观点认为锰氧化物矿物能够促使土壤中有机质的固定。例如，土壤中普遍存在的水钠锰矿表面能够催化多酚有机物发生美拉德反应（Jokic et al., 2004），产生稳定的腐殖质聚合物。这是由于有机质中含有的羟基和羧基等官能团与锰氧化物表面结合，该过程可以使低分子量单体氧化聚合成腐殖质，也称地质聚合反应（Collins et al., 1995）。锰氧化物也能够促进多酚和氨基酸向腐殖质（HS）的转化，这也是土壤中必不可少的过程（Zou et al., 2020）。也有研究发现锰氧化物在氧气作用下可以将儿茶素（常见多酚）和甘氨酸（常见氨基酸）进行氧化聚合形成腐殖质（Zou et al., 2020），其中在不含锰氧化物条件下儿茶素和甘氨酸能够被氧气氧化形成大量的富里酸（FA）和腐殖酸（HA），而锰氧化物显著增强了该过程。但是在有机质聚合过程与分解过程中，哪一过程占主导目前仍不清楚，这可能主要取决于环境中氧化剂（包括氧气和 Fe/Mn 氧化物）和还原剂［如可溶性有机碳（DOC）］之间的动态平衡过程（Chien et al., 2009）。

参 考 文 献

刘凡, 谭文峰, 刘桂秋, 等. 2002. 几种土壤中铁锰结核的重金属离子吸附与锰矿物类型. 土壤学报, 39（5）: 699-706.

刘铮. 1991. 土壤与植物中锰的研究进展. 土壤学进展, 19（6）: 1-10, 22.

刘志光, 徐仁扣. 1991. 几种有机化合物对土壤中铁与锰的氧化物还原和溶解作用. 环境化学, 10（5）: 43-50.

罗乐, 周皓, 王金霞. 2019. 某湿法冶炼矿区土壤重金属赋存化学形态分析. 中国矿业, 28: 66-71.

罗瑶, 李珊, 谭文峰, 等. 2016. 水锰矿氧化水溶性硫化物过程及其影响因素. 环境科学, 37（4）: 1539-1545.

饶丹丹, 孙波, 乔俊莲, 等. 2017. 三价锰的性质、产生及环境意义. 化学进展, 29（9）: 1142-1153.

孙文广, 甘卓亭, 孙志高, 等. 2013. 黄河口新生湿地土壤 Fe 和 Mn 元素的空间分布特征. 环境科学, 34（11）: 4411-4419.

叶雅杰, 杨铁金, 罗金明, 等. 2011. 消融期湿地水环境及其中铁和锰的变化特征. 农业环境科学学报, 30（12）: 2571-2578.

张智, 任意, 鲁剑巍, 等. 2016. 长江中游农田土壤微量养分空间分布特征. 土壤学报, 53（6）: 1489-1496.

Adams L F, Ghiorse W C. 1988. Oxidation state of Mn in the Mn oxide produced by *Leptothrix discophora* SS-1. Geochim Cosmochim Ac, 52（8）: 2073-2076.

Allard S, Gutierrez L, Fontaine C, et al. 2017. Organic matter interactions with natural manganese oxide and synthetic birnessite. Sci Total Environ, 583: 487-495.

Balgooyen S, Alaimo P J, Remucal C K, et al. 2017. Structural transformation of MnO_2 during the oxidation of bisphenol A. Environ Sci Technol, 51 (11): 6053-6062.

Banerjee D, Nesbitt H. 2000. XPS study of reductive dissolution of birnessite by H_2SeO_3 with constraints on reaction mechanism. Am Mineral, 85 (5/6): 817-825.

Bargar J R, Fuller C C, Marcus M A, et al. 2009. Structural characterization of terrestrial microbial Mn oxides from Pinal Creek, AZ. Geochim Cosmochim Ac, 73 (4): 889-910.

Barrett K, McBride M. 2005. Oxidative degradation of glyphosate and aminomethylphosphonate by manganese oxide. Environ Sci Technol, 39 (23): 9223-9228.

Beijerinck M. 1913. Oxydation des mangancarbonates durch Bakterien und Schimmelpilze. Folia Microbiol (Delft), 2: 123-134.

Bernard S, Chazal P, Mazet M. 1997. Removal of organic compounds by adsorption on pyrolusite (β-MnO_2). Water Res, 31 (5): 1216-1222.

Bertino D J, Zepp R G. 1991. Effects of solar radiation on manganese oxide reactions with selected organic compounds. Environ Sci Technol, 25 (7): 1267-1273.

Bialk H M, Simpson A J, Pedersen J A. 2005. Cross-coupling of sulfonamide antimicrobial agents with model humic constituents. Environ Sci Technol, 39 (12): 4463-4473.

Buatier M D, Guillaume D, Wheat C, et al. 2004. Mineralogical characterization and genesis of hydrothermal Mn oxides from the flank of the Juan the Fuca Ridge. Am Mineral, 89 (11/12): 1807-1815.

Butterfield C N, Soldatova A V, Lee S W, et al. 2013. Mn(II, III) oxidation and MnO_2 mineralization by an expressed bacterial multicopper oxidase. Proc Nat Acad Sci, 110 (29): 11731-11735.

Campbell A C, Gieskes J M, Lupton J E, et al. 1988. Manganese geochemistry in the Guaymas Basin, Gulf of California. Geochim Cosmochim Ac, 52 (2): 345-357.

Chen G, Zhao L, Dong Y H. 2011. Oxidative degradation kinetics and products of chlortetracycline by manganese dioxide. J Hazard Mater, 193: 128-138.

Chen W R, Ding Y, Johnston C T, et al. 2010. Reaction of uncosamide antibiotics with manganese oxide in aqueous solution. Environ Sci Technol, 44 (12): 4486-4492.

Chen W R, Liu C, Boyd S A, et al. 2013. Reduction of carbadox mediated by reaction of Mn(III) with oxalic acid. Environ Sci Technol, 47 (3): 1357-1364.

Chien S C, Chen H, Wang M, et al. 2009. Oxidative degradation and associated mineralization of catechol, hydroquinone and resorcinol catalyzed by birnessite. Chemosphere, 74 (8): 1125-1133.

Chorover J, Amistadi M K. 2001. Reaction of forest floor organic matter at goethite, birnessite and smectite surfaces. Geochim Cosmochim Ac, 65 (1): 95-109.

Clarke C E, Johnson K L. 2010. Oxidative breakdown of acid orange 7 by a manganese oxide containing mine waste: Insight into sorption, kinetics and reaction dynamics. Appl Catal B: Environ, 101 (1/2): 13-20.

Colarieti M L, Toscano G, Ardi M R, et al. 2006. Abiotic oxidation of catechol by soil metal oxides. J Hazard Mater, 134 (1/2/3): 161-168.

Collins M J, Bishop A N, Farrimond P. 1995. Sorption by mineral surfaces: Rebirth of the classical condensation pathway for kerogen formation? Geochim Cosmochim Ac, 59 (11): 2387-2391.

Coughlin R W, Matsui I. 1976. Catalytic oxidation of aqueous Mn(II). J Catal, 41 (1): 108-123.

Coward E K, Ohno T, Sparks D L. 2019. Direct evidence for temporal molecular fractionation of dissolved organic matter at the iron oxyhydroxide interface. Environ Sci Technol, 53 (2): 642-650.

Cui H, Liu X, Tan W, et al. 2008. Influence of Mn(III) availability on the phase transformation from layered buserite to tunnel-structured todorokite. Clays Clay Miner, 56 (4): 397-403.

Davies S H, Morgan J J. 1989. Manganese(II) oxidation kinetics on metal oxide surfaces. J Colloid Interf Sci, 129 (1): 63-77.

de Rudder J, Van de Wiele T, Dhooge W, et al. 2004. Advanced water treatment with manganese oxide for the removal of 17α-ethynylestradiol (EE2). Water Res, 38 (1): 184-192.

Dick G J, Lee Y E, Tebo B M. 2006. Manganese(II)-oxidizing *Bacillus* spores in Guaymas Basin hydrothermal sediments and plumes. Appl Environ Microbiol, 72 (5): 3184-3190.

Dong J, Li Y, Zhang L, et al. 2009. The oxidative degradation of sulfadiazine at the interface of α-MnO_2 and water. J Chem Technol Biotechnol, 84 (12): 1848-1853.

Drits V A, Lanson B, Gaillot A C. 2007. Birnessite polytype systematics and identification by powder X-ray diffraction. Am Mineral, 92 (5/6): 771-788.

Feitosa-Felizzola J, Hanna K, Chiron S. 2009. Adsorption and transformation of selected human-used macrolide antibacterial agents with iron(III) and manganese(IV) oxides. Environ Pollut, 157 (4): 1317-1322.

Forrez I, Carballa M, Fink G, et al. 2011. Biogenic metals for the oxidative and reductive removal of pharmaceuticals, biocides and iodinated contrast media in a polishing membrane bioreactor. Water Res, 45 (4): 1763-1773.

Forrez I, Carballa M, Noppe H, et al. 2009. Influence of manganese and ammonium oxidation on the removal of 17α-ethinylestradiol (EE2). Water Res, 43 (1): 77-86.

Fukuzumi S I, Ono Y, Keii T. 1973. The electronic spectrum of *p*-benzosemiquinone anion in aqueous solution. Bull Chem Soc Jpn, 46 (11): 3353-3355.

Fukuzumi S I, Ono Y, Keii T. 1975. ESR studies on the formation of *p*-benzosemiquinone anions over manganese dioxide. Int J Chem Kinet, 7 (4): 535-546.

Gao J, Hedman C, Liu C, et al. 2012. Transformation of sulfamethazine by manganese oxide in aqueous solution. Environ Sci Technol, 46 (5): 2642-2651.

Gao N, Hong J, Yu Z, et al. 2011. Transformation of bisphenol A in the presence of manganese dioxide. Soil Sci, 176 (6): 265-272.

Gao Y, Jiang J, Zhou Y, et al. 2017. Unrecognized role of bisulfite as Mn(III) stabilizing agent in activating permanganate [Mn(VII)] for enhanced degradation of organic contaminants. Chem Eng J, 327: 418-422.

Ge J, Qu J. 2003. Degradation of azo dye acid red B on manganese dioxide in the absence and presence of ultrasonic irradiation. J Hazard Mater, 100 (1/2/3): 197-207.

Graham R D. 1988. Genotypic differences in tolerance to manganese deficiency//Graham R D, Hannam R J, Uren N C. Manganese in Soils and Plants. Dordrecht: Springer: 261-276.

Grebel J E, Mohanty S K, Torkelson A A, et al. 2013. Engineered infiltration systems for urban stormwater reclamation. Environ Eng Sci, 30 (8): 437-454.

Haack E A, Warren L A. 2003. Biofilm hydrous manganese oxyhydroxides and metal dynamics in acid rock drainage. Environ Sci Technol, 37 (18): 4138-4147.

Han B, Zhang M, Zhao D, et al. 2015. Degradation of aqueous and soil-sorbed estradiol using a new class of stabilized manganese oxide nanoparticles. Water Res, 70: 288-299.

Harvey J W, Fuller C C. 1998. Effect of enhanced manganese oxidation in the hyporheic zone on basin-scale geochemical mass balance. Water Resour Res, 34 (4): 623-636.

Hastings D, Emerson S. 1986. Oxidation of manganese by spores of a marine *Bacillus*: Kinetic and thermodynamic considerations. Geochim Cosmochim Ac, 50 (8): 1819-1824.

He Y, Xu J, Zhang Y, et al. 2012. Oxidative transformation of carbamazepine by manganese oxides. Environ Sci Pollut Res, 19 (9): 4206-4213.

Hedges J I, Keil R G. 1995. Sedimentary organic matter preservation: An assessment and speculative synthesis. Mar Chem, 49 (2/3): 81-115.

Hem J D. 1981. Rates of manganese oxidation in aqueous systems. Geochim Cosmochim Ac, 45 (8): 1369-1374.

Huang J, Zhong S, Dai Y, et al. 2018. Effect of MnO_2 phase structure on the oxidative reactivity toward bisphenol A degradation. Environ Sci Technol, 52 (19): 11309-11318.

Huguet M, Deborde M, Papot S, et al. 2013. Oxidative decarboxylation of diclofenac by manganese oxide bed filter. Water Res, 47 (14): 5400-5408.

Jiang J, Wang Z, Chen Y, et al. 2017. Metal inhibition on the reactivity of manganese dioxide toward organic contaminant oxidation in relation to metal adsorption and ionic potential. Chemosphere, 170: 95-103.

Jiang L, Huang C, Chen J, et al. 2009. Oxidative transformation of 17β-estradiol by MnO_2 in aqueous solution. Arch Environ Con Tox, 57 (2): 221-229.

Johnson K S, Coale K H, Berelson W M, et al. 1996. On the formation of the manganese maximum in the oxygen minimum. Geochim Cosmochim Ac, 60 (8): 1291-1299.

Jokic A, Wang M, Liu C, et al. 2004. Integration of the polyphenol and Maillard reactions into a unified abiotic pathway for humification in nature: The role of δ-MnO_2. Org Geochem, 35 (6): 747-762.

Jürgensen A, Widmeyer J R, Gordon R A, et al. 2004. The structure of the manganese oxide on the sheath of the bacterium *Leptothrix discophora*: An XAFS study. Am Mineral, 89 (7): 1110-1118.

Kaiser K, Guggenberger G. 2003. Mineral surfaces and soil organic matter. Eur J Soil Sci, 54 (2): 219-236.

Kim D G, Jiang S, Jeong K, et al. 2012. Removal of 17α-ethinylestradiol by biogenic manganese oxides produced by the *Pseudomonas putida* strain MnB1. Water Air Soil Pollut, 223 (2): 837-846.

Klausen J, Haderlein S B, Schwarzenbach R P. 1997. Oxidation of substituted anilines by aqueous MnO_2: Effect of co-solutes on initial and quasi-steady-state kinetics. Environ Sci Technol, 31 (9): 2642-2649.

Kung K H, McBride M B. 1988. Electron transfer processes between hydroquinone and hausmannite. Clays Clay Miner, 36 (4): 297-302.

Kwon K D, Refson K, Sposito G. 2008. Defect-induced photoconductivity in layered manganese oxides: A density functional theory study. Phys Rev Lett, 100 (14): 146601.

Lalonde K, Mucci A, Ouellet A, et al. 2012. Preservation of organic matter in sediments promoted by iron. Nature, 483: 198-200.

Lan S, Wang X, Xiang Q, et al. 2017. Mechanisms of Mn(II) catalytic oxidation on ferrihydrite surfaces and the formation of manganese (oxyhydr)oxides. Geochim Cosmochim Ac, 211: 79-96.

Lanson B, Drits V A, Feng Q, et al. 2002. Structure of synthetic Na-birnessite: Evidence for a triclinic one-layer unit cell. Am Mineral, 87 (11/12): 1662-1671.

Larson R A, Hufnal J M. 1980. Oxidative polymerization of dissolved phenols by soluble and insoluble inorganic species. Limnol Oceanogr, 25 (3): 505-512.

Li F, Liu C, Liang C, et al. 2008. The oxidative degradation of 2-mercaptobenzothiazole at the interface of β-MnO_2 and water. J Hazard Mater, 154 (1-3): 1098-1105.

Lin K, Liu W, Gan J. 2009a. Reaction of tetrabromobisphenol A (TBBPA) with manganese dioxide: Kinetics, products, and pathways. Environ Sci Technol, 43 (12): 4480-4486.

Lin K, Liu W, Gan J. 2009b. Oxidative removal of bisphenol A by manganese dioxide: Efficacy, products, and pathways. Environ Sci Technol, 43 (10): 3860-3864.

Lin K, Peng Y, Huang X, et al. 2013. Transformation of bisphenol A by manganese oxide-coated sand. Environ Sci Pollut Res, 20 (3): 1461-1467.

Lin K, Yan C, Gan J. 2014. Production of hydroxylated polybrominated diphenyl ethers (OH-PBDEs) from bromophenols by manganese dioxide. Environ Sci Technol, 48 (1): 263-271.

Loganathan P, Burau R. 1973. Sorption of heavy metal ions by a hydrous manganese oxide. Geochim Cosmochim Ac, 37 (5): 1277-1293.

Lovley D R. 1991. Dissimilatory Fe(III) and Mn(IV) reduction. Microb Rev, 55 (2): 259-287.

Lu Z, Gan J. 2013. Oxidation of nonylphenol and octylphenol by manganese dioxide: Kinetics and pathways. Environ Pollut, 180: 214-220.

Lu Z, Lin K, Gan J. 2011. Oxidation of bisphenol F (BPF) by manganese dioxide. Environ Pollut, 159 (10): 2546-2551.

Luther G W. 2005. Manganese(II) oxidation and Mn(IV) reduction in the environment-two one-electron transfer steps versus a single two-electron step. Geomicrobiol J, 22 (3/4): 195-203.

Ma D, Wu J, Yang P, et al. 2020. Coupled manganese redox cycling and organic carbon degradation on mineral surfaces. Environ Sci Technol, 54 (14): 8801-8810.

Madison A S, Tebo B M, Mucci A, et al. 2013. Abundant porewater Mn(III) is a major component of the sedimentary redox system. Science, 341 (6148): 875-878.

Manceau A, Charlet L, Boisset M, et al. 1992. Sorption and speciation of heavy metals on hydrous Fe and Mn oxides. From microscopic to macroscopic. Appl Clay Sci, 7 (1/2/3): 201-223.

Manceau A, Silvester E, Bartoli C, et al. 1997. Structural mechanism of Co^{2+} oxidation by the phyllomanganate buserite. Am Mineral, 82 (11/12): 1150-1175.

Mandernack K W, Post J, Tebo B M. 1995. Manganese mineral formation by bacterial spores of the marine *Bacillus*, strain SG-1: Evidence for the direct oxidation of Mn(II) to Mn(IV). Geochim Cosmochim Ac, 59 (21): 4393-4408.

McBride M B. 1987. Adsorption and oxidation of phenolic compounds by iron and manganese oxides. Soil Sci Soc Am J, 51 (6): 1466-1472.

McBride M B. 1989. Oxidation of dihydroxybenzenes in aerated aqueous suspensions of birnessite. Clays Clay Miner, 37 (4): 341-347.

McKenzie R. 1971. The synthesis of birnessite, cryptomelane, and some other oxides and hydroxides of manganese. Mineral Mag, 38 (296): 493-502.

McKeown D A, Post J E. 2001. Characterization of manganese oxide mineralogy in rock varnish and dendrites using X-ray absorption spectroscopy. Am Mineral, 86 (5/6): 701-713.

Miyata N, Tani Y, Maruo K, et al. 2006. Manganese(IV) oxide production by *Acremonium* sp. strain KR21-2 and extracellular Mn(II) oxidase activity. Appl Environ Microbiol, 72 (10): 6467-6473.

Mizukami M, Mita N, Usui A, et al. 1999. Microbially-mediated precipitation of manganese oxide at the Seikan undersea tunnel, Japan. Resource Geology, 20: 65-74.

Morgan J J. 2000. Manganese in natural waters and earth's crust: Its availability to organisms. Met Ions Biol Syst, 37: 1-34.

Morgan J J, Stumm W. 1964. Colloid-chemical properties of manganese dioxide. J Coll Sci, 19 (4): 347-359.

Murray J W. 1974. The surface chemistry of hydrous manganese dioxide. J Colloid Interf Sci, 46 (3): 357-371.

Murray J W, Dillard J G, Giovanoli R, et al. 1985. Oxidation of Mn(II): Initial mineralogy, oxidation state and ageing. Geochim Cosmochim Ac, 49 (2): 463-470.

Nealson K H, Tebo B M, Rosson R A. 1988. Occurrence and mechanisms of microbial oxidation of manganese. Adv Appl Microbiol, 33: 279-318.

Negra C, Ross D S, Lanzirotti A. 2005. Oxidizing behavior of soil manganese. Soil Sci Soc Am J, 69 (1): 87-95.

Nelson Y M, Lion L W, Ghiorse W C, et al. 1999. Production of biogenic Mn oxides by *Leptothrix discophora* SS-1 in a chemically defined growth medium and evaluation of their Pb adsorption characteristics. Appl Environ Microbiol, 65 (1): 175-180.

Nesbitt H, Canning G, Bancroft G. 1998. XPS study of reductive dissolution of 7Å-birnessite by H_3AsO_3 with constraints on reaction mechanism. Geochim Cosmochim Ac, 62 (12): 2097-2110.

Nico P S, Zasoski R J. 2001. Mn(III) center availability as a rate controlling factor in the oxidation of phenol and sulfide on δ-MnO_2. Environ Sci Technol, 35 (16): 3338-3343.

Oscarson D, Huang P, Defosse C, et al. 1981. Oxidative power of Mn(IV) and Fe(III) oxides with respect to As(III) in terrestrial and aquatic environments. Nature, 291 (5810): 50-51.

Petrie R A, Grossl P R, Sims R C. 2002. Oxidation of pentachlorophenol in manganese oxide suspensions under controlled Eh and pH environments. Environ Sci Technol, 36 (17): 3744-3748.

Post J E. 1999. Manganese oxide minerals: Crystal structures and economic and environmental significance. Proc Nat Acad Sci, 96 (7): 3447-3454.

Remucal C K, Ginder-Vogel M. 2014. A critical review of the reactivity of manganese oxides with organic contaminants. Environ Sci: Proc Imp, 16 (6): 1247-1266.

Roy M, McManus J, Goni M A, et al. 2013. Reactive iron and manganese distributions in seabed sediments near small mountainous rivers off Oregon and California (USA). Cont Shelf Res, 54: 67-79.

Rubert K F, Pedersen J A. 2006. Kinetics of oxytetracycline reaction with a hydrous manganese oxide. Environ Sci Technol, 40 (23): 7216-7221.

Sabirova J S, Cloetens L, Vanhaecke L, et al. 2008. Manganese-oxidizing bacteria mediate the degradation of 17α-ethinylestradiol. Microb Biotechnol, 1 (6): 507-512.

Saratovsky I, Wightman P G, Pastén P A, et al. 2006. Manganese oxides: Parallels between abiotic and biotic structures. J Am Chem Soc, 128 (34): 11188-11198.

Selig H, Keinath T M, Weber W J. 2003. Sorption and manganese-induced oxidative coupling of hydroxylated aromatic compounds by natural geosorbents. Environ Sci Technol, 37 (18): 4122-4127.

Sharma V K, Rokita S E. 2012. Oxidation of amino acids, peptides, and proteins: Kinetics and mechanism. Hoboken: John Wiley & Sons: 305.

Sheng G D, Xu C, Xu L, et al. 2009. Abiotic oxidation of 17β-estradiol by soil manganese oxides. Environ Pollut, 157 (10): 2710-2715.

Shindo H, Huang P. 1982. Role of Mn(IV) oxide in abiotic formation of humic substances in the environment. Nature, 298: 363-365.

Shindo H, Huang P. 1984. Catalytic effects of manganese(IV), iron(III), aluminum, and silicon oxides on the formation of phenolic polymers. Soil Sci Soc Am J, 48 (4): 927-934.

Shindo H, Huang P. 1985. The catalytic power of inorganic components in the abiotic synthesis of hydroquinone-derived humic polymers. Appl Clay Sci, 1 (1/2): 71-81.

Shindo H, Oshita T, Matsudomi N, et al. 1996. Catalytic role of Mn(Ⅳ) oxide in the formation of humic-enzyme complexes in the soil ecosystem. Soil Sci Plant Nutr, 42 (1): 141-146.

Silvester E, Manceau A, Drits V A. 1997. Structure of synthetic monoclinic Na-rich birnessite and hexagonal birnessite: Ⅱ. Results from chemical studies and EXAFS spectroscopy. Am Mineral, 82 (9/10): 962-978.

Sisley M, Jordan R. 2006. First hydrolysis constants of hexaaquacobalt(Ⅲ) and -manganese(Ⅲ): Longstanding issues resolved. Inorg Chem, 45 (26): 10758-10763.

Stone A T. 1987. Reductive dissolution of manganese(Ⅲ/Ⅳ) oxides by substituted phenols. Environ Sci Technol, 21 (10): 979-988.

Stone A T, Godtfredsen K L, Deng B. 1994. Sources and reactivity of reductants encountered in aquatic environments//Bidoglio G, Stumm W. Chemistry of Aquatic systems: Local and Global Perspectives. Dordrecht: Springer: 337-374.

Stone A T, Morgan J J. 1984a. Reduction and dissolution of manganese(Ⅲ) and manganese(Ⅳ) oxides by organics. 1. Reaction with hydroquinone. Environ Sci Technol, 18 (6): 450-456.

Stone A T, Morgan J J. 1984b. Reduction and dissolution of manganese(Ⅲ) and manganese(Ⅳ) oxides by organics: 2. Survey of the reactivity of organics. Environ Sci Technol, 18 (8): 617-624.

Stone A T, Ulrich H J. 1989. Kinetics and reaction stoichiometry in the reductive dissolution of manganese(Ⅳ) dioxide and Co(Ⅲ) oxide by hydroquinone. J Colloid Interf Sci, 132 (2): 509-522.

Sulzberger B, Canonica S, Egli T, et al. 1997. Oxidative transformations of contaminants in natural and in technical systems. CHIMIA, 51 (12): 900-907.

Sun B, Dong H, He D, et al. 2016. Modeling the kinetics of contaminants oxidation and the generation of manganese(Ⅲ) in the permanganate/bisulfite process. Environ Sci Technol, 50 (3): 1473-1482.

Sun B, Guan X, Fang J, et al. 2015. Activation of manganese oxidants with bisulfite for enhanced oxidation of organic contaminants: The involvement of Mn(Ⅲ). Environ Sci Technol, 49 (20): 12414-12421.

Sunda W G, Huntsman S A. 1988. Effect of sunlight on redox cycles of manganese in the southwestern Sargasso Sea. Deep Sea Res A Oceanogr Res Pap, 35 (8): 1297-1317.

Sunda W G, Huntsman S A. 1994. Photoreduction of manganese oxides in seawater. Mar Chem, 46 (1/2): 133-152.

Sunda W G, Huntsman S A, Harvey G R. 1983. Photoreduction of manganese oxides in seawater and its geochemical and biological implications. Nature, 301: 234-236.

Sunda W G, Kieber D J. 1994. Oxidation of humic substances by manganese oxides yields low-molecular-weight organic substrates. Nature, 367: 62-64.

Sung W, Morgan J J. 1981. Oxidative removal of Mn(Ⅱ) from solution catalysed by the γ-FeOOH (lepidocrocite) surface. Geochim Cosmochim Ac, 45(12): 2377-2383.

Tani Y, Miyata N, Iwahori K, et al. 2003. Biogeochemistry of manganese oxide coatings on pebble surfaces in the Kikukawa River System, Shizuoka, Japan. Appl Geochem, 18 (10): 1541-1554.

Tazaki K. 2000. Formation of banded iron-manganese structures by natural microbial communities. Clays Clay Miner, 48 (5): 511-520.

Tebo B M, Bargar J R, Clement B G, et al. 2004. Biogenic manganese oxides: Properties and mechanisms of formation. Annu Rev Earth Planet Sci, 32: 287-328.

Tebo B M, Ghiorse W C, van Waasbergen L G, et al. 1997. Bacterially mediated mineral formation: insights into manganese(Ⅱ) oxidation from molecular genetic and biochemical studies. Rev Mineral Geochem, 35: 225-266.

Tebo B M, He L M. 1998. Microbially mediated oxidative precipitation reactions//Sparks D, Grundl T. Mineral-water Interfacial Reactions. Washington DC: ASS Symposium Series, 715: 393-414.

Thanabalasingam P, Pickering W. 1986. Effect of pH on interaction between As(III) or As(V) and manganese(IV) oxide. Water Air Soil Pollut, 29 (2): 205-216.

Tipping E, Heaton M. 1983. The adsorption of aquatic humic substances by two oxides of manganese. Geochim Cosmochim Ac, 47 (8): 1393-1397.

Tournassat C, Charlet L, Bosbach D, et al. 2002. Arsenic(III) oxidation by birnessite and precipitation of manganese(II) arsenate. Environ Sci Technol, 36 (3): 493-500.

Trouwborst R E, Clement B G, Tebo B M, et al. 2006. Soluble Mn(III) in suboxic zones. Science, 313 (5795): 1955-1957.

Ukrainczyk L, McBride M B. 1992. Oxidation of phenol in acidic aqueous suspensions of manganese oxides. Clays Clay Miner, 40 (2): 157-166.

Ukrainczyk L, McBride M B. 1993. Oxidation and dechlorination of chlorophenols in dilute aqueous suspensions of manganese oxides: Reaction products. Environ Toxicol Chem, 12 (11): 2015-2022.

Ulrich H J, Stone A T. 1989. The oxidation of chlorophenols adsorbed to manganese oxide surfaces. Environ Sci Technol, 23 (4): 421-428.

Villalobos M, Toner B, Bargar J, et al. 2003. Characterization of the manganese oxide produced by *Pseudomonas putida* strain MnB1. Geochim Cosmochim Ac, 67 (14): 2649-2662.

von Langen P J, Johnson K S, Coale K H, et al. 1997. Oxidation kinetics of manganese(II) in seawater at nanomolar concentrations. Geochim Cosmochim Ac, 61 (23): 4945-4954.

Wang Q, Yang P, Zhu M. 2018. Structural transformation of birnessite by fulvic acid under anoxic conditions. Environ Sci Technol, 52 (4): 1844-1853.

Wang S, Wei X, Hao M. 2016. Dynamics and availability of different pools of manganese in semiarid soils as affected by cropping system and fertilization. Pedosphere, 26 (3): 351-361.

Wang X, Liu J, Qu R, et al. 2017. The laccase-like reactivity of manganese oxide nanomaterials for pollutant conversion: Rate analysis and cyclic voltammetry. Sci Rep, 7: 7756.

Wang X, Wang Q, Yang P, et al. 2020a. Oxidation of Mn(III) species by Pb(IV) oxide as a surrogate oxidant in aquatic systems. Environ Sci Technol, 54 (21): 14124-14133.

Wang X, Wang S, Qu R, et al. 2018a. Enhanced removal of chlorophene and 17β-estradiol by Mn(III) in a mixture solution with humic acid: Investigation of reaction kinetics and formation of co-oligomerization products. Environ Sci Technol, 52 (22): 13222-13230.

Wang X, Xiang W, Wang S, et al. 2020b. Oxidative oligomerization of phenolic endocrine disrupting chemicals mediated by Mn(III)-L complexes and the role of phenoxyl radicals in the enhanced removal: Experimental and theoretical studies. Environ Sci Technol, 54 (3): 1573-1582.

Wang X, Yao J, Wang S, et al. 2018b. Phototransformation of estrogens mediated by Mn(III), not by reactive oxygen species, in the presence of humic acids. Chemosphere, 201: 224-233.

Wang Y, Stone A T. 2008. Phosphonate- and carboxylate-based chelating agents that solubilize(hydr) oxide-bound Mn^{III}. Environ Sci Technol, 42 (12): 4397-4403.

Wang Z, Xiong W, Tebo B M, et al. 2014. Oxidative UO_2 dissolution induced by soluble Mn(III). Environ Sci Technol, 48 (1): 289-298.

Webb S M, Dick G J, Bargar J R, et al. 2005a. Evidence for the presence of Mn(III) intermediates in the bacterial oxidation of Mn(II). Proc Nat Acad Sci, 102 (15): 5558-5563.

Webb S M, Fuller C C, Tebo B M, et al. 2006. Determination of uranyl incorporation into biogenic manganese oxides using X-ray absorption spectroscopy and scattering. Environ Sci Technol, 40 (3): 771-777.

Webb S M, Tebo B M, Bargar J R. 2005b. Structural characterization of biogenic Mn oxides produced in seawater by the marine *Bacillus* sp. strain SG-1. Am Mineral, 90 (8-9): 1342-1357.

White D, Asfar-Siddique A. 1997. Removal of manganese and iron from drinking water using hydrous manganese dioxide. Solvent Extr Ion Exch, 15 (6): 1133-1145.

Wilson D E. 1980. Surface and complexation effects on the rate of Mn(II) oxidation in natural waters. Geochim Cosmochim Ac, 44 (9): 1311-1317.

Xu L, Xu C, Zhao M, et al. 2008. Oxidative removal of aqueous steroid estrogens by manganese oxides. Water Res, 42 (20): 5038-5044.

Xu W, Lan H, Wang H, et al. 2015. Comparing the adsorption behaviors of Cd, Cu and Pb from water onto Fe-Mn binary oxide, MnO_2 and FeOOH. Front Environ Sci Eng, 9 (3): 385-393.

Yao W, Millero F J. 1993. The rate of sulfide oxidation by δ-MnO_2 in seawater. Geochim Cosmochim Ac, 57 (14): 3359-3365.

Zhang H, Chen W R, Huang C H. 2008. Kinetic modeling of oxidation of antibacterial agents by manganese oxide. Environ Sci Technol, 42 (15): 5548-5554.

Zhang H, Huang C H. 2003. Oxidative transformation of triclosan and chlorophene by manganese oxides. Environ Sci Technol, 37 (11): 2421-2430.

Zhang H, Huang C H. 2005a. Oxidative transformation of fluoroquinolone antibacterial agents and structurally related amines by manganese oxide. Environ Sci Technol, 39 (12): 4474-4483.

Zhang H, Huang C H. 2005b. Reactivity and transformation of antibacterial N-oxides in the presence of manganese oxide. Environ Sci Technol, 39 (2): 593-601.

Zhang J, McKenna A M, Zhu M. 2021. Macromolecular characterization of compound selectivity for oxidation and oxidative alterations of dissolved organic matter by manganese oxide. Environ Sci Technol, 55 (11): 7741-7751.

Zhang T, Zhang X, Yan X, et al. 2011. Removal of bisphenol A via a hybrid process combining oxidation on β-MnO_2 nanowires with microfiltration. Colloids Surf A: Phys Eng Asp, 392 (1): 198-204.

Zhang Y, Yang Y, Zhang Y, et al. 2012. Heterogeneous oxidation of naproxen in the presence of α-MnO_2 nanostructures with different morphologies. Appl Catal B: Environ, 127: 182-189.

Zhao L, Yu Z, Peng P A, et al. 2009a. Oxidative transformation of tetrachlorophenols and trichlorophenols by manganese dioxide. Environ Toxicol Chem, 28 (6): 1120-1129.

Zhao W, Cui H, Liu F, et al. 2009b. Relationship between Pb^{2+} adsorption and average Mn oxidation state in synthetic birnessites. Clays Clay Miner, 57 (5): 513-520.

Zhu M X, Wang Z, Xu S H, et al. 2010. Decolorization of methylene blue by δ-MnO_2-coated montmorillonite complexes: Emphasizing redox reactivity of Mn-oxide coatings. J Hazard Mater, 181 (1/2/3): 57-64.

Zhu M Q, Farrow C L, Post J E, et al. 2012. Structural study of biotic and abiotic poorly-crystalline manganese oxides using atomic pair distribution function analysis. Geochim Cosmochim Ac, 81: 39-55.

Zhu M Q, Ginder-Vogel M, Parikh S J, et al. 2010. Cation effects on the layer structure of biogenic Mn-oxides. Environ Sci Technol, 44 (12): 4465-4471.

Zou J, Huang J, Yue D, et al. 2020. Roles of oxygen and Mn(IV) oxide in abiotic formation of humic substances by oxidative polymerization of polyphenol and amino acid. Chem Eng J, 393: 124734.

第三章 含硫矿物界面有机污染物的反应

第一节 环境中的含硫矿物

一、金属硫化物

自然界中存在着大量的金属硫化物,大多以矿物的形态存在,主要包括雌黄(As_2S_3)、雄黄(As_2S_2)、马基诺矿(FeS)、黄铁矿(FeS_2)、朱砂(HgS)、辉锑矿(Sb_2S_3)、黄铜矿($CuFeS_2$)、砷黄铁矿(FeAsS)、方铅矿(PbS)及闪锌矿(ZnS)等。金属硫化物的形成一般需要厌氧条件,因此除存在于矿山附近的土壤外,金属硫化物还广泛分布在稻田、河流及海洋沉积物等厌氧环境中(张鹏,2018)。金属硫化物通常是无氧条件下,通过硫化氢(H_2S)与金属离子(M^{2+})反应产生,其中 H_2S 主要来自微生物还原硫酸盐(SO_4^{2-})的过程。

铁是自然界分布最广泛的金属元素之一,硫铁矿物(iron sulfide)广泛存在于多种无氧和微氧环境中,如深水湖、土壤、江海河口沉积物。硫铁矿是一种具有氧化还原活性的矿物,对全球铁(Fe)、硫(S)、氧(O)和碳(C)等元素的生物地球化学循环以及各类污染物的迁移转化起着重要作用(Gong et al.,2016;Schoonen et al.,2010)。硫酸根还原菌可以利用环境中的有机质作为碳源和代谢能量,将硫酸根(SO_4^{2-})还原成 S^{2-} 后与离子态 Fe^{2+} 或者铁(氢)氧化物(水铁矿、针铁矿和纤铁矿等)反应形成 FeS(Morgan et al.,2012)。Huerta-Diaz 等(1998)测得加拿大 Clearwater 湖沉淀物中 FeS 含量超过 17.6 μmol/g。而 Hurtgen(1999)在加拿大 Saguenay Fjord 河流入海口沉积物中检测到 FeS 的含量高达 152μmol/g。FeS 是硫铁矿的主要成分之一,是硫铁矿在环境中形成的最初产物。此外,它还是其他硫铁矿,如硫复铁矿(Fe_3S_4)和黄铁矿(FeS_2)等形成的必要前体。由于 FeS 具有较大的比表面积、亲硫属性以及很强的还原能力,它可以在无氧环境捕获多种重金属以及还原转化各种污染物,包括卤代溶剂、高价态无机污染物以及放射性核素(Gong et al.,2016)。近年来,FeS 被广泛应用于无氧条件下的环境修复研究以及工程应用中。

黄铁矿(FeS_2)作为最常见的金属硫化物,在现代沉积物中的含量范围为 0.5%~5%。黄铁矿硫是沉积物硫的热动力稳定状态,不溶于盐酸。它是海洋和湖泊沉积物中分布最广的自生矿物之一,也是各种铁硫化物经成岩改造后的最终产物。黄铁矿中硫的总含量大约为 6×10^{15}t（Wilkin et al., 1996），是海洋中总硫含量（1.44×10^{15}t）4.17 倍（Bottrell and Newton, 2006）。H_2S 与 Fe^{2+} 直接反应主要产生马基诺矿（FeS），当存在过量的还原态硫时，FeS 作为前驱体与 H_2S 或单质硫（S_8）反应产生黄铁矿。黄铁矿由于具有金属类的光泽以及金黄的颜色，外表上看与黄金很相似，因此经常被称为"愚人金"。黄铁矿晶体结构主要有立方体以及五角十二面体结构，以立方体型为例，其一个 Fe 原子以八面体配位的形式与周围的 6 个 S 原子相结合，类似地，一个 S 原子与 3 个 Fe 原子以及另外一个 S 原子以四面体配位的形式结合。图 3-1 为其晶体结构，从图中可以观察到其结构与 NaCl 结构相似，Na 原子所处的位置被 Fe 原子所占据，而 S 原子团中心则取代了 Cl 原子的位置。

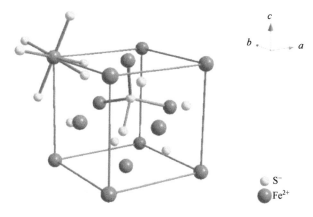

图 3-1 黄铁矿的晶格结构

金属硫化物中金属和硫元素都呈还原态，环境中的氧化还原波动可以导致其暴露于空气中发生氧化。地质过程、地下水水位波动、河水水位降低、季节性干湿交替和生物扰动等自然过程及稻田排水、翻耕等人类活动会导致金属硫化物和氧气接触发生氧化反应，金属硫化物氧化对元素循环、酸性矿山废水与酸性硫酸盐土壤的形成以及物质转化等具有重要的影响。不仅如此，金属硫化物氧化还可能产生一些中间态活性氧物种（reactive oxygen species，ROS）如羟自由基（hydroxyl radical，·OH）。·OH 是一种非常强的活性氧化物质（氧化电位：2.8V），几乎可以无选择性地氧化环境中的绝大多数有机物，对环境中元素的循环以及污染物的迁移转化都具有重要影响。由于淹水土壤中一般含有硫化铁或黄铁矿，其他金属硫化物含量较少，以下主要讨论铁硫矿物对有机污染物环境行为的影响。

二、铁硫酸盐矿物

在酸性矿山废水污染的流域环境中，由于具有较强的酸度和较高浓度的硫酸根、铁等重金属离子，易形成大量特征性的含铁硫酸盐次生矿物。例如，pH<3时易形成黄钾铁矾（jarosite）；在 pH 为 2.8~4 时易形成施氏矿物（schwertmannite）。黄钾铁矾[$KFe_3(SO_4)_2(OH)_6$]是酸性硫化物矿区最常见的硫酸盐矿物，是黄铜矿生物浸出过程的一个主要产物，同时也被认为是最有可能造成黄铜矿钝化的物质。另外，黄钾铁矾属于环境友好材料，具有性能优异、无毒和抗酸等特点。由于黄钾铁矾类矿物既不溶解于稀酸，又易于沉淀、洗涤和过滤，因此在一定的温度、酸度以及有铵或碱金属离子存在的条件下，可使溶液中的三价铁离子形成黄钾铁矾类矿物而沉淀下来，从而去除溶液中的重金属离子，黄钾铁矾经常被应用于尾矿治理、有毒有害元素的去除以及多种稀有重金属的回收（王长秋等，2005）。而对于施氏矿物而言，其具有非常大的比表面积（170~250 m^2/g），发生水合后对重金属具有良好吸附能力，同时施氏矿物在形成过程中，其结构中的 Fe^{3+} 和 SO_4^{2-} 位点存在广泛的类质同象现象（Acero et al.，2006），即 Fe^{3+} 常被 Cu^{2+}、Pb^{2+}、Cd^{2+} 等取代，而隧道结构内的 SO_4^{2-} 可被离子半径相当且与 Fe^{3+} 配位能力强的氧阴离子，如 CrO_4^{2-}、AsO_4^{3-}、SeO_4^{2-} 等取代。

三、单质硫矿

单质硫有三种同质多复相体：α-硫、β-硫和 γ-硫。在自然条件下，只有 α-硫最为稳定，称为自然硫。分子式为 S_8，理论含硫量为 100%。硫可能是近地表沉积物中最丰富的短期硫酸盐还原产物，主要来源于 H_2S 的不完全氧化[式(3-1)~式（3-3）]。单质硫的氧化过程会形成多种硫氧化物，如 SO_3^{2-}、$S_4O_6^{2-}$ 等。Burton 等（2006）报道，在沉积物/水界面附近高达 62%的还原无机硫主要以元素硫的形式存在，浓度为 13~396μmol/g。单质硫的氧化还原循环与金属硫化物的形成、硫的形态与分布等密切相关。

$$8O_2 + 16H_2S \longrightarrow 2S_8 + 16H_2O \tag{3-1}$$

$$16Fe(OH)_3 + 8H_2S + 32H^+ \longrightarrow S_8 + 16Fe^{2+} + 48H_2O \tag{3-2}$$

$$8MnO_2 + 8H_2S + 16H^+ \longrightarrow S_8 + 8Mn^{2+} + 16H_2O \tag{3-3}$$

第二节 金属硫化物对有机污染物的还原作用

金属硫化物如 FeS 被认为是环境中的一种重要的还原剂，对汞（Hg）、铬（Cr）、铜（Cu）、镍（Ni）、镉（Cd）和铅（Pb）等重金属而言还是一种优良的吸附剂，它们还可以通过还原反应高效地去除硝基芳香族化合物（NACs）及含氯有机物。NACs 被广泛用作农药、炸药以及合成化合物的中间体，由于其环境持久性和人体毒性，被美国国家环境保护局（United States Environmental Protection Agency）列为优先控制污染物（岳先会等，2020）。但同时 NACs 由于高工业价值和需求，目前仍无法对该类物质禁用禁产，如何减少和消除环境中 NACs 一直以来都是关注的问题。NACs 疏水性较强，在地下水中往往吸附在沉积物上，使得其迁移性和生物可利用性发生改变，但吸附过程仅仅改变 NACs 在环境系统中的赋存形态，其潜在环境风险依然存在。在厌氧环境中，金属硫化物能够将 NACs 还原，且还原产物(苯胺类物质)相较于 NACs 具有较高的生物可利用性（Xu et al., 2013），从而加速了 NACs 在环境中的代谢消除。卤代烃（R—X）也是环境中主要的难降解有机污染物，许多卤代烃或已知或疑似具有致癌性（如六氯乙烷、三氯乙烯和四氯化碳）。多氯联苯（PCB）广泛应用于变压器、电容器等。尽管在 20 世纪 70 年代多氯联苯已被禁止使用，但是多氯联苯由于具有持久性、生物积累性、毒性和致癌性等，在土壤中的赋存仍然受到极大关注。同理，在厌氧环境中，卤代烃和多氯联苯可以经金属硫化物还原脱氯，降低其毒性，并增加其生物可利用性。因此，金属硫化物存在下的还原过程为环境中 NACs 和卤代烃类污染物的去除提供了可能的路径（Chen et al., 2019；Gong et al., 2016）。

一、金属硫化物介导的直接还原过程

马基诺矿（FeS）是一种有效的还原剂，可以通过 Fe^{2+} 和 S^{2-} 作为电子供体还原降解多种卤代烃类污染物，如三溴甲烷、多氯联苯、氯乙烯、六氯乙烷、三氯乙烯（TCE）和四氯化碳等。研究发现 FeS 颗粒能快速转化约 90%的六溴环十二烷（HBCD），其中溴消除的结果是生成 1, 5, 9-环十二碳三烯，反应后 FeS 表面的 Fe^{2+} 和 S^{2-} 均被氧化，证明了两者都可能作为电子供体（Li et al., 2016a）。研究还表明 FeS 可以快速降解三氯乙烯（Butler and Hayes, 1999），主要的还原产物是由两个相邻碳原子上发生 β-消除（失去两个相邻的卤素，形成一个额外的碳碳键）产生的乙炔。其他中间产物还有顺-二氯乙烯（cis-DCE）、乙烷和甲烷，主要是通过氢取代卤素进行的氢水解反应产生的，而顺-二氯乙烯可以进一步通过 β-消除降解成乙炔，从而避免毒性产物氯乙烯的生成（图 3-2）。同样有研究证明，黄铁矿在非生物降解三氯乙烯中也起着重要的作用。在厌氧环境下，黄铁矿将三氯乙烯转化为乙炔（占去除三氯乙烯的 86%）、顺-二氯乙烯（6.6%）和乙烯（4.4%）。黄铁矿也能将四氯乙烯（PCE）转化为三氯乙烯，然后转化为乙炔和顺-二氯乙烯（Lee and Batchelor, 2002）。

对于 NACs，FeS 能还原转化 2, 4-二硝基甲苯（DNT）等。研究发现 1 g FeS 在 pH 5.6 下可以降解 91% 50 mg/L 的 DNT（Oh et al., 2011）。研究同样证实其中多氯联苯也可以被 FeS 吸附，然后发生降解反应。

二、金属硫化物介导的间接还原过程

金属硫化物在厌氧条件下还原溶解可释放出 H_2S，同时氧化过程中硫元素经

过 $S^{2-} \to S_2^{2-} \to S_n^{2-} \to S_8$ 一系列反应最终转变为单质硫,而单质硫在经微生物还原后又可以重新转化为 H_2S。H_2S 具有较强的还原性,能还原降解一些有机污染物。然而,溶液相自由态的 S^{2-} 往往不能直接将硝基取代类污染物还原。研究表明,土壤中的碳材料对此过程具有较大的影响,如生物炭、活性炭、热解炭、石墨等自然或者人工碳材料广泛存在于沉积物、河流及农田中,这些碳材料能促进还原性硫对有机污染物的转化(图 3-3)。现有的相关研究主要集中在碳材料促进硫还原和微生物还原系统中,即 NACs 和卤代烃类污染物的还原降解,然而,碳材料的作用机制受电子供体种类、污染物性质和碳材料表面特征等因素影响,其发生机制各不相同,目前已被广泛认知的机制主要有以下三种(Ding and Xu,2016;Xu et al.,2010;Xu et al.,2020):①碳材料表面官能团(如醌类)作为氧化还原媒介,提高电子传递效率;②碳材料的石墨化结构和表面缺陷位的导电作用,能够高效传导电子;③在硫化物还原体系中,吸附态 S^{2-} 在碳表面形成的中间体作为还原活性位点,加速污染物的还原。此外,碳材料比表面积、孔隙度和表面电性的差异,以及有机污染物自身结构性质的不同,含碳体系(生物、非生物)的差异等因素也会直接或间接地影响碳材料对有机污染物催化还原降解的过程。但是由于碳材料自身结构和表面性质的复杂性,现有研究对该过程的机制认知还不够全面。

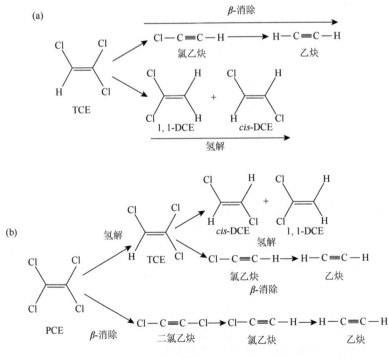

图 3-2　FeS 还原降解 TCE 及 PCE 的机制

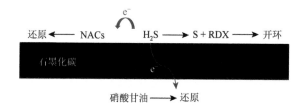

图 3-3 碳材料和硫化物调节的 NACs 降解机制（Xu et al.，2010）

RDX：黑索金

第三节 金属硫化物对有机污染物的氧化作用

金属硫化矿在无氧/有氧条件下可以产生活性氧物种（如 H_2O_2、$\cdot O_2^-$、$\cdot OH$、$\cdot SO_4^-$），四种活性氧物种的标准氧化还原电位 E^0（$vs.$ NHE）分别为 0.46V、0.33V、1.9～2.7V、2.5～3.1V（Wang et al.，2021），一般来说，氧化还原电位越高的活性物种，氧化活性越高。在土壤环境中，H_2O_2、$\cdot O_2^-$、$\cdot OH$、$\cdot SO_4^-$ 可以有效氧化多种有机污染物，其中 $\cdot OH$ 和 $\cdot SO_4^-$ 氧化电位较高，更容易发生反应，对土壤中有机污染物的转化具有重要作用。针对三氯乙烯在天然矿物存在下的转化，研究发现在黄铁矿存在下，三氯乙烯降解速率随溶解氧浓度的增加而增加，这是因为在有氧体系中，黄铁矿的存在促进了羟自由基的产生，从而将三氯乙烯转化为甲酸和最终的二氧化碳（主要途径），以及乙醛酸和二氯乙酸（次要途径）（Pham et al.，2008）。目前较多文献报道过土壤、沉积物中的金属硫化物会产生活性氧降解污染物，如 FeS 在有氧条件下产生羟自由基对苯酚进行降解（Cheng et al.，2020），黄铁矿在有氧条件下对硝基苯、苯胺、氯酚、苯酚、磺胺、四环素、三氯乙烯等均有降解作用（Barhoumi et al.，2017；Diao et al.，2017；Yuan et al.，2019；Zhao et al.，2017）。研究金属硫化物在土壤中介导的氧化效应机制及氧化过程产生的活性物种，将对理解土壤中污染物的降解过程，分析污染物的转化产物，评估污染物的毒性方面均具有重要的意义。针对不同条件下的氧化反应及活性物种的不同，金属硫化物介导的氧化过程主要可分为以下几类。

一、超氧自由基及过氧化氢对有机污染物的氧化作用

金属硫化物在氧气存在时能还原 O_2 分子形成 H_2O_2 及 $\cdot O_2^-$，具体机制如下（Nooshabadi and Rao，2014a）：吸附态 O_2 从 Fe(Ⅱ)位点得到 1 个电子被还原为超氧自由基[$\cdot O_2^-$，式（3-4）]。接着 $\cdot O_2^-$ 与 H^+ 结合产生 $\cdot HO_2$，并通过进一步从 Fe(Ⅱ)位点得到 1 个电子产生 HO_2^- [式（3-5）]，随后 HO_2^- 与 H^+ 结合产生 H_2O_2。研究证明不同金属硫化物产生的过氧化氢水平也有高低之分，一般来说，产生过氧化氢能力从大到小依次是黄铁矿＞黄铜矿＞闪锌矿＞方铅矿，Nooshabadi 和 Rao

(2014a)将这种现象归因于不同金属硫化物的静息电位(resting potential)。静息电位(未产生电流时的电位)越大的金属硫化物产生过氧化氢的能力也越强,如黄铁矿(424 mV)＞黄铜矿(364 mV)＞闪锌矿(188 mV)＞方铅矿(160 mV)(Chopard et al.,2017;Nooshabadi and Rao,2014b,2013)。此外,体系的pH对静息电位和过氧化氢的产生量均有较大影响,pH越低,则产生的过氧化氢量也越多。同时两种不同硫化物相互接触也会加速过氧化氢的产生,地学上把这种现象归因于原电池效应(galvanic cell effect)。原电池效应解释为当电位不同的两种金属硫化矿相互接触会产生界面微电流,电位高的作为阳极,发生氧化反应,电位低的作为阴极,发生还原反应。阳极金属离子的溶出会加速超氧自由基的产生,进而增加过氧化氢的产生量。如在混合矿物黄铜矿-黄铁矿、方铅矿-黄铁矿和闪锌矿-黄铁矿组合物中,随着黄铁矿比例的增加会导致过氧化氢产生量的增加。

$$Fe(II) + O_2 \longrightarrow Fe(III) + \cdot O_2^- \tag{3-4}$$

$$Fe(II) + \cdot O_2^- \longrightarrow Fe(III) + HO_2^- \tag{3-5}$$

二、羟自由基对有机污染物的氧化作用

目前关于有氧条件下黄铁矿经氧化反应产生·OH的机制已经有一些研究。当O_2作为黄铁矿氧化剂时,黄铁矿表面结构态Fe(II)通过活化O_2产生H_2O_2,随后H_2O_2与溶解态Fe^{2+}能够经芬顿(Fenton)反应产生·OH(Kantar et al.,2019)。同时,黄铁矿表面结构态Fe(II)也可以活化H_2O_2产生·OH(Li et al.,2016b)。黄铁矿有氧氧化产生·OH的过程与环境pH以及表面二价铁的含量有关。pH越低,表面二价铁浓度越大,越容易产生·OH,这主要是因为酸性条件下会产生更多的表面二价铁,继而发生芬顿反应。

$$Fe(II) + H_2O_2 \longrightarrow Fe(III) + \cdot OH + OH^- \tag{3-6}$$

随着Elsetinow等(2003)首次证实在无氧条件下黄铁矿(pyrite)也可以与H_2O反应产生·OH以来,后人对黄铁矿无氧产生·OH的机制进行了大量的研究(Rimstidt and Vaughan,2003)。Stirling等(2003)基于DFT计算提出了黄铁矿表面空位上铁物种为Fe(IV)而不是Fe(III),然而Fe(IV)尚未被光谱或其他实验证据所证实。Borda等(2003)采用X射线光电子能谱(XPS)技术发现无氧条件下黄铁矿与H_2O反应后表面Fe(III)含量降低,此过程中产生的·OH可以氧化苯生成苯酚,结果证实黄铁矿表面空位的Fe(III)可以氧化H_2O产生吸附态·OH。类似地,研究指出表面空位上的Fe(III)被还原为Fe(II)后,可以再次被O_2氧化产生Fe(III)[式(3-7)],因而表面空位上Fe(III)能够不断再生。

$$H_2O_{(ad)} + pyrite\text{-}Fe(III) \longrightarrow pyrite\text{-}Fe(II) + \cdot OH_{(ad)} + H^+_{(aq)} \tag{3-7}$$

袁松虎课题组近些年系统研究了有氧和无氧条件下黄铁矿氧化产生·OH的机

制：①O_2与黄铁矿表面Fe(Ⅱ)反应形成表面络合物，然后O_2通过两电子途径产生吸附态H_2O_2。一部分吸附态H_2O_2释放到溶液中，而另外一部分会在黄铁矿表面经还原反应产生H_2O。对于溶解态H_2O_2，可以通过与溶解态Fe^{2+}发生芬顿反应产生·OH。②在黄铁矿表面空位上，吸附态H_2O与结构态Fe(Ⅲ)反应也能够产生吸附态·OH。大部分吸附态·OH相互反应产生吸附态H_2O_2，随后H_2O_2释放到溶液中与Fe^{2+}通过芬顿反应产生·OH。③氧化过程中产生的Fe^{2+}与硫中间体发生有氧氧化同样可以产生·OH（图3-4）。在酸性条件下，通过O_2还原、表面空位途径以及Fe^{2+}与硫中间体氧化对黄铁矿体系产生·OH的贡献分别为81.9%、14.2%~17.2%和3.6%~9.2%（Zhang et al.，2016；Zhang and Yuan，2017；Zhang et al.，2018）。

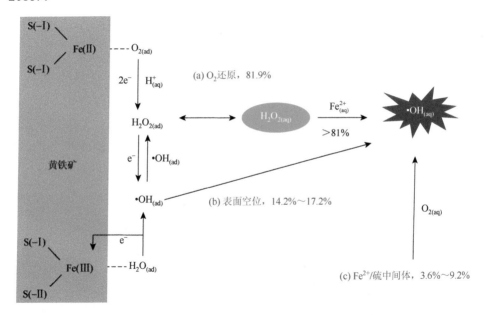

图3-4　酸性条件下黄铁矿氧化产生·OH的机制总结

三、环境因素对自由基形成的影响

小分子有机酸［如柠檬酸（citrate）和草酸］广泛地存在于自然环境中，如土壤孔隙水中柠檬酸和草酸典型浓度为1~100 μmol/L，有时甚至高达1 mmol/L（Xiao and Wu，2014）。Fe(Ⅱ)氧化产生·OH过程依赖于溶液的pH和Fe(Ⅱ)形态。在中性条件下无机溶解态Fe(Ⅱ)被O_2或H_2O_2氧化产生·OH的效率很低（Miller et al.，2013，2016），但是Fe(Ⅱ)被天然有机质或者小分子有机酸络合后，氧化产生·OH的效率会显著增加［式（3-8）~式（3-10）］。小分子有机酸的络合作用可以调控溶解态Fe(Ⅱ)/Fe(Ⅲ)的产生，增加H_2O_2氧化Fe(Ⅱ)产生·OH的效率。小分子有机酸促进黄铁矿有氧氧化产生•OH 的反应，可能能够加速中性环境条件下污染物的转化，特别是存在高浓度小分子有机酸的区域，如滨海和河口沉积物以及盐碱沼泽等。

$$Fe(II)\text{-citrate} + O_2 \longrightarrow Fe(III)\text{-citrate} + •O_2^- \qquad (3\text{-}8)$$

$$Fe(II)\text{-citrate} + •O_2^- \longrightarrow Fe(III)\text{-citrate} + H_2O_2 \qquad (3\text{-}9)$$

$$Fe(II)\text{-citrate} + H_2O_2 \longrightarrow Fe(III)\text{-citrate} + •OH + OH^- \qquad (3\text{-}10)$$

金属硫化物一般为半导体材料，在土壤表层可见光的照射下具有光催化活性。金属硫化物具有充满电子的低能价带和未充满电子的高能导带，两者之间具有一定的禁带宽度（李元，2020），光催化原理见图 3-5（He et al.，2014）。在光照射下，当入射光子的能量高于或等于带隙能量（E_g）时，光催化剂价带（VB）中的电子能够吸收光子能量被激发跃迁至导带（CB），产生光生电子-空穴对。由于光生电子具有强还原性，空穴具有强氧化性，光生电子-空穴对生成后会迅速迁移至材料表面，与吸附于表面的水、O_2、HO^- 发生氧化还原反应，生成 •O_2^-、H_2O_2、•OH 等（Xia et al.，2013）。这些具有高度化学活性的物质能与大多数吸附在催化剂表面上的有机污染物发生反应，从而将有机污染物降解为 H_2O、CO_2 等，影响土壤表层污染物的转化。但是目前针对金属硫化物光降解有机物的研究都是在溶液中进行，没有考虑土壤实际环境，可能是因为土壤通透性差的问题。

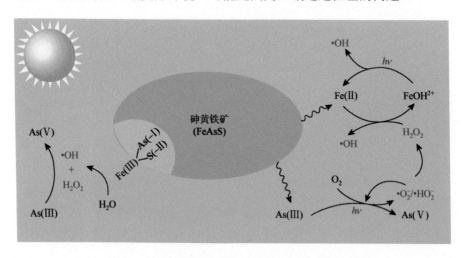

图 3-5　金属硫化物光催化原理（He et al.，2014）

第四节　金属硫化物在环境修复中的应用

纳米级硫化亚铁（FeS）颗粒由于其高反应活性及巨大的比表面积，近十几年来引起研究人员对其在环境修复领域中应用的关注。大量研究通过对 FeS 改性，开发了稳定剂和表面活性剂包裹的纳米级硫化亚铁，通过提供额外的空间位阻来限制它们的聚集和静电排斥，不仅可以减少纳米结构材料的团聚，也提供了大量的表面官能团。如羧甲基纤维素（CMC）、环糊精（CD）、多糖海藻酸钠改性的 FeS，在水溶液中可以稳定达 24 h。稳定化的纳米级硫化亚铁已经用于降解氯代烃类污染物，包括六氯乙烯、六氯乙烷、三氯乙烯和四氯化碳（Chen et al.，2019）。对于去除重金属，FeS 也表现出优异的性能，尤其是在六价铬［$Cr(VI)$］到三价铬［$Cr(III)$］的还原吸附过程中，表现出对三价铬具有很强的亲和力。

此外，FeS 及 FeS_2 等金属硫化物在高级氧化过程中还可用作催化剂，活化过氧化氢或过硫酸盐等。相比于其他含铁催化剂，金属硫化物具有以下显著优势：金属硫化物在溶解过程中会产生 H^+，可自主调节反应的 pH 为酸性，更利于氧化过程中自由基的产生；金属硫化物表面的 Zeta 电位为负值，可吸附溶解的铁离子，不易造成二次污染；金属硫化物还可以显著促进三价铁的还原，因为一般铁介导的高级氧化过程中，三价铁向二价铁的还原为限速步骤，金属硫化物的存在可显著促进这一过程。以 FeS_2 为基础改性的芬顿催化剂，如 FeS_2 负载的碳毡电极，采用硼掺杂石墨烯和 FeS_2 的包被结构来处理水中多种有机污染物，50 mg/L 的污染物可在 15 min 内被快速降解（Chu et al.，2020；Chu et al.，2021）。通过机制探究，证实了 FeS_2 作为电芬顿的电极会释放出亚硫酸盐，而铁催化的电芬顿及铁-亚硫酸盐的链反应可以产生大量羟自由基和硫酸根自由基，从而实现对污染物的快速降解。硼掺杂石墨烯和 FeS_2 的包被结构作为电芬顿的催化剂，对氯酚、磺胺、酞酸酯类等污染物均可高效降解，其机制为 FeS_2 中的还原性硫及硼掺杂石墨烯产生的持久性自由基促进了三价铁的还原和二价铁的再生。

金属硫化物作为重金属的吸附材料、还原性有机物的降解材料、高级氧化过程中的催化剂已有大量相关研究，证实了金属硫化物在环境修复领域的应用潜力及价值。同时金属硫化物在电催化领域的析氢、氧还原、电池等方向也表现出优异的催化性能。今后的研究可围绕金属硫化物的改性，制备稳定剂负载的金属硫化物、碳-金属硫化物的核壳结构、金属有机框架等更高效的新型环保修复材料。

参 考 文 献

李元. 2020. 半导体金属硫化物纳米材料的控制合成及其光学、光催化性能研究. 重庆：西南大学.
王长秋，马生凤，鲁安怀，等. 2005. 黄钾铁矾的形成条件研究及其环境意义. 岩石矿物学杂志，24（6）：607-611.
岳先会，金鑫，谷成. 2020. 碳材料促进硝基/卤素取代类有机污染物还原降解的研究进展. 材料导报，34（3）：34-42.
张鹏. 2018. 黄铁矿非生物氧化产生羟自由基机理与环境效应. 武汉：中国地质大学.
Acero P，Ayora C，Torrentó C，et al. 2006. The behavior of trace elements during schwertmannite precipitation and

subsequent transformation into goethite and jarosite. Geochim Cosmochim Ac, 70 (16): 4130-4139.

Barhoumi N, Oturan N, Ammar S, et al. 2017. Enhanced degradation of the antibiotic tetracycline by heterogeneous electro-Fenton with pyrite catalysis. Environ Chem Lett, 15 (4): 689-693.

Borda M J, Elsetinow A R, Strongin D R, et al. 2003. A mechanism for the production of hydroxyl radical at surface defect sites on pyrite. Geochim Cosmochim Ac, 67 (5): 935-939.

Bottrell S H, Newton R J. 2006. Reconstruction of changes in global sulfur cycling from marine sulfate isotopes. Earth-Sci Rev, 75 (1-4): 59-83.

Burton E D, Bush R T, Sullivan L A. 2006. Elemental sulfur in drain sediments associated with acid sulfate soils. Appl Geochem, 21 (7): 1240-1247.

Butler E C, Hayes K F. 1999. Kinetics of the transformation of trichloroethylene and tetrachloroethylene by iron sulfide. Environ Sci Technol, 33 (12): 2021-2027.

Chen Y, Liang W, Li Y, et al. 2019. Modification, application and reaction mechanisms of nano-sized iron sulfide particles for pollutant removal from soil and water: A review. Chem Eng J, 362: 144-159.

Cheng D, Neumann A, Yuan S, et al. 2020. Oxidative degradation of organic contaminants by FeS in the presence of O_2. Environ Sci Technol, 54 (7): 4091-4101.

Chopard A, Plante B, Benzaazoua M, et al. 2017. Geochemical investigation of the galvanic effects during oxidation of pyrite and base-metals sulfides. Chemosphere, 166: 281-291.

Chu L, Sun Z, Cang L, et al. 2020. A novel sulfite coupling electro-Fenton reactions with ferrous sulfide cathode for anthracene degradation. Chem Eng J, 400: 125945.

Chu L, Sun Z, Fang G, et al. 2021. Highly effective removal of BPA with boron-doped graphene shell wrapped FeS_2 nanoparticles in electro-Fenton process: Performance and mechanism. Sep Purif Technol, 267: 118680.

Diao Z, Xu X, Jiang D, et al. 2017. Enhanced catalytic degradation of ciprofloxacin with FeS_2/SiO_2 microspheres as heterogeneous Fenton catalyst: Kinetics, reaction pathways and mechanism. J Hazard Mater, 327: 108-115.

Ding K, Xu W. 2016. Black carbon facilitated dechlorination of DDT and its metabolites by sulfide. Environ Sci Technol, 50 (23): 12976-12983.

Elsetinow A R, Strongin D R, Borda M J, et al. 2003. Characterization of the structure and the surface reactivity of a marcasite thin film. Geochim Cosmochim Ac, 67 (5): 807-812.

Gong Y, Tang J, Zhao D. 2016. Application of iron sulfide particles for groundwater and soil remediation: A review. Water Res, 89: 309-320.

He W, Jia H, Wamer W G, et al. 2014. Predicting and identifying reactive oxygen species and electrons for photocatalytic metal sulfide micro-nano structures. J Catal, 320: 97-105.

Hong J, Liu L, Luo Y, et al. 2018. Photochemical oxidation and dissolution of arsenopyrite in acidic solutions. Geochim Cosmochim Ac, 239: 173-185.

Huerta-Diaz M A, Tessier A, Carignan R. 1998. Geochemistry of trace metals associated with reduced sulfur in freshwater sediments. Appl Geochem, 13 (2): 213-233.

Hurtgen M T. 1999. Anomalous enrichments of iron monosulfide in euxinic marine sediments and the role of H_2S in iron sulfide transformations: Examples from Effingham Inlet, Orca Basin, and the Black Sea. Am J Sci, 299 (7-9): 556-558.

Kantar C, Oral O, Urken O, et al. 2019. Oxidative degradation of chlorophenolic compounds with pyrite-Fenton process. Environ Pollut, 247: 349-361.

Lee W, Batchelor B. 2002. Abiotic Reductive dechlorination of chlorinated ethylenes by iron-bearing soil minerals. 1. Pyrite and Magnetite. Environ Sci Technol, 36 (23): 5147-5154.

Li D, Peng P A, Yu Z, et al. 2016a. Reductive transformation of hexabromocyclododecane (HBCD) by FeS. Water Res, 101: 195-202.

Li L, Polanco C, Ghahreman A. 2016b. Fe(III)/Fe(II) reduction-oxidation mechanism and kinetics studies on pyrite surfaces. J Electroanal Chem, 774: 66-75.

Miller C J, Rose A L, Waite T D. 2013. Hydroxyl radical production by H_2O_2-mediated oxidation of Fe(II) complexed by Suwannee River fulvic acid under circumneutral freshwater conditions. Environ Sci Technol, 47 (2): 829-835.

Miller C J, Rose A L, Waite T D. 2016. Importance of iron complexation for Fenton-mediated hydroxyl radical production at circumneutral pH. Frontiers in Marine Science, 3: 134.

Morgan B, Rate A W, Burton E D, et al. 2012. Enrichment and fractionation of rare earth elements in FeS- and organic-rich estuarine sediments receiving acid sulfate soil drainage. Chem Geol, 308-309: 60-73.

Nooshabadi A J, Rao K H. 2013. Formation of hydrogen peroxide by sphalerite. Int J Miner Process, 125: 78-85.

Nooshabadi A J, Rao K H. 2014a. Formation of hydrogen peroxide by sulphide minerals. Hydrometallurgy, 141: 82-88.

Nooshabadi A J, Rao K H. 2014b. Formation of hydrogen peroxide by galena and its influence on flotation. Adv Powder Technol, 25 (3): 832-839.

Oh S, Kang S, Kim D, et al. 2011. Degradation of 2, 4-dinitrotoluene by persulfate activated with iron sulfides. Chem Eng J, 172 (2-3): 641-646.

Pham H T, Kitsuneduka M, Hara J, et al. 2008. Trichloroethylene transformation by natural mineral pyrite: The deciding role of oxygen. Environ Sci Technol, 42 (19): 7470-7475.

Rimstidt J D, Vaughan D J. 2003. Pyrite oxidation: A state-of-the-art assessment of the reaction mechanism. Geochim Cosmochim Ac, 67 (5): 873-880.

Schoonen M A A, Harrington A D, Laffers R, et al. 2010. Role of hydrogen peroxide and hydroxyl radical in pyrite oxidation by molecular oxygen. Geochim Cosmochim Ac, 74 (17): 4971-4987.

Stirling A, Bernasconi M, Parrinello M. 2003. *Ab initio* simulation of water interaction with the (100) surface of pyrite. J Chem Phys, 118 (19): 8917-8926.

Wang L, Lan X, Peng W, et al. 2021. Uncertainty and misinterpretation over identification, quantification and transformation of reactive species generated in catalytic oxidation processes: A review. J Hazard Mater, 408: 124436.

Wilkin R T, Barnes H L, Brantley S L. 1996. The size distribution of framboidal pyrite in modern sediments: An indicator of redox conditions. Geochim Cosmochim Ac, 60 (20): 3897-3912.

Xia D, Ng T W, An T, et al. 2013. A recyclable mineral catalyst for visible-light-driven photocatalytic inactivation of bacteria: Natural magnetic sphalerite. Environ Sci Technol, 47 (19): 11166-11173.

Xiao M, Wu F. 2014. A review of environmental characteristics and effects of low-molecular weight organic acids in the surface ecosystem. J Environ Sci (China), 26 (5): 935-954.

Xu W, Dana K E, Mitch W A. 2010. Black carbon-mediated destruction of nitroglycerin and RDX by hydrogen sulfide. Environ Sci Technol, 44 (16): 6409-6415.

Xu W, Pignatello J J, Mitch W A. 2013. Role of black carbon electrical conductivity in mediating hexahydro-1, 3, 5-trinitro-1, 3, 5-triazine (RDX) transformation on carbon surfaces by sulfides. Environ Sci Technol, 47 (13): 7129-7136.

Xu X, Sivey J D, Xu W. 2020. Black carbon-enhanced transformation of dichloroacetamide safeners: Role of reduced sulfur species. Sci Total Environ, 738: 139908.

Yuan Y, Luo T, Xu J, et al. 2019. Enhanced oxidation of aniline using Fe(III)-S(IV) system: Role of different oxysulfur radicals. Chem Eng J, 362: 183-189.

Zhang P, Huang W, Ji Z, et al. 2018. Mechanisms of hydroxyl radicals production from pyrite oxidation by hydrogen peroxide: Surface versus aqueous reactions. Geochim Cosmochim Ac, 238: 394-410.

Zhang P, Yuan S. 2017. Production of hydroxyl radicals from abiotic oxidation of pyrite by oxygen under circumneutral conditions in the presence of low-molecular-weight organic acids. Geochim Cosmochim Ac, 218: 153-166.

Zhang P, Yuan S, Liao P. 2016. Mechanisms of hydroxyl radical production from abiotic oxidation of pyrite under acidic conditions. Geochim Cosmochim Ac, 172: 444-457.

Zhao L, Chen Y, Liu Y, et al. 2017. Enhanced degradation of chloramphenicol at alkaline conditions by S(−II) assisted heterogeneous Fenton-like reactions using pyrite. Chemosphere, 188: 557-566.

第四章 黏土矿物界面对有机污染物的催化转化

关于黏土矿物的定义至今并没有很明确的界定（Rautureau et al., 2017）。黏土矿物协会（Clay Minerals Society）及国际黏土研究协会（AIPEA）将黏土矿物定义为在黏土成分中使黏土具有可塑性的层状硅酸盐矿物或其他矿物质，其在干燥或烧制过程中可变得坚硬。然而该命名对于黏土颗粒的来源及粒径大小并未制定明确的标准。Bergaya 和 Lagaly（2006）认为黏土矿物可近似定义为岩石、沉积物和土壤组成中细粒度组分的水合层状硅酸盐。此外，也有研究认为黏土矿物由微细结晶颗粒（粒径<2μm）的天然水合硅铝酸盐组成，其含有镁、铁、钙、钾、钠等基本成分，各组分间以不同方式组合，最终成为叠加交替层的一种矿物（Moraes et al., 2017）。

根据结构类型的不同可将黏土矿物分为层状硅酸盐黏土矿物和非硅酸盐黏土矿物。其中非硅酸盐黏土矿物是指结构较为简单、水化程度不一的硅、铝、铁、锰的氧化物及其水合物所组成的一类矿物。非硅酸盐黏土矿物主要包括氧化铁、氧化铝、氧化硅及水铝英石等（Feininger, 2005, 2011）。相较而言，层状硅酸盐在黏土矿物中所占比例较高，广泛存在于水体和土壤中。并且黏土矿物具有普遍、易开采、成本低等优点，加之其特有的理化性质，使得黏土矿物被广泛应用于各类环境污染的治理研究中。本章重点讨论的黏土矿物为层状硅酸盐黏土矿物。

第一节 黏土矿物性质

一、黏土矿物的结构

层状硅酸盐黏土矿物的外部形态为极微细的结晶颗粒，其内部结构是由硅氧四面体（tetrahedron，T）和铝氧八面体（octahedron，O）两种基本结构单位所构成（Brigatti et al., 2006）。其中硅氧四面体 $[(SiO_4)^{4-}]$ 是由一个硅原子中心和四个氧原子相连，形成四面体结构。四面体结构单元之间通过共享底部顶角的氧原子（Ob），形成规则的四面体层，六个四面体单元可形成二维的六边形排列（图4-1）。铝氧八面体 $[(AlO_6)^{9-}]$ 是由一个铝原子和六个氧原子构成，八面体结构单元之间通过共享边棱两端的两个氧原子（Oa-Oa）形成对称的层状结构（图4-1）。

所形成的四面体层和八面体层通过共享顶角氧原子（Oa）堆叠，构成 1∶1

型（一个四面体层堆叠一个八面体层）和 2∶1 型（两个硅氧四面体层中间贴合一个铝氧八面体层）基本片层单元，并沿垂直方向重复堆叠，形成层状硅酸盐矿物。在自然界中，黏土矿物结构中的中心离子通常会被与其大小和价态相近的阳离子取代，称为同晶置换。例如，四面体结构中心的 Si^{4+} 被 Al^{3+} 所替代，八面体中心的 Al^{3+} 被 Fe^{3+} 取代或被价态较低的 Mg^{2+} 等替代。同晶置换会导致黏土矿物结构带有负电荷，为了保持电荷的平衡，黏土矿物片层与片层之间的空腔内通常会填充水合阳离子，如 K^+、Na^+、Mg^{2+}、Ca^{2+} 等，一方面起到平衡电荷的作用，另一方面通过静电作用使黏土的层状结构紧密堆积。黏土矿物所能够吸附的层间阳离子总量称为该种黏土矿物的阳离子交换量（cation exchange capacity，CEC）。同晶置换现象在 2∶1 型的黏土矿物中较普遍，而 1∶1 型的黏土矿物则相对较少（黄昌勇，2000）。层状硅酸盐黏土矿物按其结构特点和特性大致可归纳为三大类：1∶1 型、2∶1 型非膨胀性黏土矿物及 2∶1 型膨胀性黏土矿物。其中典型的代表分别是高岭石、伊利石和蒙脱石。黏土矿物的分布受气流、水流、地形条件等多种因素的影响（Eberl，1984）。据调查，蒙脱石在我国东北、华北和西北地区的土壤中分布广泛；高岭石是南方热带和亚热带土壤中普遍存在的黏土矿物，在我国华北、西北、东北及西藏高原土壤中均较为常见；伊利石在台湾较为普遍（Liu et al., 2010；黄昌勇, 2000）。

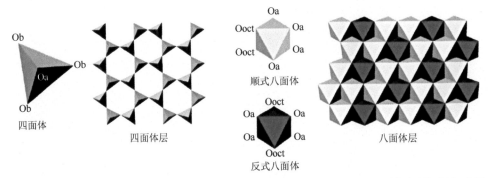

图 4-1　四面体和八面体结构示意图（Brigatti et al., 2006）。Oa 和 Ob 分别代表顶部氧和底部氧；Ooct 表示与羟基配位，羟基在相邻的角为顺式，在相对的角为反式，通常顺式位点是反式位点的两倍

二、黏土矿物的表面酸性

黏土矿物表面具有布朗斯特（Brönsted）酸性和路易斯（Lewis）酸性。布朗斯特酸性位点部分源自黏土矿物的边面羟基 [≡AlOH, ≡Fe(OH)$_n$, ≡SiOH]。其中硅羟基的 pK_a 在 4 左右，铝氧羟基的 pK_a 在 8 左右，因此在水溶液中，黏土矿物表现为中性到弱酸性。但是，溶液相的黏土矿物表面（特别是蒙脱石）的酸性往往比溶液相的酸碱度低 1~2 个 pH 单位。并且，干燥的黏土矿物表面（水分含量低于 5%）会产生极高的酸度，其表面酸度接近质量分数≥90%的硫酸 [哈米

特（Hammett）酸度函数 $H_0 = -12$〕（Somar and Somam，1989）。这种强布朗斯特酸源于黏土矿物可交换的阳离子和（001）面上的桥连氧对水分子的极化，从而诱导其解离产生质子（Laszlo，1987）。例如，以 Na^+ 或 NH_4^+ 作为可交换阳离子的天然黏土矿物的酸度 H_0 为 +1.5～-3。经过 H^+ 饱和改性的黏土使 H_0 降低至-6～-8.27。通常随着可交换阳离子的电荷与其半径比值（charge-to-radius）的增加，黏土矿物表面布朗斯特酸的酸度也会随之增强。常见不同阳离子蒙皂石布朗斯特酸性的大小顺序为 $Al^{3+} > Mg^{2+} > Ca^{2+} > Li^+ > Na^+ > K^+$（Theng，1974）。黏土矿物表面水膜覆盖率能显著影响其布朗斯特酸度。通常情况下，黏土矿物表面的布朗斯特酸度也会随着表面湿度的增加而降低。当仅单层水覆盖在黏土矿物表面上时，矿物表面极化性最高。当湿度升高，阳离子表面配位的水分子达到饱和，其对水分子的诱导极化作用力则降低。桥连氧产生的酸度同样是由表面水极化产生的（Hirunsit et al.，2013；Tunega et al.，2004）。桥连氧产生的酸度在矿物表面的水层超过单层后也会降低。如图 4-2 所示，Ling 等（2020）采用结晶紫测定了 Ca^{2+}-

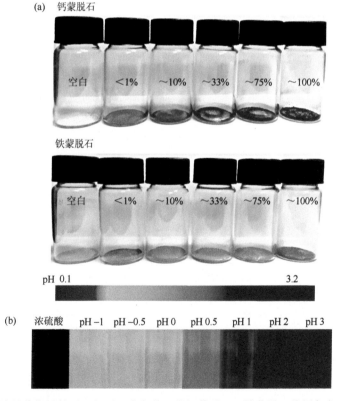

图 4-2 （a）结晶紫指示的不同相对湿度条件下的钙蒙脱石、铁蒙脱石的颜色变化；（b）不同 pH 下，结晶紫溶液的颜色变化（从左到右依次为98%的浓硫酸和 10 mol/L、3 mol/L、1 mol/L、0.33 mol/L、0.1 mol/L、0.01 mol/L、0.001 mol/L 的硫酸）

蒙脱石、Fe^{2+}-蒙脱石在不同湿度下的 pH，很好地证明了电荷半径比和湿度对黏土矿物酸度的影响。

黏土矿物的路易斯酸性位点（受电子位点）源自晶格中的结构金属原子的氧缺陷，如不饱和 Fe^{3+} 和 Al^{3+}。这些阳离子接受电子或电子对的趋势使黏土矿物具有路易斯酸性。对于变价过渡金属阳离子而言，当被还原成对应低价态时，黏土矿物也可以充当路易斯碱。路易斯酸性位点具有很强的酸性，水分子会与有机化合物竞争这些路易斯酸性位点，如果对黏土矿物进行热处理，随着温度的升高，表面自由水甚至表面羟基脱除，路易斯酸性则大大增强，相反布朗斯特酸性则减弱（Breen et al., 1987; Matsuda et al., 1988; Lin and Bai, 2003）。Matsuda 等（1988）在考察高温对氧化铝柱撑蒙脱石转化 1, 2, 4-三甲苯活性的影响中发现，经高温处理的矿物会造成酸性位点的减少，并促使布朗斯特酸性位点转化成路易斯酸性位点，从而成为反应的主要活性位点。

三、黏土矿物的吸附性

黏土矿物由于独特的结构，具有溶胀性、大表面积、层电荷不均一、高 CEC 和半疏水性等性质，在实践中被广泛用作吸附剂去除重金属和有机污染物。黏土矿物固有的性质决定了其吸附能力和选择性（Schoonheydt, 2013）。通常情况下，黏土矿物吸附有机污染物主要涉及静电吸引作用、氢键、电子供体-受体（electron donor acceptor, EDA）相互作用、疏水性杂化作用等。

阳离子交换是一种非常重要的吸附机制，不仅对于重金属，对于有机污染物也如此。例如，带有氨基的有机阳离子与带负电荷的黏土矿物表面之间具有很强的静电吸引。以亚甲基蓝和环丙沙星为例，两种污染物在不同黏土矿物上的吸附容量均与黏土矿物 CEC 值相关。利用傅里叶变换红外光谱（FTIR）和 X 射线衍射（XRD）分析有机污染物特征官能团振动信号和黏土矿物层间距在吸附前后的变化可用于验证阳离子交换是否为主要吸附机制（Li et al., 2011; Wang et al., 2011）。溶液 pH 往往影响黏土矿物的吸附能力，因为 pH 改变会导致化合物带电性质的差异。例如，环丙沙星（$pK_{a2} = 8.7$）在 pH>8.7 的溶液中主要以阴离子形式存在，在这种条件下，阳离子交换机制不再发生，表面络合和氢键在其吸附中占主导地位（Wu et al., 2010）。而亚甲基蓝在 pH 0~14 范围内都以阳离子形式存在（Li et al., 2011），主要以离子交换的形式吸附于黏土矿物表面。溶液 pH 还介导黏土矿物的边面发生质子化-脱质子化平衡。SiO_2、Al_2O_3 和 CaO 的零电点（pzc）的 pH（pH_{pzc}）分别为 2.2、8.3 和 11.0，在 pH<pH_{pzc} 的情况下，黏土边表面部分可显示出对阴离子物质的静电吸引（Korolev and Nesterov, 2018），并且用 H^+ 中和后能够减少带负电荷的二氧化硅位点对有机阴离子物质扩散的阻碍作用（Bulut et al., 2008）。

电子供体-受体（EDA）相互作用的吸附过程主要涉及芳香族污染物。Haderlein 等提出了共平面硝基芳香族化合物（NACs）与硅氧烷氧原子之间的 EDA 相互作用，其中黏土表面的永久负电荷充当强电子供体，而 NACs 的芳香环充当电子受体（Haderlein and Schwarzenbach，1993；Haderlein et al.，1996）。有研究提出了一种新的阳离子-π 相互作用，以解释不同阳离子黏土矿物在水相中对芳香族化合物的吸附亲和力的差异（Zhu et al.，2004a；Zhu et al.，2004b）。不同阳离子亲和力顺序为 $Ag^+>Cs^+>K^+>Rb^+>Na^+>Li^+$（Zhu et al.，2004）。π 电子效应对吸附过程也具有较大影响。例如，由于 PAHs 具有更大的离域 π 电子，其对黏土的吸附亲和力比氯苯高几个数量级（Qu et al.，2008）。

疏水性杂化作用是除了静电相互作用外另一种重要的吸附机制。非极性或弱极性芳香族化合物（如阿特拉津）通过疏水性分配和与层间水的氢键相互作用而吸附到黏土矿物的硅氧四面体层（Aggarwal et al.，2006a；Chappell et al.，2005；Herwig et al.，2001）。硅氧四面体层是部分疏水的，表明水分子倾向于在其表面聚集（Rotenberg et al.，2011）。非极性或弱极性化合物对黏土矿物吸附通常受黏土矿物表面电荷密度和可交换阳离子的水合性质控制。首先，低电荷密度的二氧化硅表面应比高电荷密度的表面更容易被非极性化合物接触。Laird 等（1992）报道了阿特拉津在 13 种不同类型的 Ca^{2+}-黏土矿物上的吸附，发现 Freundlich 吸附常数随黏土表面电荷密度的增加而显著降低（从<0.01 到 1334）。其次，被水合层小、水合焓低的金属离子饱和的蒙脱石通常对有机污染物（如三氯乙烯、硝基苯、阿特拉津等）具有很大的吸附能力（Zhang et al.，2018；Aggarwal et al.，2006b；Haderlein and Schwarzenbach，1993；Haderlein et al.，1996；Johnston et al.，2001）。这是因为水合层小的可交换阳离子（如 K^+ 和 Cs^+）占据较少的层间空间并且疏松地存在于内部，有机化合物仅通过与弱结合水竞争而易于扩散到其中，而高水合可交换阳离子（如 Ca^{2+}）会在中间层中重叠，有机化合物需要与强结合水（内球螯合水）竞争。

此外，黏土矿物的水合熵也是影响矿物对有机污染物吸附的重要因素。黏土矿物可能会随着自然环境中湿润和干旱的季节变化而经历不同的膨胀状态。据报道，干黏土矿物通常比水合黏土矿物具有更高的吸附效率（Chappell et al.，2005；Hong et al.，2017）。分子动力学模拟显示阿特拉津在溶胀域中由于来自垂直方向的基面的作用力比在一层水域更趋于有序。系统的熵增加不利于水合良好区域的吸附。这种现象类似于疏水性溶液的毛细管缩合，在这种情况下，随着吸附剂中孔的变小，吸附的自由能变得更加有利（Chappell et al.，2005）。层间可交换阳离子也可能对水合作用产生影响。例如，干燥的 K^+饱和蒙脱石对阿特拉津的吸附亲和力比水合黏土要高一个数量级，而无论干燥与否，Ca^{2+}饱和蒙脱石对阿特拉津亲和力相差不大。这种差异是由于这两种阳离子的水合自由能不同而引起的（Chappell et al., 2005)。Ca^{2+}具有较高的水合自由能，因此更易于水合，从而将更多的水分子引入中间层，导致Ca^{2+}饱和蒙脱石在不同干燥程度的水合程度差异不大；而K^+饱和蒙脱石水合自由能较低，导致经干燥处理和未经干燥处理的黏土矿物的水合状态具有较大差异。阳离子的水合自由能不仅合理地解释了主要碱金属的选择性顺序，而且还解释了有机阳离子相对于无机物、较大有机阳离子相对于较小有机阳离子以及有机金属络合物相对于非络合物的优先选择性吸附（Teppen and Miller，2006）。例如，烷烃链长为n的三甲基胺烷烃阳离子（TMA-n）容易取代一价无机阳离子（如Na^+），甚至二价金属离子（如Ca^{2+}）。$N(CH_3)_4^+$（即TMA-1）的水合自由能约为-219 kJ/mol，如果再添加四个亚甲基碳形成$N(C_2H_5)_4^+$，其水合自由能将升至-183 kJ/mol。因此，即使是很小的有机阳离子的水合自由能也比最不易水合的无机阳离子如Cs^+（-284 kJ/mol）高50 kJ/mol以上，从而导致在水溶液中，有机阳离子将不断迁移至黏土矿物层间而将无机阳离子交换出来。这同样可以解释蒙脱石对较大有机物的优先吸附：较大有机阳离子的水合自由能通常也较高，不易水合，因此被分配到黏土矿物层间的可能性也更大。例如，Mizutani等（1995）发现蒙皂石对大尺寸有机阳离子在水溶液的优先吸附会在有机溶剂中呈相反状态，这说明有机物的水合作用对吸附具有重要影响。

第二节　黏土矿物介导有机污染物的水解反应

一、蒙脱石诱导的水解反应

蒙脱石由于自身存在可交换阳离子，能够表现出性质各异的布朗斯特酸性和路易斯酸性，由于交换阳离子种类和浓度的差异，其酸性特性表现差异极大。Liu等（2000）发现不同离子（Na^+、K^+、Mg^{2+}、Ca^{2+}）饱和的蒙脱石在水溶液中能够促进乙酰甲草胺的水解，水解位置为化合物结构中的酰胺键和酯键，并且水解速率与不同离子饱和蒙脱石对污染物的吸附量呈正相关（$Na^+\approx K^+>Mg^{2+}\approx Ca^{2+}$）。推测的反应机制为$Na^+/K^+$蒙脱石层间可能含有较高浓度的$OH^-$。Wei等（2001）针对氨基甲酸酯类农药，采用不同黏土矿物（蒙脱石、膨润土、伊利石、蛭石）在水相中进行催化水解研究，发现了类似的现象，2∶1型膨胀性黏土矿物表现出较强的催化水解效应，同时提出了表面酸度机制和表面络合机制两种机制共存，即对应于黏土布朗斯特酸性和路易斯酸性。有机磷农药的磷脂键也可以在黏土矿物表面发生快速水解反应，以对硫磷为例，通过硝基的氧原子和P=S基团与表面金属阳离子直接配位（Saltzman et al.，1976），并且通过诱导效应削弱P—O键（Mingelgrin et al.，1977）。Camazano和Martin（1983）研究了另一种磷酸化的有机磷农药[O,O-二甲基-S-（邻苯二甲酰亚胺甲基）二硫代磷酸酯]在蒙脱石上的水解行为,发现水解反应速率取决于可交换阳离子:$Ca^{2+}>Ba^{2+}>Cu^{2+}>Mg^{2+}>Ni^{2+}$。研究者发现 P=S 键和芳香环形成的二齿络合物对于催化水解反应至关重要。除此之外,Xu 等(1998)发现聚二甲基硅氧烷(PDMS)在黏土矿物表面也会进行快速水解。其机制推测为 PDMS 骨架的 Si—O—Si 与黏土矿物表面结构金属阳离子形成配位作用,从而减弱 Si—O—Si 键能。因此,能够被黏土矿物介导发生催化水解反应的有机物往往含有易水解基团,如酰胺键、酯键、磷脂键、硅氧键等。

黏土矿物催化有机物发生的水解反应受黏土矿物类型、可交换阳离子和水合状态的影响,但先前的研究缺乏对机制的深入考察,很多机制多为推测,缺少直接证据,并且对于黏土矿物重要特性,即路易斯酸性和布朗斯特酸性对反应的贡献也缺乏系统讨论。近期,Jin 等以氯霉素(chloramphenicol,CAP)抗生素为对象,研究了非水相条件下不同层间阳离子饱和的蒙脱石对 CAP 的催化水解效应,并采用现代(原位)光谱技术和理论计算等手段深刻揭示了蒙脱石表面催化水解的原理。结果表明,CAP 的水解反应位点为其酰胺键,在真空条件下(去除表面湿度的干扰),Fe^{3+}-蒙脱石、Al^{3+}-蒙脱石和 H^+-蒙脱石上 CAP 的酰胺键伸缩振动 $v(N=C=O)$ 随着反应的进行会发生蓝移,而 Ca^{2+}-蒙脱石未出现蓝移[图 4-3(a)]。

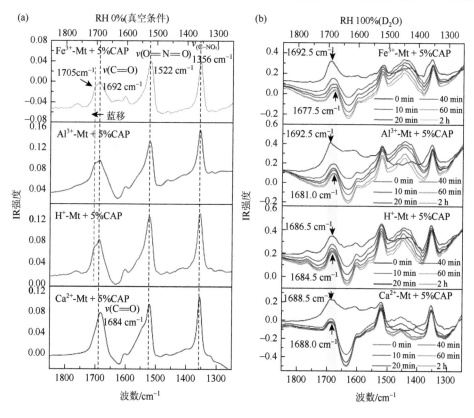

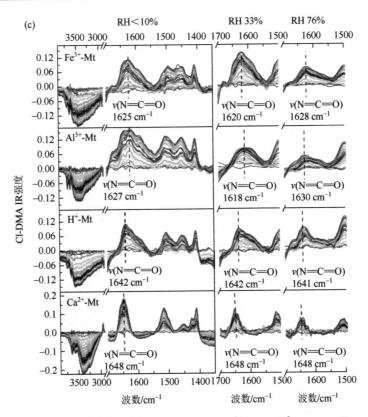

图 4-3 （a）CAP（5%，质量分数）在不同离子（Fe^{3+}，Al^{3+}，H^+，Ca^{2+}）饱和的蒙脱石（M^{n+}-Mt）上的真空 IR；（b）在相对湿度（RH）100% 下 CAP 在不同 M^{n+}-Mt 上的 DRIFTS；（c）不同湿度下 Cl-DMA 在 M^{n+}-Mt 上的 DRIFTS（Jin et al.，2021）

通过与理论计算 CAP、$CAPCO^+$、$CAPNH^+$ 的红外光谱的结果进行对比分析，造成 Fe^{3+}-蒙脱石、Al^{3+}-蒙脱石和 H^+-蒙脱石上 $v(N=C=O)$ 蓝移是因为 CAP 发生质子化形成 $CAPCO^+$，使其水解活化能降低 14%，因此可以推断由于黏土矿物的布朗斯特酸机制解离的质子导致 CAP 发生质子化从而促进了 CAP 的水解。与极端干燥的真空条件相反，在潮湿条件下，CAP 的 $v(N=C=O)$ 在 Fe^{3+}-蒙脱石、Al^{3+}-蒙脱石会发生红移 [图 4-3（b）]。使用 Cl-DMA（2-氯-N,N-二甲基乙酰胺，具有与 CAP 相同的酰胺官能团，且易挥发）作为探针分子，利用原位 DRIFTS 系统进行测试的结果显示 [图 4-3（c）]，由于表面/中间层 Fe^{3+} 或 Al^{3+} 通过络合形式吸引和解离酰胺基团的 π 电子导致 Fe^{3+}-蒙脱石和 Al^{3+}-蒙脱石上 Cl-DMA 的 $v(N=C=O, Cl-DMA)$ 发生了红移，反映了这些黏土矿物的路易斯酸特性在反应中的作用（Mortland，1970）。这些结果进一步揭示了黏土矿物的布朗斯特酸和路易斯酸特性对催化有机污染物降解的重要性，是黏土矿物介导有机污染物在自然界中发生非生物转化的重要机制。

二、高岭石诱导的水解反应

相比较而言，高岭石由于缺乏层间置换的阳离子，其表面布朗斯特酸性和路易斯酸性大大减弱。然而，Mingelgrin 等（1977）首次报道高岭石在有限的水分含量（2%～11%，质量分数）下可以催化土壤中杀虫剂对硫磷的水解，随后 Yaron 和 Saltzman（1978）系统考察了有机磷农药与黏土矿物的相互作用，包括有机磷农药在蒙脱石、高岭石和凹凸棒土的吸附和水解反应，发现高岭石对对硫磷水解反应的促进作用最为明显。对硫磷在高岭石上的水解率为 93%，而在 Na^+ 饱和和 Al^{3+} 饱和高岭石上的水解率为 16%（Chen J et al., 2016）。尽管蒙脱石对对硫磷的吸附容量远高于高岭石，但其对对硫磷的水解效率远不及高岭石。

近期 Jin 等发现 CAP 也能在干燥的高岭石表面发生快速水解（图 4-4）。水解反应位点为 CAP 的酰胺键。然而，在相同条件下，Ca^{2+} 饱和的蒙脱石、绿脱石和伊利石均未对 CAP 产生显著降解。同时，CAP 在 $\gamma\text{-}Al_2O_3$ 以类似 Ca-KGa2 的方式有效降解，而 SiO_2 上的 CAP 无明显变化，说明高岭石的氧化铝八面体是介导 CAP 水解的重要活性晶层。蒙脱石为 2:1 型矿物，铝氧面被两层硅氧面夹持，而硅氧面羟基由于相对酸度较低，硅羟基不容易诱导 CAP 羰基发生电子转移，因此一

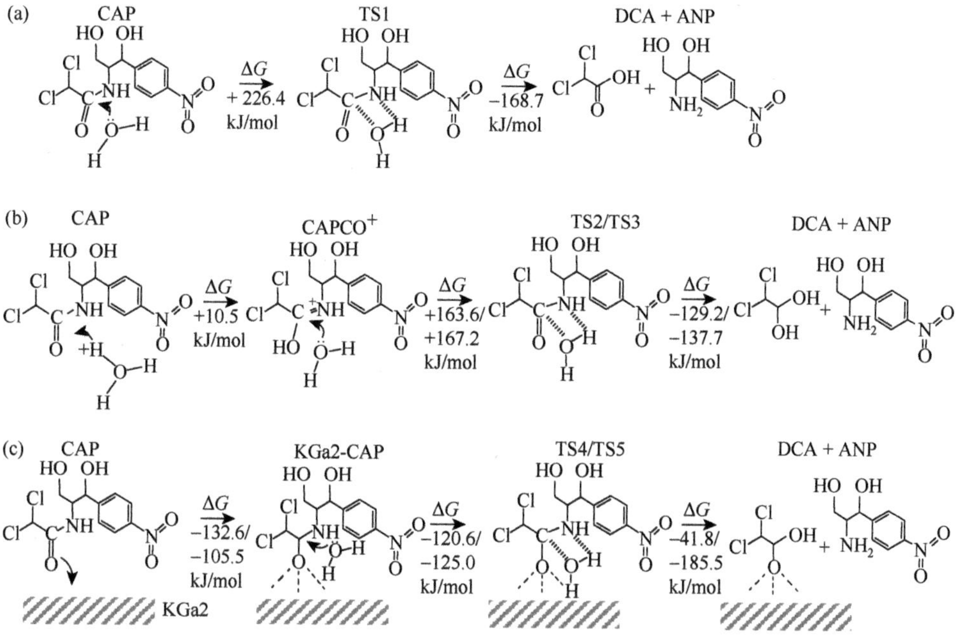

图 4-4　CAP（a）和 $CAPCO^+$（b）在水溶液中的水解路径以及干燥条件下 CAP 在高岭石上（c）的水解示意图（Jin et al., 2019）

DCA：二氯乙酸；ANP：1-对硝基苯基-2-氨基-1,3-丙二醇

般蒙脱石对 CAP 的干相催化水解效应不显著。通过红外光谱技术和理论计算的方法，可以明确揭示 CAP 在高岭石上的催化水解反应机制。理论计算体系表明，CAP 的羰基与高岭石表面羟基可形成三个氢键，并导致 CAP 的 $\nu(C=O)$ 发生红移（图 4-5）。同时红外光谱结果显示 CAP 能与 γ-Al_2O_3 表面形成氢键作

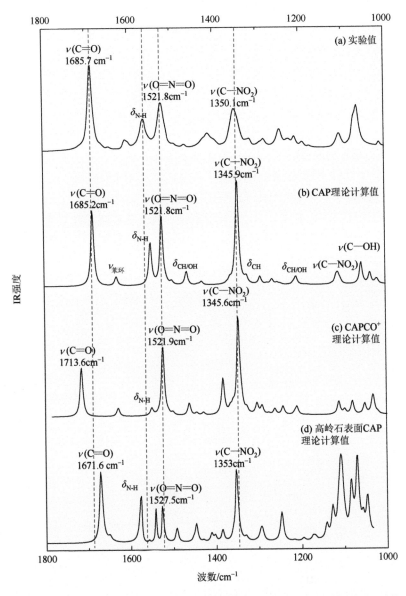

图 4-5　(a) CAP 实验红外光谱；(b) 采用 DFT 方法计算得到的 CAP 理论红外光谱；(c) 采用 DFT 方法计算的 $CAPCO^+$ 的理论红外光谱；(d) 采用 DFT 方法计算得到的 KGa2 高岭石表面吸附的 CAP 的理论红外光谱

用，导致 CAP 的 $\nu(N=C=O)$ 在潮湿的气氛下出现 $6\sim8\text{cm}^{-1}$ 的红移；而 SiO_2 表面的 CAP 则不会出现类似的红移现象（Fang et al.，2018；Song et al.，2014）。由于氢键作用（类似于路易斯酸配位作用）诱导酰胺键的羰基伸缩振动向低波数偏移，CAP 的水解速率显著提高［图 4-4（c）］。尽管蒙脱石受晶体结构的限制无法形成氢键作用，但是当蒙脱石层间被高价态低半径的金属阳离子（如 Fe^{3+}、Al^{3+} 等）置换时，层间阳离子能够提供极强的布朗斯特酸和路易斯酸性位点，能够显著催化 CAP 的水解（Jin et al.，2021；Jin et al.，2019）。

三、表面湿度和有机质的影响

表面湿度对黏土矿物表面布朗斯特酸性具有较大的影响，特别是对于层间被三价金属阳离子饱和的蒙脱石而言，其在干燥条件下表面酸性甚至达到 $pH<-1$。以 CAP 在不同层间阳离子饱和的黏土矿物上的水解为例，不同阳离子饱和的蒙脱石对 CAP 水解的催化性能有显著差异（图 4-6）。总体而言，H^+-蒙脱石、Fe^{3+}-蒙脱石和 Al^{3+}-蒙脱石具有极高的催化性能，随后依次为 Ni^{2+}-蒙脱石、Mn^{2+}-蒙脱石、Ca^{2+}-蒙脱石、Mg^{2+}-蒙脱石、Na^+-蒙脱石和 K^+-蒙脱石。采用酸碱指示剂比色法可以明确指示矿物表面酸碱性，其与这些蒙脱石的催化水解活性相一致。表面湿度也会影响层间阳离子的羟基配位数和水合程度，从而一定程度上影响层间金属阳离子的路易斯酸效应。总体而言，表面湿度越高，蒙脱石所表现的布朗斯特酸性和路易斯酸性效应越弱。甚至在纯水相中，矿物表面的催化水解活性被彻底抑制。

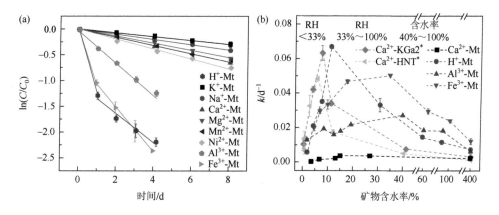

图 4-6 （a）不同阳离子饱和蒙脱石（M^{n+}-Mt）对 CAP 的水解动力学（直线代表一级动力学模型；反应条件：55℃，RH 76%），C 表示某一时刻浓度，C_0 表示初始浓度；（b）不同阳离子饱和的蒙脱石（M^{n+}-Mt）、高岭石（KGa2）、埃洛石（HNT）在不同含水率条件下对 CAP 的催化水解反应速率常数（k）（Jin et al.，2021）

对于高岭石而言，其对有机物的催化水解活性同样对矿物表面湿度极度敏感。以高岭石催化水解对硫磷为例，其快速水解反应的湿度区间为2%~11%（质量分数），当高岭石含水率>11%后，对硫磷的水解速率会急剧下降。游离水的存在几乎完全阻碍了黏土矿物表面的催化作用（Saltzman et al., 1976）。同样，以高岭石催化水解CAP为例，其能够发生快速水解的湿度区间与对硫磷相似，为<10%（质量分数）。高湿条件对该反应的抑制作用可以理解为，表面过量的自由水分子竞争高岭石表面的氢键作用位点。然而，过于干燥的矿物表面（含水率<2%）也不利于水解反应的发生，这是因为有限的水分子扮演着传质和参与反应的角色。Jin等以$\gamma\text{-}Al_2O_3$代替高岭石，采用原位漫反射红外光谱研究不同湿度条件下CAP在其表面的$\nu(C=O)$发现其位移速度随着湿度的升高而变快，这在一定程度上反映了其对水解反应速率的影响。

对比蒙脱石和高岭石对表面湿度的敏感性可以发现，高岭石在含水率为2%~10%下能明显观察到CAP的水解反应；与高岭石相比，Fe^{3+}-蒙脱石和Al^{3+}-蒙脱石在含水率为10%~40%均能明显催化CAP水解。这说明氢键作用更容易受到水分子的竞争，而由于交换阳离子是在蒙脱石的层间，不易受到水的影响。也正因为此，共存有机质对该反应的影响也表现出显著差异。在高岭石表面添加1%（质量分数）的天然有机质，CAP的水解反应速率降低65%。而在Fe^{3+}和Al^{3+}饱和的蒙脱石上添加1%的天然有机质，CAP的水解反应速率则几乎不受影响。在自然环境中，抗生素被施放在土壤中以后，这些物质往往首先与土壤矿物发生接触，而自然条件下表层土壤往往是处于非饱和状态的，这一发现对于揭示黏土矿物介导干燥表面非生物反应从而消除抗生素的能力具有重要意义。

第三节　黏土矿物介导有机污染物的氧化聚合反应

部分有机物在黏土矿物表面作用下会生成有色的复合物，且在黏土矿物脱水后现象会更加明显，经研究发现，这些有机物在黏土矿物作用下，会失去电子形成有机阳离子自由基，并进一步通过自我偶合、交叉偶联等反应生成有色聚合物（Soma et al., 1987；Soma et al., 1984）。反应极易受到相对湿度的影响，同时有机物的分子结构、黏土矿物类型以及过渡金属离子特征对反应均有一定的影响。这些反应可能是自然界有机物腐殖化的重要途径，也可生成高毒性有机物——二噁英，是二噁英类物质潜在的天然形成途径（Gu et al., 2008；Gu et al., 2011a）。

一、蒙脱石介导有机污染物氧化聚合的反应机制

黏土矿物对有机物的氧化反应主要源自矿物的路易斯酸特性，反应主要过程

是电子从有机物传至黏土矿物中的金属阳离子（Theng，2018），同时生成被氧化的有机阳离子和被还原的低价金属离子，黏土矿物表面的负电荷有利于稳定体系生成的有机阳离子，促使这些有机阳离子进一步发生二聚合、低聚合甚至高聚合。对于一些电离电位较低的芳香族化合物（如酚类），黏土矿物边缘的 Al 或 Fe 也可作为路易斯酸性位点催化氧化有机物，继而发生聚合反应（Wang et al.，1978）。以氯酚类化合物的氧化聚合为例（图 4-7），反应过程可以描述为氯酚分子吸附至蒙脱石的硅氧四面体层，继而与黏土矿物的层间 Fe^{3+} 或结构体 Fe^{3+} 发生电子传递。氯酚失去一个电子形成氯酚阳离子自由基，Fe^{3+} 则被还原为 Fe^{2+}。形成的氯酚阳离子自由基发生 C—C 或 C—O 偶合生成羟基化的多氯联苯（hydroxylated polychlorinated biphenyl，HO-PCB）和羟基化多氯联苯醚（hydroxylated polychlorinated diphenyl ether，HO-PCDE），在一定反应条件下这些二聚合产物可闭环生成二噁英（Gu et al.，2008，2011a）。

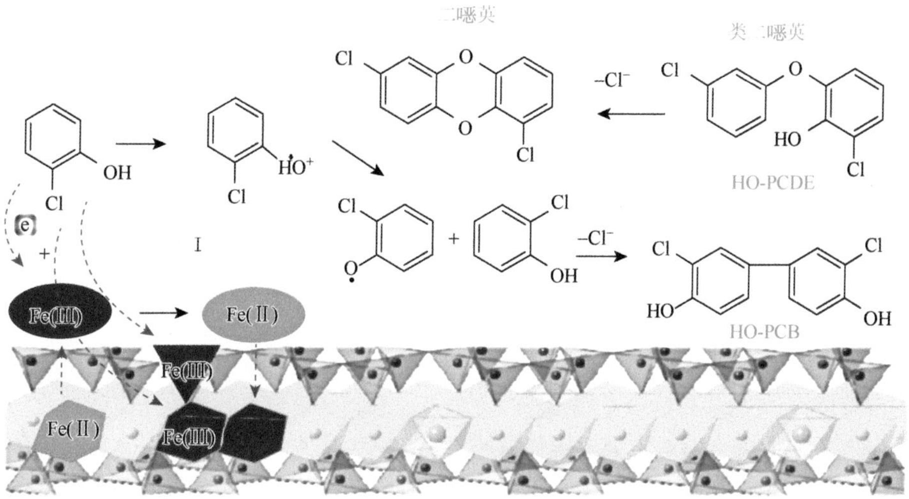

图 4-7 蒙脱石介导氯酚类化合物氧化聚合生成二噁英类物质反应机制示意图（Gu et al.，2011a；Wang et al.，2019a；Wang et al.，2019b）

目前，黏土矿物介导有机物的氧化聚合可分为以下三类，以苯和噻吩为例：

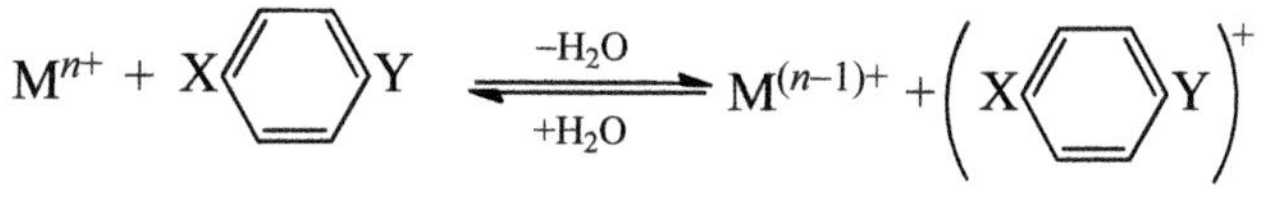

$$M^{n+} + X\!\!-\!\!\bigcirc\!\!-\!\!Y \xrightleftharpoons[+H_2O]{-H_2O} M^{(n-1)+} + \left(X\!\!-\!\!\bigcirc\!\!-\!\!Y\right)^+ \tag{4-1}$$

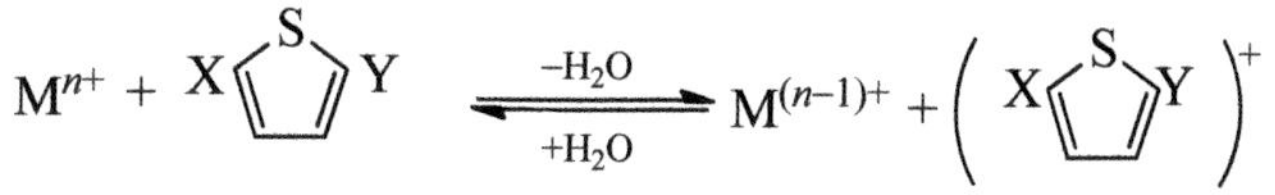

$$M^{n+} + X\!\!-\!\!\underset{S}{\bigcirc}\!\!-\!\!Y \xrightleftharpoons[+H_2O]{-H_2O} M^{(n-1)+} + \left(X\!\!-\!\!\underset{S}{\bigcirc}\!\!-\!\!Y\right)^+ \tag{4-2}$$

$$M^{n+} + \underset{}{\bigcirc}\!\!-\!Y \underset{+H_2O}{\overset{-H_2O}{\rightleftharpoons}} M^{(n-1)+} + \left(\underset{}{\bigcirc}\!\!-\!Y\right)^{+}$$

$$+ \underset{}{\bigcirc}\!\!-\!Y \downarrow$$

$$M^{(n-1)+} + \left(Y\!-\!\underset{}{\bigcirc}\!\!-\!\underset{}{\bigcirc}\!\!-\!Y\right)^{+} \tag{4-3}$$

$$\updownarrow$$

$$M^{n+} + \left(Y\!-\!\underset{}{\bigcirc}\!\!=\!\underset{}{\bigcirc}\!\!=\!Y\right)$$

$$k M^{n+} + m\,\underset{}{\bigcirc} \longrightarrow k M^{(n-1)+} + \left(\!-\!\underset{}{\bigcirc}\!-\!\right)_m^{k+}$$

$$\underset{+H_2O}{\overset{-H_2O}{\updownarrow}} \tag{4-4}$$

$$k M^{n+} + \left(\!-\!\underset{}{\bigcirc}\!-\!\right)_m$$

$$k M^{n+} + m\,\underset{S}{\bigcirc} \longrightarrow k M^{(n-1)+} + \left(\underset{S}{\bigcirc}\right)_m^{k+}$$

$$\underset{+H_2O}{\overset{-H_2O}{\updownarrow}} \tag{4-5}$$

$$k M^{n+} + \left(\underset{S}{\bigcirc}\right)_m$$

聚合反应的第一步，即式（4-3）和式（4-4），均为过渡金属离子氧化有机物生成对应的阳离子自由基和低价金属离子，生成的这些阳离子自由基在黏土矿物脱水时会得到增强，但在吸水时会恢复至中性分子形态。发生这些反应的典型有机物包括 1, 4-二取代苯、4, 4'-二取代联苯、2, 5-二甲基噻吩（Rupert，1973；Stoessel et al.，1977）。单取代苯倾向于通过其母体阳离子自由基形成径向 4, 4'-二取代联苯型阳离子，如对苯甲醚（Pinnavaia and Mortland，1971；Stoessel et al.，1977）。苯、联苯、噻吩和 3-乙基噻吩分别形成稳定的聚对亚苯基阳离子、聚噻吩阳离子和聚甲基噻吩阳离子（Soma et al.，1987；Soma et al.，1984）。对于苯类化合物，取代基主要为—OH、—CH_3、—OCH_3、—NH_2 等。对于噻吩类化合物，取代基主要为—CH_3 和—CH_2CH_3。

尽管体系中有机阳离子自由基的生成被认为是此类聚合反应的关键步骤，以往研究多采用电子自旋共振（ESR）测定反应后黏土矿物上所产生的有机阳离子自由基（Mortland and Halloran，1976）。Gu 等（2011b）利用此类反应体系易受水分子影响的性质，采用真空红外光谱，并结合理论计算，捕捉到了 Fe^{3+}-蒙脱石/五氯酚体系中五氯酚阳离子自由基的信号，并且原位还原了水分子对反应的影响，进一步从分子水平揭示了 Fe^{3+}-蒙脱石表面类二噁英类物质的形成过程。

黏土矿物可交换过渡金属阳离子能够与有机污染物直接配位，继而发生直接电子传递，且电子传递路径相对较短，在介导有机物的氧化聚合反应中更为明显。但最近有研究发现，黏土矿物中的结构铁也能诱导有机物的氧化，这对于四面体铁和断裂边面的八面体铁尤为明显（Chen N et al.，2016；Chen et al.，2019；Wang et al.，2019b；Wang et al.，2019c）。此外，对于一些电离电位较低的有机物，如苯胺、多酚等，黏土矿物表面吸附的氧气可将其氧化成有机自由基，同时在黏土矿物表面的介导下进一步聚合（Theng，1974）。

二、蒙脱石介导有机污染物氧化聚合的影响因素

（一）湿度

湿度是影响黏土矿物的关键因素，湿度能够影响可交换过渡金属阳离子的水合状态，通常情况下，体系湿度的降低有利于提高黏土矿物的路易斯酸性，从而促进氧化聚合反应的发生和进行。这对于源自可交换过渡金属阳离子促发的氧化聚合反应尤为明显。如图4-8所示，在 Fe^{3+}-蒙脱石与五氯酚反应二聚合生成八氯

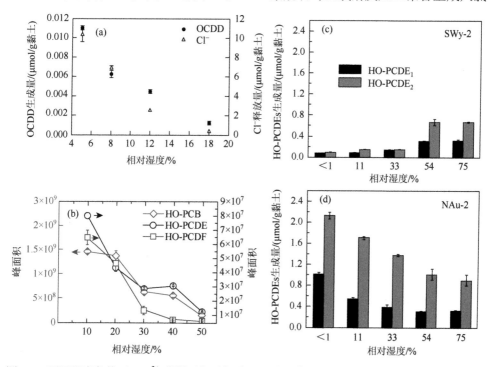

图4-8 不同湿度条件下，Fe^{3+}-蒙脱石与五氯酚（a）和2-氯酚（b）、SWy-2（c）和NAu-2（d）与2,4,6-三氯酚的反应以及产物 HO-PCDEs 在 SWy-2（c）和 NAu-2（d）的生成量（Gu et al.，2008；Peng et al.，2018；Wang et al.，2019b）

代二苯并二噁英（octachlorodibenzodioxin，OCDD）中，反应需在较低湿度下才能发生（RH = 4%～20%），且反应程度随着湿度的增加迅速降低（Gu et al.，2008）。Fe^{3+}-蒙脱石与 2-氯酚的反应也呈现了相同的趋势，在体系相对湿度升至 50%后，几乎检测不到聚合反应产物（Peng et al.，2018）。然而有研究发现，对于八面体结构铁，体系湿度有利于反应的进行，如在蒙脱石 SWy-2 介导 2, 4, 6-三氯酚的聚合反应中，相对湿度高于 33%后才明显观察到产物生成，经考察发现这是由于水分子能够通过与有机物形成氢键作用而降低产物生成的活化能从而促进反应（Wang et al.，2019b，Wang et al.，2019c）；蒙皂石 NAu-2 与 Fe^{3+}-蒙脱石相似，反应程度随着湿度的升高而降低，但影响程度显著低于 Fe^{3+}-蒙脱石（Wang et al.，2019b）。

（二）有机物分子结构

如上文所述，黏土矿物可介导有机物发生二聚合、低聚合甚至高聚合，这主要取决于有机物的电离电位。通常有机物电离电位越低，有机物越容易被氧化成聚合程度高的产物，甚至在没有过渡金属的黏土矿物表面也可被吸附的氧氧化聚合。图 4-9 总结了大部分芳香族化合物的电离电位，这与文献报道的实验现象一致。对于电离电位低的苯胺、多酚类化合物，反应现象明显且都生成深色复合物，甚至在水溶液中也可发生反应。但对于氯酚类化合物，通常无法在水溶液中进行，且有机物通常只发生二聚反应。Dragun 和 Helling（1985）及 Tennakoon 和 Tricker（1975）考察土壤和黏土矿物表面自由基对不同分子结构和溶解度的有机物的氧化作用，发现有吸电子基团、溶解度低的有机物如卤代芳香类，很难被氧化。这与不同有机物在黏土矿物表面的氧化聚合反应相似。Jia 等（2014）在考察 Fe^{3+}-蒙脱石对不同多环芳烃（polycyclic aromatic hydrocarbons，PAHs）的氧化时发现不同 PAHs 在 Fe^{3+}-蒙脱石的转化速率顺序为苯并[a]芘＞芘＞蒽，这与它们的电离电位约 7.10 eV＜约 7.38 eV＜约 7.42 eV 趋势一致，对于电离电位大于 7.60 eV 的 PAHs，如菲，则无法被 Fe^{3+}-蒙脱石氧化生成阳离子自由基。

（三）过渡金属离子

过渡金属离子的类型会直接影响黏土矿物路易斯酸性的强弱，从而影响黏土矿物对有机物的氧化作用。对于电离电位较高的有机物，只有黏土矿物富含强氧化能力的过渡金属离子才能引发相应的氧化聚合反应，如 Fe^{3+}、Cu^{2+}、Ru^{2+}（Soma et al.，1983）；过渡金属的类型和位置均会对反应产生显著影响。通常情况下，反应与过渡金属离子的氧化电位呈正相关。例如，不同阳离子饱和蒙脱石对 PAHs 氧化速率从大到小顺序为 Fe^{3+}＞Cu^{2+}＞Ni^{2+}＞Co^{2+}＞Zn^{2+}，这与各金属离子的还原电位 0.771 V＞0.153 V＞–0.257 V＞–0.280 V＞–0.7618 V 一致（Jia et al.，2018）。

过渡金属离子在黏土矿物中的位置对反应也有显著影响，通常蒙脱石较大的 CEC 使其能够交换更多的过渡金属离子，从而反应活性更强（Jia et al., 2012）。但深入分析会发现蒙脱石的层间结构对反应也有一定影响。根据测定，Fe^{3+}饱和的蒙脱石、伊利石和高岭石中的含铁量分别约为 3.12%、1.54%和 0.44%，但对蒽氧化所生成自由基的测定中发现 Fe^{3+}-蒙脱石体系的信号比另外两种黏土矿物高 4 个数量级以上（Jia et al., 2016），这是因为蒙脱石巨大的层间表面有利于分散表面电荷，降低黏土矿物中各种相互作用或络合的能量，从而使在层间形成的自由基更稳定（Eastman et al., 1984; Tian et al., 2015）。对于电离电位较低的有机物，这种选择性会有所降低，Peng 等（2017）在研究黏土矿物对对乙酰氨基酚的氧化时发现，当控制伊利石和蒙脱石具有相同量的可交换 Fe^{3+}，发现对乙酰氨基酚在两种黏土矿物体系中的氧化速率没有显著差异，这说明层间 Fe^{3+}和表面 Fe^{3+}在这个反应中的活性相似。

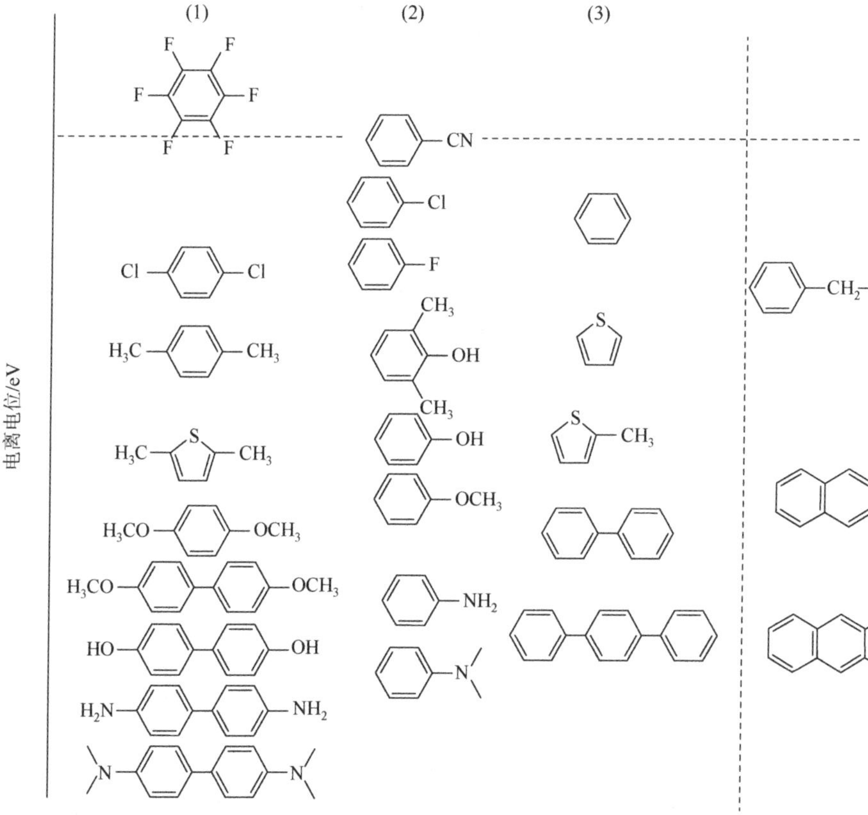

图 4-9　芳香族化合物的电离电位

此外，有研究发现，在结构铁诱导的反应中，结构铁在黏土晶格中的位置对反应也会产生显著影响。通常，含四面体结构 Fe^{3+} 的黏土矿物，如 NAu-2，比仅含有八面体结构 Fe^{3+} 的黏土矿物反应活性更高（Chen et al.，2018；Chen et al.，2019；Wang et al.，2019b）；畸变程度高的结构 Fe^{3+} 的活性高于畸变程度低的结构 Fe^{3+}（Gorski et al.，2012；Schaefer et al.，2011）。

三、蒙脱石介导有机污染物氧化聚合的产物

（一）与苯胺类化合物的反应

苯胺类化合物在黏土矿物上的氧化聚合是黏土矿物-有机物体系的典型反应，如联苯胺蓝反应（Theng，1974）。芳香胺与金属离子的配位很强，可以与胶体黏土矿物中的水竞争，因而这一反应在水溶液中也可发生。蒙脱石以外的硅酸盐矿物，如叶绿石、伊利石、凹凸棒土和高岭石，也能够将联苯胺氧化成联苯胺蓝（Solomon et al.，1968）。联苯胺以外的一些芳香胺，如 N, N, N', N'-四甲基联苯胺、三苯胺和对苯二胺，与 Na^+-蒙脱石的水性悬浮液接触时呈现蓝色或绿色（Tennakoon et al.，1974b）。经过各种光谱表征检测显示造成这些反应呈现颜色的物质主要是体系中生成的阳离子自由基（Tennakoon and Tricker，1975）。

联苯胺自由基阳离子在高酸度条件（在低 pH 或黏土矿物脱水状态）下被进一步氧化成黄色形式［式 (4-6)］。这种黄色络合物的结构有多种解释，如质子化的单自由基阳离子或二亚胺或醌型阳离子。各种实验证据支持以下产生黄色络合物的歧化机制（Furukawa and Brindley，1973；Kovar et al.，1984；Tennakoon and Tricker，1975）：

$$2BZN^+ (蓝色) + 2H^+ \longrightarrow BZN^{2+} (黄色) + BZNH_2^{2+} \qquad (4\text{-}6)$$

联苯胺的自由基阳离子（BZN^+）吸附在蒙脱石很容易转化为双阳离子（BZN^{2+}），而 N, N, N', N'-四甲基联苯胺阳离子自由基（$TBZN^+$）因甲基空间位阻效应导致 TBZN 分子不易在黏土矿物层间紧密接近从而抑制上述反应，导致与 N, N, N', N'-四甲基联苯胺反应未变成黄色（Tennakoon and Tricker，1975）。拉曼光谱在 Fe^{3+}- 和 Cu^{2+}-蒙脱石表面检测到了联苯胺阳离子和 N, N-二甲基苯胺阳离子（Soma Y and Soma M，1988）。在有氧条件下，对氯苯胺在 Fe^{3+}-、Al^{3+}-和 H^+-蒙脱石表面上会形成有色复合物（Cloos et al.，1979，Moreale et al.，1985），并观察到具有线型聚苯胺链的聚合物的形成（Tennakoon et al.，1974a），但由于—Cl 取代基的吸电子效应，该反应需要存在过渡金属离子才能发生。苯胺与黏土矿物的反应中还检测到了偶氮苯、吩嗪和苯醌，且无菌土壤吸附苯胺也会生成这些物质（Pillai et al.，1982）。可以推测，与金属离子交换蒙脱石类似的氧化聚合可能在土壤中以化学反应的方式进行。

（二）与多酚的反应

黏土矿物介导多酚类有机物氧化聚合多生成高聚物，尽管多酚类化合物能够在没有过渡金属催化下发生聚合（Giannakopoulos et al.，2009），但黏土矿物以及Fe/Mn/Al含氧矿物能够极大地促进聚合反应进程（Fukuchi et al.，2012），该聚合反应在黏土矿物催化作用下迅速发生，通常以小时或天为观测单位（Fukuchi et al.，2010；Chen et al.，2010）。不同黏土矿物的催化作用表现为绿脱石＞蒙脱石＞锂皂石（Wang and Huang，1986），且绿脱石催化性显著高于膨润土和高岭石（Wang，1991），这主要是因为绿脱石含有大量的结构Fe^{3+}。通过傅里叶变换红外光谱、电子顺磁共振、核磁共振等手段表征显示产生的多聚物与土壤中的天然腐殖质存在极高的结构相似性（Fukuchi et al.，2010；Chen et al.，2010），在664 nm、472 nm处有特征吸收，且分子量通常高于1000（Wang and Huang，1986；Wang and Huang，1989）。因此，黏土矿物介导多酚类物质的非生物聚合过程被认为是土壤腐殖质形成的重要途径之一（Hardie et al.，2009；Jokic et al.，2004）。类似的多酚化合物在黏土矿物表面的聚合反应还可以发生在大气环境中，自然源产生的挥发酚（如愈创木酚等）可以与含Fe^{3+}矿物粉尘反应生成多聚物，即通常被称为褐碳的物质。该过程对于理解大气环境中褐碳的二次来源具有重要意义（Ling et al.，2020；Nang et al.，2021）。

黏土矿物促进多酚类化合物腐殖化的同时还会促进这些物质的矿化。在黏土矿物的催化下，邻苯三酚和邻苯二酚在反应时间为20～90 h的矿化量提高了2～19倍，矿化率达到2%～11%。在实际土壤中的研究结果显示，灭菌土壤非生物氧化作用对邻苯三酚的矿化速率几乎与非灭菌土壤的矿化速率相当，在室温下90 h内的非生物矿化率达到30%，且矿化速率随温度的升高而升高（Wang，1991；Wang and Huang，1989）。这些矿化作用可能是陆地系统CO_2排放不可忽视的非生物来源。

此外，黏土矿物介导多酚类化合物的反应体系中还极有可能伴随挥发性有机物（VOC）的产生。在利用^{14}C同位素示踪技术研究黏土矿化转化多酚类化合物时发现，10%～11%的多酚转化为CO_2，16%～17%转化为溶液相多聚物，58%～61%转化为不可溶态结合残留，然而仍然有10%的碳在质量平衡中丢失（Majcher et al.，2000），该部分碳很可能以VOC的形态逃逸了。土壤系统非生物过程产生的VOC目前被报道的有呋喃（Huber et al.，2010；Krause et al.，2014）、卤代挥发烃（VOCX）、半挥发有机卤化物［多氯代二噁英（PCDD）、多氯代二苯并呋喃（PCDF）］等（Schler and Keppler，2003）。在Fe^{3+}溶液模拟体系中邻苯二酚可转化生成呋喃，产率为0.5%，在实际土壤中的呋喃产率为19.8 ng/299 mg土壤有机碳（Huber et al.，2010）。因此，黏土矿物转化土壤中多酚也可能是自然环境中产生VOC的重要途径之一。

（三）与卤代酚类的反应

黏土矿物介导卤代酚类的聚合反应常会伴随着脱氯的发生，因此早期研究通常认为氯酚的聚合反应是一个毒性降低的过程。例如，Boyd 和 Mortland（1986）在研究五氯酚和 Cu^{2+}-蒙皂石反应中观察到五氯酚的脱氯和聚合，他们认为这是有机氯代有机污染物毒性降低的关键步骤。随着研究的深入，Gu 等（2008，2011a，2011b）发现 Fe^{3+}-蒙脱石可在常温、低湿度条件下介导氯酚类物质产生类二噁英类物质，其中在与五氯酚的反应体系中检测到了 OCDD。对于此类反应，产物更多的是羟基多氯联苯和羟基多氯联苯醚，如与 2,4,5-三氯酚的反应产物为 3,3′,5,5′,6,6′-六氯-2,2′-二羟基联苯、2,4,4′,5,5′-五氯-2′-羟基联苯醚、2,3′,4,5,5′,6′-六氯-2′-羟基联苯醚和 2,2′,4,5,5′,6′-六氯-3′-羟基联苯醚，其中 2,4,4′,5,5′-五氯-2′-羟基联苯醚是毒性最强的 2,3,7,8-四氯二苯并二噁英的反应前体物（Gu et al.，2011a）。当向反应体系中通入空气从而增加反应物的传质，并降低体系湿度时，能够检测到羟基多氯二苯并呋喃，如在与 2-氯酚的反应中检测到了 2′,3-二氯-2-羟基-二苯并呋喃（Peng et al.，2018）。对于结构铁引发的卤代酚类物质的氧化聚合反应，目前仅检测到了羟基多卤联苯和羟基多卤联苯醚（Wang et al.，2019a；Wang et al.，2019b）。这些反应的产物分子结构与二噁英类物质相似，毒性远高于母体化合物，导致体系的毒性显著增加（Peng et al.，2018；Wang et al.，2019c）。

第四节　黏土矿物界面的环境意义

有机污染物在土壤中的迁移转化主要为化学转化和微生物降解。虽然土壤中同时发生的化学和微生物转化很难进行严格区分，但人们普遍认为，土壤中大多数有机污染物的降解主要是微生物的作用。尽管如此，在某些特定的环境下，如固相干燥条件，微生物作用将难以发生，而化学转化会显得尤为重要。黏土矿物是土壤中能引起有机污染物发生化学转化的重要成分，在反应的过程中，黏土矿物主要充当有机分子的布朗斯特酸或路易斯酸。其中对有机污染物的水解反应主要体现了黏土矿物的布朗斯特酸特性；而对于芳香族化合物的氧化聚合则体现黏土矿物的路易斯酸特性。对于有机污染物的水解极有可能降低并最终消除污染物的毒性；而对于有机污染物的聚合可能会生成更高毒性的物质（如二噁英），也可能是形成黏土矿物-腐殖质复合物的重要途径。因此，深入了解黏土矿物界面对有机污染物的催化转化作用，对预测污染物在土壤中的迁移转化以及毒性评估具有重要的意义。

除具有布朗斯特酸和路易斯酸特性外，黏土矿物的特殊结构在反应中起了一个微型反应器的作用,这个反应器通过吸附作用将有机分子富集到具有限域效应的层间,从而促进了有机污染物的反应。例如,蒙脱石促进下水合电子的生成及其对有机污染物的降解就是其中一个典型的例子。基于此,可开发基于黏土矿物界面限域空间的污染控制技术,"以土治土",为原位土壤污染控制提供新理念。

参 考 文 献

黄昌勇. 2000. 土壤学. 北京: 中国农业出版社.

Aggarwal V, Li H, Boyd S A, et al. 2006a. Enhanced sorption of trichloroethene by smectite clay exchanged with Cs^+. Environ Sci Technol, 40 (3): 894-899.

Aggarwal V, Li H, Teppen B J. 2006b. Triazine adsorption by saponite and beidellite clay minerals. Environ Toxicol Chem, 25 (2): 392-399.

Bergaya F, Lagaly G. 2006. General introduction: Clays, clay minerals, and clay science. Develop Clay Sci, 1: 1-18.

Boyd S A, Mortland M M. 1986. Radical formation and polymerization of chlorophenols and chloroanisole on copper(II)-smectite. Environ Sci Technol, 20 (10): 1056-1058.

Breen C, Deane A T, Flynn J J. 1987. The acidity of trivalent cation-exchanged montmorillonite. Temperature-programmed desorption and infrared studies of pyridine and *n*-butylamine. Clay Miner, 22 (2): 169-178.

Brigatti M, Galan E, Theng B. 2006. Structures and mineralogy of clay minerals. Develop Clay Sci, 1: 19-86.

Bulut E, Oezacar M, Sengil I A. 2008. Equilibrium and kinetic data and process design for adsorption of congo red onto bentonite. J Hazard Mater, 154 (1-3): 613-622.

Camazano M S, Martin M. 1983. Montmorillonite-catalyzed hydrolysis of phosmet. Soil Sci, 136 (2): 89-93.

Chappell M A, Laird D A, Thompson M L, et al. 2005. Influence of smectite hydration and swelling on atrazine sorption behavior. Environ Sci Technol, 39 (9): 3150-3156.

Chen J, Sun P, Zhang Y, et al. 2016. Multiple roles of Cu(II) in catalyzing hydrolysis and oxidation of β-lactam antibiotics. Environ Sci Technol, 50 (22): 12156-12165.

Chen N, Fang G, Liu G, et al. 2018. The effects of Fe-bearing smectite clays on •OH formation and diethyl phthalate degradation with polyphenols and H_2O_2. J Hazard Mater, 357: 483-490.

Chen N, Fang G, Zhou D, et al. 2016. Effects of clay minerals on diethyl phthalate degradation in Fenton reactions. Chemosphere, 165: 52-58.

Chen N, Huang M, Liu C, et al. 2019. Transformation of tetracyclines induced by Fe(III)-bearing smectite clays under anoxic dark conditions. Water Res, 165: 114997.

Chen Y M, Tsao T M, Liu C C, et al. 2010. Polymerization of catechin catalyzed by Mn-, Fe- and Al-oxides. Colloids Surf B, 81 (1): 217-223.

Cloos P, Moreale A, Broers C, et al. 1979. Adsorption and oxidation of aniline and *p*-chloroaniline by montmorillonite. Clay Miner, 14 (4): 307-321.

Dragun J, Helling C S. 1985. Physicochemical and structural relationships of organic chemicals undergoing soil-and clay-catalyzed free-radical oxidation. Soil Sci, 139 (2): 100-111.

Eastman M, Patterson D, Pannell K. 1984. Reaction of benzene with Cu(II)-and Fe(III)-exchanged hectorites. Clays Clay Miner, 32 (4): 327-333.

Eberl D. 1984. Clay mineral formation and transformation in rocks and soils. Phil Trans R Soc Lond A, 311 (1517): 241-257.

Fang Y, Zhou W, Tang C, et al. 2018. Brönsted catalyzed hydrolysis of microcystin-LR by siderite. Environ Sci Technol, 52 (11): 6426-6437.

Feininger T. 2005. Rock-Forming Minerals. 4B. Framework Silicates: Silica Minerals, Feld spathaids and the Zedites. 2nd ed. The Canadian Mineralogiest, 43 (4): 1439-1440.

Feininger T. 2011. Rock-forming minerals. 5A. Non-silicates: Oxides, hydroxides, and sulphides. 2nd ed. The Canadian Mineralogist, 49 (5): 1335-1336.

Fukuchi S, Fukushima M, Nishimoto R, et al. 2012. Fe-loaded zeolites as catalysts in the formation of humic substance-like dark-coloured polymers in polycondensation reactions of humic precursors. Clay Miner, 47 (3): 355-364.

Fukuchi S, Miura A, Okabe R, et al. 2010. Spectroscopic investigations of humic-like acids formed via polycondensation reactions between glycine, catechol and glucose in the presence of natural zeolites. J Mol Struct, 982(1-3): 181-186.

Furukawa T, Brindley G. 1973. Adsorption and oxidation of benzidine and aniline by montmorillonite and hectorite. Clays Clay Miner, 21 (5): 279-288.

Giannakopoulos E, Drosos M, Deligiannakis Y. 2009. A humic-acid-like polycondensate produced with no use of catalyst. J Colloid Interf Sci, 336 (1): 59-66.

Gorski C A, Aeschbacher M, Soltermann D, et al. 2012. Redox properties of structural fe in clay minerals. 1. Electrochemical quantification of electron-donating and-accepting capacities of smectites. Environ Sci Technol, 46 (17): 9360-9368.

Gu C, Li H, Teppen B J, et al. 2008. Octachlorodibenzodioxin formation on Fe(III)-montmorillonite clay. Environ Sci Technol, 42 (13): 4758.

Gu C, Liu C, Ding Y, et al. 2011a. Clay mediated route to natural formation of polychlorodibenzo-p-dioxins. Environ Sci Technol, 45 (8): 3445-3451.

Gu C, Liu C, Johnston C T, et al. 2011b. Pentachlorophenol radical cations generated on Fe(III)-montmorillonite initiate octachlorodibenzo-p-dioxin formation in clays: Density functional theory and fourier transform infrared studies. Environ Sci Technol, 45 (4): 1399-1406.

Haderlein S B, Schwarzenbach R P. 1993. Adsorption of substituted nitrobenzenes and nitrophenols to mineral surfaces. Environ Sci Technol, 27 (2): 316-326.

Haderlein S B, Weissmahr K W, Schwarzenbach R P. 1996. Specific adsorption of nitroaromatic explosives and pesticides to clay minerals. Environ Sci Technol, 30 (2): 612-622.

Hardie A G, Dynes J J, Kozak L M, et al. 2009. The role of glucose in abiotic humification pathways as catalyzed by birnessite. J Mol Catal A: Chem, 308 (1-2): 114-126.

Herwig U, Klumpp E, Narres H D. 2001. Physicochemical interactions between atrazine and clay minerals. Appl Clay Sci, 18 (5-6): 211-222.

Hirunsit P, Faungnawakij K, Namuangruk S, et al. 2013. Catalytic behavior and surface species investigation over γ-Al_2O_3 in dimethyl ether hydrolysis. Appl Catal A, 460-461: 99-105.

Hong R, Guo Z, Gao J, et al. 2017. Rapid degradation of atrazine by hydroxyl radical induced from montmorillonite templated subnano-sized zero-valent copper. Chemosphere, 180: 335-342.

Huber S G, Wunderlich S, Schöler H F, et al. 2010. Natural abiotic formation of furans in soil. Environ Sci Technol, 44 (15): 5799-5804.

Jia H, Nulaji G, Gao H, et al. 2016. Formation and stabilization of environmentally persistent free radicals induced by the interaction of anthracene with Fe(III)-modified clays. Environ Sci Technol, 50 (12): 6310-6319.

Jia H, Zhao J, Fan X, et al. 2012. Photodegradation of phenanthrene on cation-modified clays under visible light. Appl

Catal B, 123-124: 43-51.

Jia H, Zhao J, Li L, et al. 2014. Transformation of polycyclic aromatic hydrocarbons (PAHs) on Fe(III)-modified clay minerals: Role of molecular chemistry and clay surface properties. Appl Catal B: Environ, 154-155: 238-245.

Jia H, Zhao S, Shi Y, et al. 2018. Transformation of polycyclic aromatic hydrocarbons and formation of environmentally persistent free radicals on modified montmorillonite: The role of surface metal ions and polycyclic aromatic hydrocarbon molecular properties. Environ Sci Technol, 52 (10): 5725-5733.

Jin X, Wu D, Chen Z, et al. 2021. Surface catalyzed hydrolysis of chloramphenicol by montmorillonite under limited surface moisture conditions. Sci Total Environ, 770: 144843.

Jin X, Wu D, Ling J, et al. 2019. Hydrolysis of chloramphenicol catalyzed by clay minerals under nonaqueous conditions. Environ Sci Technol, 53 (18): 10645-10653.

Johnston C T, de Oliveira M F, Teppen B J, et al. 2001. Spectroscopic study of nitroaromatic-smectite sorption mechanisms. Environ Sci Technol, 35 (24): 4767-4772.

Jokic A, Wang M C, Liu C, et al. 2004. Integration of the polyphenol and maillard reactions into a unified abiotic pathway for humification in nature: The role of δ-MnO_2. Org Geochem, 35 (6): 747-762.

Korolev V A, Nesterov D S. 2018. Regulation of clay particles charge for design of protective electrokinetic barriers. J Hazard Mater, 358: 165-170.

Kovar L, DellaGuardia R, Thomas J. 1984. Reaction of cations of tetramethylbenzidine with colloidal clays. J Phys Chem, 88 (16): 3595-3599.

Krause T, Tubbesing C, Benzing K, et al. 2014. Model reactions and natural occurrence of furans from hypersaline environments. Biogeosciences, 11 (10): 2871-2882.

Laird D A, Barriuso E, Dowdy R H, et al. 1992. Adsorption of atrazine on smectites. Soil Sci Soc Am J, 56 (1): 62-67.

Laszlo P. 1987. Chemical reactions on clays. Science, 235 (4795): 1473-1477.

Li Z, Chang P H, Jiang W T, et al. 2011. Mechanism of methylene blue removal from water by swelling clays. Chem Eng J, 168 (3): 1193-1200.

Lin C H, Bai H. 2003. Surface acidity over vanadia/titania catalyst in the selective catalytic reduction for no removal in situ DRIFTS study. Appl Catal B, 42 (3): 279-287.

Ling J, Sheng F, Wang Y, et al. 2020. Formation of brown carbon on Fe-bearing clay from volatile phenol under simulated atmospheric conditions. Atmos Environ, 228: 117427.

Liu W, Gan J, Papiernik S K, et al. 2000. Sorption and catalytic hydrolysis of diethatyl-ethyl on homoionic clays. J Agric Food Chem, 48 (5): 1935-1940.

Liu Z, Colin C, Li X, et al. 2010. Clay mineral distribution in surface sediments of the northeastern South China Sea and surrounding fluvial drainage basins: Source and transport. Mar Geol, 277 (1-4): 48-60.

Majcher E H, Chorover J, Bollag J M, et al. 2000. Evolution of CO_2 during birnessite-induced oxidation of ^{14}C-labeled catechol. Soil Sci Soc Am J, 64 (1): 157-163.

Matsuda T, Asanuma M, Kikuchi E. 1988. Effect of high-temperature treatment on the activity of montmorillonite pillared by alumina in the conversion of 1, 2, 4-trimethylbenzene. Appl Catal, 38 (2): 289-299.

Mingelgrin U, Saltzman S, Yaron B. 1977. A possible model for the surface-induced hydrolysis of organophosphorus pesticides on kaolinite clays. Soil Sci Soc Am J, 41 (3): 519-523.

Mizutani T, Takano T, Ogoshi H. 1995. Selectivity of adsorption of organic ammonium ions onto smectite clays. Langmuir, 11 (3): 880-884.

Moraes J D D, Bertolino S R A, Cuffini S L, et al. 2017. Clay minerals: Properties and applications to dermocosmetic products and perspectives of natural raw materials for therapeutic purposes—A review. Int J Pharm, 534 (1): 213-219.

Moreale A, Cloos P, Badot C. 1985. Differential behaviour of Fe(III)- and Cu(II)-montmorillonite with aniline: I. Suspensions with constant solid: Liquid ratio. Clay Miner, 20 (1): 29-37.

Mortland M M. 1970. Clay-organic complexes and interactions. Adv Agron, 22: 75-117.

Mortland M M, Halloran L J. 1976. Polymerization of aromatic molecules on smectite 1. Soil Sci Soc Am J, 40 (3): 367-370.

Peng A, Gao J, Chen Z, et al. 2018. Interactions of gaseous 2-chlorophenol with Fe^{3+}-saturated montmorillonite and their toxicity to human lung cells. Environ Sci Technol, 52 (9): 5208-5217.

Peng A, Huang M, Chen Z, et al. 2017. Oxidative coupling of acetaminophen mediated by Fe^{3+}-saturated montmorillonite. Sci Total Environ, 595: 673-680.

Pillai P, Helling C S, Dragun J. 1982. Soil-catalyzed oxidation of aniline. Chemosphere, 11 (3): 299-317.

Pinnavaia T J, Mortland M. 1971. Interlamellar metal complexes on layer silicates. I. Copper(II)-arene complexes on montmorillonite. J Phys Chem, 75 (26): 3957-3962.

Qu X L, Liu P, Zhu D. 2008. Enhanced sorption of polycyclic aromatic hydrocarbons to tetra-alkyl ammonium modified smectites via cation-pi interactions. Environ Sci Technol, 42 (4): 1109-1116.

Rautureau M, Figueiredo C G, Liewig N, et al. 2017. Clays and Health: Properties and Therapeutic Uses. Berlin: Springer.

Rotenberg B, Patel A J, Chandler D. 2011. Molecular explanation for why talc surfaces can be both hydrophilic and hydrophobic. J Am Chem Soc, 133 (50): 20521.

Rupert J P. 1973. Electron spin resonance spectra of interlamellar copper(II)-arene complexes on montmorillonite. J Phys Chem, 77 (6): 784-790.

Saltzman S, Mingelgrin U, Yaron B. 1976. Role of water in the hydrolysis of parathion and methylparathion on kaolinite. J Agric Food Chem, 24 (4): 739-743.

Saltzman S, Yariv S. 1976. Infrared and X-ray study of parathion-montmorillonite sorption complexes. Soil Sci Soc Am J, 40 (1): 34-38.

Schaefer M V, Gorski C A, Scherer M M. 2011. Spectroscopic evidence for interfacial Fe(II)-Fe(III) electron transfer in a clay mineral. Environ Sci Technol, 45 (2): 540-545.

Schler H F, Keppler F. 2003. Abiotic formation of organohalogens in the terrestrial environment. CHIMIA Inter J Chem, 57: 33-34.

Schoonheydt R A. 2013. Surface and interface chemistry of clay minerals. Develop Clay Sci, 5: 139-172.

Solomon D, Loft B, Swift J D. 1968. Reactions catalysed by minerals. IV. The mechanism of the benzidine blue reaction on silicate minerals. Clay Miner, 7 (4): 389-397.

Soma Y, Soma M. 1988. Adsorption of benzidines and anilines on Cu- and Fe-montmorillonites studied by resonance raman spectroscopy. Clay Miner, 23 (1): 1-12.

Soma Y, Soma M. 1989. Chemical reactions of organic compounds on clay surfaces. Environ Health Perspect, 83: 205-214.

Soma Y, Soma M, Furukawa Y, et al. 1987. Reactions of thiophene and methylthiophenes in the interlayer of transition-metal ion-exchanged montmorillonite studied by resonance Raman spectroscopy. Clays Clay Miner, 35 (1): 53-59.

Soma Y, Soma M, Harada I. 1983. Raman spectroscopic evidence of formation of p-dimethoxybenzene cation on Cu- and Ru-montmorillonites. Chem Phys Lett, 94 (5): 475-478.

Soma Y, Soma M, Harada I. 1984. The reaction of aromatic molecules in the interlayer of transition-metal ion-exchanged montmorillonite studied by resonance raman spectroscopy. 1. Benzene and *p*-phenylenes. J Phys Chem, 88 (14): 3034-3038.

Song K H, Zhong M J, Wang L, et al. 2014. Theoretical study of interaction of amide molecules with kaolinite. Comput Theoret Chem, 1050: 58-67.

Stoessel F, Guth J, Wey R. 1977. Polymerisation de benzene en polyparaphenylene dans une montmorillonite cuivrique. Clay Miner, 12 (3): 255-259.

Tennakoon D T, Thomas J M, Tricker M J. 1974a. Surface and intercalate chemistry of layered silicates. Part II. An iron-57 Mössbauer study of the role of lattice-substituted iron in the benzidine blue reaction of montmorillonite. J Chem Soc, Dalton Trans, (20): 2211-2215.

Tennakoon D T, Thomas J M, Tricker M J, et al. 1974b. Surface and intercalate chemistry of layered silicates. Part I. General introduction and the uptake of benzidine and related organic molecules by montmorillonite. J Chem Soc, Dalton Trans, (20): 2207-2211.

Tennakoon D T, Tricker M J. 1975. Surface and intercalate chemistry of layered silicates. Part V. Infrared, ultraviolet, and visible spectroscopic studies of benzidine-mont-morillonite and related systems. J Chem Soc, Dalton Trans, (18): 1802-1806.

Teppen B J, Miller D M. 2006. Hydration energy determines isovalent cation exchange selectivity by clay minerals. Soil Sci Soc Am J, 70 (1): 31-40.

Theng B K G. 1974. The Chemistry of Clay-organic Reactions. London: Halsted Press: 343.

Theng B K G. 2018. Clay Mineral Catalysis of Organic Reactions. Boca Raton: CRC Press.

Tian H, Guo Y, Pan B, et al. 2015. Enhanced photoreduction of nitro-aromatic compounds by hydrated electrons derived from indole on natural montmorillonite. Environ Sci Technol, 49 (13): 7784-7792.

Tunega D, Gerzabek M H, Lischka H. 2004. *Ab initio* molecular dynamics study of a monomolecular water layer on octahedral and tetrahedral kaolinite surfaces. J Phys Chem B, 108 (19): 5930-5936.

Wang C J, Li Z, Jiang W T. 2011. Adsorption of ciprofloxacin on 2:1 dioctahedral clay minerals. Appl Clay Sci, 53 (4): 723-728.

Wang M C. 1991. Catalysis of nontronite in phenols and glycine transformations. Clays Clay Miner, 39 (2): 202-210.

Wang M C, Huang P. 1986. Humic macromolecule interlayering in nontronite through interaction with phenol monomers. Nature, 323 (6088): 529-531.

Wang M C, Huang P M. 1989. Abiotic ring cleavage of pyrogallol and the associated reactions as catalyzed by a natural soil. Sci Total Environ, 81-82: 501-510.

Wang T S, Li S W, Ferng Y L. 1978. Catalytic polymerization of phenolic compounds by clay minerals. Soil Sci, 126 (1): 15-21.

Wang Y, Jin X, Peng A, et al. 2019a. Transformation and toxicity of environmental contaminants as influenced by Fe containing clay minerals: A review. Bull Environ Contam Toxicol, 104 (1): 8-14.

Wang Y, Ling J, Gu C, et al. 2021. Dissolution of Fe from Fe-bearing minerals during the brown-carbonization processes in atmosphere. Sci Total Environ, 791: 148133.

Wang Y, Liu C, Peng A, et al. 2019b. Formation of hydroxylated polychlorinated diphenyl ethers mediated by structural Fe(III) in smectites. Chemosphere, 226: 94-102.

Wang Y, Peng A, Chen Z, et al. 2019c. Transformation of gaseous 2-bromophenol on clay mineral dust and the potential health effect. Environ Pollut, 250: 686-694.

Wei J, Furrer G, Kaufmann S, et al. 2001. Influence of clay minerals on the hydrolysis of carbamate pesticides. Environ

Sci Technol, 35 (11): 2226-2232.

Wu Q, Li Z, Hong H, et al. 2010. Adsorption and intercalation of ciprofloxacin on montmorillonite. Appl Clay Sci, 50 (2): 204-211.

Xu S, Lehmann R G, Miller J R, et al. 1998. Degradation of polydimethylsiloxanes (silicones) as influenced by clay minerals. Environ Sci Technol, 32 (9): 1199-1206.

Yaron B, Saltzman S. 1978. Soil-parathion surface interactions. Residue Rev, 69: 1-34.

Zhang L, Tian H, Hong R, et al. 2018. Photodegradation of atrazine in the presence of indole-3-acetic acid and natural montmorillonite clay minerals. Environ Pollut, 240: 793-801.

Zhu D Q, Bruce E, Herbert M, et al. 2004a. Cation-π bonding: A new perspective on the sorption of polycyclic aromatic hydrocarbons to mineral surfaces. J Environ Qual, 33 (4): 1322-1330.

Zhu D Q, Herbert B E, Schlautman M A, et al. 2004. Characterization of cation-π interactions in aqueous solution using deuterium nuclear magnetic resonance spectroscopy. J Environ Qual, 33 (1): 276-284.

第五章　土壤矿物与有机质的相互作用

第一节　有机质在矿物界面的反应

土壤有机质（SOM）是指从植物凋落物转化的有机物质、微生物细胞和微生物分泌物等（Kögel-Knabner，2017）。由于气候条件和土壤性质的差异，不同土壤类型中 SOM 的含量和成分有明显的差异。如在温带草原和高山冻原生态系统中 SOM 可高于 30 kg/m^2，而在沙漠灌丛 SOM 则可低于 10 kg/m^2（Crews and Rumsey，2017）。有些学者把 SOM 组分大致分为相对不稳定的低分子量（<10%）和相对稳定的高分子量（高达几千 Da，>90%）两种形式（Ondrasek and Rengel，2011）。相对稳定的高分子量 SOM 是 SOM 中的主要部分，包括腐殖质、土壤生物群的高聚合分泌物（如多糖、分泌蛋白、胞外酶）和惰性黑炭等。低分子量不稳定的 SOM 主要为碳水化合物、蛋白质、氨基酸、脂质、酚类、维生素、激素等，它们虽然浓度较低，但是易于被微生物分解和矿化，所以代表土壤中易降解的有机质库（Ondrasek et al.，2019）。

对于土壤有机污染物，SOM 能够影响污染物的毒性、环境行为及生物有效性。土壤中疏水性有机污染物常吸附在 SOM 中，金属离子也能够通过络合作用与天然有机质结合（Daugherty et al.，2017；Shcherbina et al.，2007）。在 SOM 中的腐殖质具有光敏性，能够在光照激发下产生单线态氧和其他活性氧物种（Ou et al.，2008）。大量研究表明，溶解性有机质（能通过 0.45μm 滤膜的有机质，DOM）中的芳香性羰基和醌类受到光照激发后，形成激发单线态 DOM（^{1}DOM*），而 ^{1}DOM* 通过系间窜越形成 ^{3}DOM*（Vione et al.，2014），然后 ^{3}DOM* 可以与 O$_2$ 反应产生光活性中间体如·OH、^{1}O$_2$、·O$_2^-$ 和 H$_2$O$_2$，从而促进有机污染物降解（Sharpless and Blough，2014），此外 ^{3}DOM* 也能直接参与污染物的光化学转化过程。Zepp 等（1985）研究发现，^{3}DOM* 三重态能量存在一定范围，而一半以上的 ^{3}DOM* 能量至少为 250kJ/mol，足以直接氧化多环芳烃、硝基芳香族化合物以及含有共轭二烯的有机污染物。如果体系中存在 Fe^{2+}，DOM 和 Fe^{2+} 络合能够产生光致芬顿反应而产生·OH 降解污染物（Miller et al.，2013；Zepp，1992）。

SOM 的多种官能团使之既可接受电子又可提供电子，因此也是一类电子穿梭体，它们的氧化还原电位大多在 –0.3～+0.1V 之间（Piepenbrock et al.，2014）。

在长期淹水的水稻田中（还原缺氧），SOM 结构中的醌基发生还原，还原性 SOM 可以将土壤中存在的 Fe(III)甚至含铁矿物中晶格 Fe(III)还原为 Fe(II)。在稻田排水过程中（还原环境受到扰动）氧气入侵还原体系，在黑暗的土壤中发生类芬顿反应产生活性氧物种（如•OH）（Page et al.，2012），在地表下 10～20cm 产生的•OH 可达微摩尔水平，该过程中 Fe(II)矿物（特别是层状硅酸盐）和有机质是活化 O_2 产生•OH 的主要活性组分（Page et al.，2013）。微生物的还原作用可以使 Fe(II)再生，因此 Fe(III)到 Fe(II)过程可以循环，从而保证了•OH 的持续产生（Tong et al.，2016）。

在 SOM 特别高的土壤中，几乎所有的矿物都是被 SOM 所覆盖包被的。SOM 可以通过配体交换、阳离子桥、范德瓦耳斯力和静电吸引作用结合在土壤矿物表面，形成矿物-有机质复合体（MOAM）（Wang X et al.，2021）。MOAM 的形成一方面仍然具有机质和矿物对污染物的吸附、结合能力，另一方面矿物-有机质又可以发生相互作用使得界面行为发生改变（Polubesova and Chefetz，2014）。

一、矿物界面有机质的吸附固定

矿物表面根据其电性可以分为三种类型：中性表面、永久负电表面和可变电荷表面（Kleber et al.，2015；Kleber et al.，2021）。未发生或很少发生类质同晶置换的硅酸盐矿物的基面是中性表面，它由一层硅氧四面体中的氧原子排列组成，每个氧和两个硅原子相连。由于这类表面电中性，它对 H_2O 或带电溶质的吸附很微弱（Kleber et al.，2015），这些吸附主要通过疏水作用、范德瓦耳斯力与有机质的非极性部分以及通过氢键与极性官能团相互作用驱动。在许多层状硅酸盐中，低价阳离子取代八面体铝和四面体硅会产生永久负电荷，这类带永久负电荷的表面会通过静电作用吸附阳离子，而被吸附的阳离子可充当离子键桥与负电性的有机物相互作用，除此之外，有机质也可通过离子交换与矿物表面形成离子键。由于表面羟基的质子化和去质子化，金属（氢）氧化物表面和硅酸盐矿物边面带有可变电荷，这些界面对离子化合物的吸附除离子交换机制外，还可通过有机质中的羧基官能团质子化与离子化合物发生配体交换形成共价键，这种结合方式通常会随矿物表面的羟基数量和分布及有机质所含官能团数量与位置而不同，形成多种配位构型，如赤铁矿表面存在三种羟基：—FeOH、—Fe_2OH 和—Fe_3OH，这三种羟基对有机质的吸附活性顺序为—FeOH＞—Fe_2OH＞—Fe_3OH。赤铁矿不同晶面具有不同数量密度的羟基分布，因此有机质在赤铁矿上的吸附能力主要取决于—FeOH 位点在赤铁矿表面的丰度，而不是总比表面积（SSA）（Lv et al.，2018）。例如，酶在赤铁矿不同晶面的吸附量不同（Zang et al.，2020），同时酶在吸附到矿物表面后会经历不同程度的构象改变，因此被吸附的蛋白质分子经过构象变化后所占的表面积都可能会增多而减少表面吸附位点。

吸附在矿物表面的有机质可继续与水相中的有机质相互作用而形成多层有机分子层，被称为"洋葱"模型。在这个模型中，矿物结合态有机质可以分为三个区域：紧密结合区、疏水作用区和动态交换区（图5-1）。矿物的带电表面通过静电作用在紧密结合区富集具有羧基和氨基的两亲性有机分子，并且有机分子的疏水部分指向极性水溶液分布在外层。不带电的矿物表面富集疏水性有机分子，由于矿物结合态有机质的疏水部分屏蔽矿物不带电区域与极性溶液接触，因此在带电区域被吸附的蛋白质的电离或极性官能团无法和疏水性有机质相互作用。这类疏水性区域在矿物界面可能是不连续的。矿物的动态交换区是通过离子键桥、氢键及其他弱相互作用吸附固定有机分子，通常这类有机分子层比较松散，而有机分子层的松散程度取决于溶液的化学性质（Kleber et al.，2007）。矿物对有机质的多层吸附模型已经得到一些实验验证，如Coward等（2019）发现DOM在针铁矿表面的吸附可以分为三个过程，首先是芳香族化合物被吸附，然后是木质素类化合物，最后是脂肪类化合物，这一过程涉及的相互作用有芳香环和脂肪链之间的疏水作用，带电官能团之间的相互吸引等。也有研究设计连续的平衡吸附实验，发现高岭石和蒙脱石首先吸附脂肪类、蛋白质和木质素组分，随后是吸附更多的

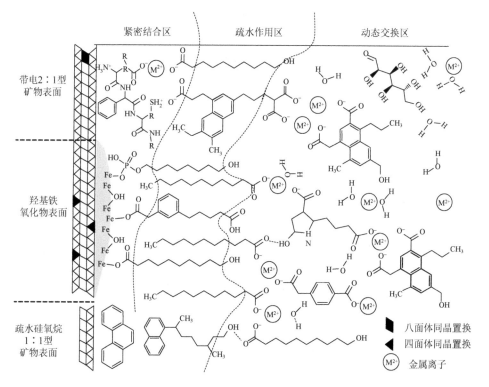

图 5-1　矿物表面有机质多层吸附模型（Kleber et al.，2007）

脂肪类和芳香类组分。虽然高岭石和蒙脱石具有不同的比表面积和可交换阳离子容量，但经过连续 10 次 DOM 吸附，两者吸附 DOM 的组分类似，这表明随着 DOM 在矿物表面的连续吸附，有机质间的范德瓦耳斯力、疏水作用等对吸附的有机质类型的影响逐渐占主要地位，矿物界面的性质对吸附有机质层性质和构成的影响逐渐下降（Mitchell et al.，2018）。

有机质在矿物表面的多层吸附结构由有机质的分子大小、所含的官能团种类和矿物表面类型决定。例如，DOM 和铁（氢）氧化物表面间的结合强度与 DOM 中的富羧基芳香分子和含氮脂肪类分子与有机质在矿物表面的附着力相关（Chasse et al.，2015）。云母和针铁矿表面对不同有机质的吸附与有机质的官能团相关，不同官能团在云母界面的结合力顺序为—$COO^->$—$PO_4^{3-}>$—$NH_3^+>$—CH_3，而在针铁矿表面的结合力顺序为—$NH_3^+>$—$PO_4^{3-}>$—$COO^->$—CH_3。根据所测得的键能，推断有机质与矿物表面通过非共价键结合，包括疏水作用和范德瓦耳斯力（Newcomb et al.，2017）。另有研究发现，羧基官能团对羧酸和氨基酸在铁氧化物上的吸附和保留作用显著，而氨基在 2∶1 层状硅酸盐上的吸附和保留作用更显著（Yeasmin et al.，2014；Newcomb et al.，2017）。随着 DOM 分子量的增加，铁氧化物表面与 DOM 之间的黏结力降低，这表明铁矿物表面第一层有机层可能主要由低分子量的含氮的 DOM 或具有芳香结构的 DOM 分子组成。

有机质在矿物表面的吸附是非均相有机分子在矿物表面的富集，而在实际土壤环境中，由于 pH 和氧化还原条件的改变以及微生物对矿物元素的转化利用，一些矿物如铁铝氧化物的生物和非生物形成与溶解过程，会形成弱结晶矿物和有机质的共沉淀复合体（图 5-2）。共沉淀的形成过程涉及多种同时发生并相互影响的机制。首先在该过程中有机组分可以通过静电作用、范德瓦耳斯力、氢键等机制在矿物表面富集，之后吸附型的矿物-有机质复合体可以进一步聚合，并伴随矿物的相转变以及结晶过程对有机质进行封存而形成共沉淀矿物有机质复合体。另外，有机质还可以通过金属离子与有机质的络合，络合物的沉淀和吸附，以及这一过程对有机质的物理包埋形成共沉淀复合体（Kleber et al.，2015）。共沉淀的形成与吸附过程都涉及配体交换机制，如随着共沉淀形成过程中有机质含量的增大，—COO^-红外吸收峰红移，峰面积增大，这表明共沉淀的形成过程中发生了羧基官能团参与的配体交换反应。在 Fe(Ⅲ)-OM 复合体（OM 为有机质）中，有机质含量升高则水铁矿含量降低，但有机质含量的增大使单个分子中参与成键的羧基数目减少，一部分有机质可能不通过直接成键的方式与矿物结合，而是形成有机质多层吸附结构（Chen et al.，2014）。MOAM 的形成过程及其形成后的稳定性受到其自身组成和周围土壤环境条件变化两方面的影响。MOAM 自身组成因素包括矿物的性质（形貌、结晶度、晶面性质）（Chi et al.，2022）、有机质性质（表面官能基团、带电性、分子量）。土壤环境条件变化对 MOAM 稳定性产生的影响，这部分内容会在后续章节详细介绍。

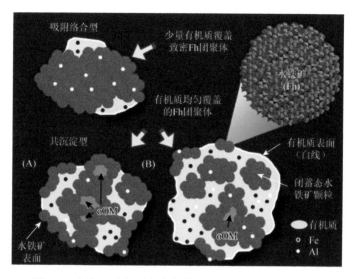

图 5-2　水铁矿-有机质复合体模型（Kleber et al.，2015）

二、矿物-有机质界面氧化还原反应

矿物和有机质都既可作为电子受体也可作为电子供体参与电子转移过程（Kleber et al.，2021），矿物和有机质间的电子转移通常开始于有机质在矿物表面的吸附，随后电子转移从有机质转移到矿物表面金属中心，接着被氧化的有机物从矿物表面分离（Stone et al.，1984）。矿物的电子传递能力主要来自矿物中的过渡金属元素，而有机质的电子传递能力主要由特定的有机质组分决定。例如，有研究发现土壤提取 SOM 和纯化的泥炭腐殖酸（Pahokee peat humic acid，PPHA）对针铁矿的还原能力不同，虽然 SOM 中氧化还原活性官能团的浓度只为 PPHA 的一半，但 SOM 与针铁矿间几乎不存在电子转移，因此有机质中的氧化还原活性官能团的种类而不是浓度决定有机质还原能力（Piepenbrock et al.，2014）。醌基官能团对有机质的电子传递能力有重要影响，因为可逆的单电子转移反应可通过其三种形态（醌、半醌和对苯二酚）间的相互转化而完成（Ratasuk et al.，2007）。例如，虽然腐殖质中的醌类官能团的小分子组分只占总有机碳的 2%，但其还原能力却是总有机质的 33 倍（Yang et al.，2016）。其他官能团如酚、羧基也在电子传递的过程中发挥重要作用。具有较高的羧基和酚基含量的腐殖酸促进针铁矿在氧化还原转化的效果更明显（Yu et al.，2021a）；也有报道发现溶解态和非溶解态的木质素中的芳香官能团可作为电子供体参与绿脱石中 Fe(III) 的非生物还原（Sheng et al.，2021）。虽然多环芳烃、多酚和碳水化合物这几类有机质还原 $\delta\text{-MnO}_2$ 时比高度不饱和酚类（HuPh）化合物和脂肪类有机质更活跃，但大量的 HuPh 对 $\delta\text{-MnO}_2$ 还原的整体贡献更大（Zhang J et al.，2021）。这是因为有机质中具有较高络合能力及给电子能力的官能团（如含氧和氮的官能团）决定着有机质在矿物表面的氧化还原活性。

不同矿物对有机质的氧化能力取决于矿物本身的氧化还原电位。锰氧化物被认为是最强的天然氧化剂，水钠锰矿与有机质反应比针铁矿活性更高，因为 $Mn(IV)/Mn(II)$ 比 $Fe(III)/Fe(II)$ 具有更高的氧化还原电位。矿物的氧化还原活性还与其晶体构型有关，如水钠锰矿具有两种晶型：在酸性介质中形成的酸性水钠锰矿和在碱性介质中形成的碱性水钠锰矿，由于酸性水钠锰矿层间具有更多的水合 H^+，其比碱性水钠锰矿具有更强的氧化性，两者对对苯二酚的氧化聚合程度有显著不同（Liu et al., 2011）。矿物晶体构型氧化能力的差异与不同晶面对有机质吸附络合能力相关（Lv et al., 2018）。有机质与矿物的相互作用会影响矿物比表面积、溶解性、结晶度等物理化学性质，从而改变其氧化还原活性。有机分子与金属离子的络合会改变金属离子的氧化还原电位，影响金属离子在矿物表面的吸附进而抑制矿物表面钝化（Royer et al., 2002），或者有机分子通过与金属络合物形成沉淀降低矿物结晶度，增加比表面积而改变矿物的氧化还原活性。另外，MOAM 中有机质的电子传递能力可以增强矿物的氧化还原活性，如微生物合成的水铁矿与非生物合成的水铁矿的比表面积、结晶度差异不大，两者的差别在于微生物合成矿物中掺杂有细胞代谢有机质的沉淀，PPHA 对微生物合成的水铁矿的还原速率高于非生物合成的水铁矿，其原因是有机分子可通过电子传递作用促进矿物还原（Piepenbrock et al., 2014）。然而，大量有机质负载在矿物表面会占据矿物表面的活性位点，矿物表面被钝化，因此电子传递反而变慢。

腐殖酸、酚类、苯胺、有机酸、蛋白质等有机分子可以通过铁锰氧化物、硫化物和层状硅酸盐等矿物表面的直接电子转移生成氧化态的大分子有机质、小分子有机酸或 CO_2（Kleber et al., 2021；Sunda et al., 1994；Ma et al., 2020）。锰矿物的高氧化性对有机质的氧化已有一些报道，如可溶性有机质与水钠锰矿反应后可分别生成甲酸和乙酸（Chorover and Amistadi, 2001），柠檬酸被水钠锰矿氧化生成 3-酮戊二酸酯，然后通过重排反应转化为乙酰乙酸酯（Wang and Stone, 2006），锰氧化物通过氧化反应将有机质分解成更小分子化合物，还可通过脱羧反应直接产生 CO_2。矿物对有机质的氧化也可以诱导有机质的聚合反应而形成腐殖质，如 MnO_2 氧化葡萄糖生成二羰基化合物以及和氨基酸发生 Maillard 反应（Jokic et al., 2001），水钠锰矿氧化氨基酸脱羧脱氨反应生成 CO_2、NH_3，同时形成含氮聚合物（Wang and Huang, 1992），氧化铁可作为电子受体而促进酚和氨基酸以及酚和葡萄糖之间的聚合（Zhang et al., 2017）。

三、矿物-有机质界面自由基生成

自由基是指化合物分子的共价键发生均裂而形成的具有不成对电子的原子或

基团。根据自由基在环境中存在的时间长短可以将其分为瞬态自由基和持久性自由基（persistent free radicals，PFRs）。绿脱石是层状硅酸盐黏土矿物中一种铁含量丰富的类型，其铝氧八面体中的 Al 被 Fe 取代，有些绿脱石黏土矿物四面体中 Si 也可被 Fe 取代。并且八面体片中的 Fe 有氢氧根的顺式和反式两种空间占位方式（Gates et al.，2002）。通过利用不同还原方式获取的不同氧化还原程度绿脱石常用于考察结构 Fe 对黏土矿物性质的影响。另外，在外界能量（如研磨、光照等）激发下，硅酸盐矿物和无定形硅颗粒上 Si—O 键均裂后表面产生≡Si•和≡SiO•（Narayanasamy and Kubicki，2005；Gournis et al.，2002），能够产生表面缔合的活性自由基（如硅基自由基、•O_2^-、氧自由基、•CO_2^- 和•OH 等）（Zhang et al.，2012）（图 5-3）。

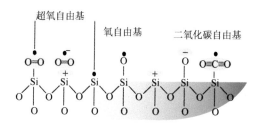

图 5-3　无定形硅表面的缔合自由基（Zhang et al.，2012）

（一）矿物-SOM 相互作用产生瞬态自由基

目前研究表明，有机质中的小分子化合物能够与矿物相互作用，在氧化剂或者光照条件下促进瞬态自由基的产生。例如，多酚类物质普遍存在于环境中，以腐殖质和天然抗氧化剂等多种形式存在。此外，它们也是一些前体污染物的降解中间体，在环境中广泛存在（Zhou et al.，2021）。有研究（Chen N et al.，2018）发现在硅酸盐黏土矿物中的结构 Fe 也能够与酚类化合物单体发生电子传递，产生半醌自由基活化 H_2O_2 产生•OH，促进邻苯二甲酸酯类化合物的降解。

柠檬酸、草酸、苹果酸等是一类具有还原活性的小分子脂肪酸羧酸有机质，能与 Fe 发生配位络合（Balmer and Sulzberger，1999），在光照下还原金属离子，生成 Fe(III)、有机物自由基和活性氧自由基，如•$C_2O_4^-$、•O_2^-、•CO_2^-、•HO_2 以及•OH。这些自由基中有的氧化能力强，如•OH（$E_0 = +2.80$ eV），有的具有还原性，如•CO_2^-（$E_0 = -1.8$ eV）（Jia et al.，2015），因此这种反应体系既能对污染物阿特拉津（Balmer Sulzberger，1999）、邻苯二甲酸二乙酯（DEP）（Sun et al.，2021a）等产生氧化作用，同时又可以使得某些污染物[如 PFOAs（Wang and Zhang，2016）、Cr(VI)（Wang et al.，2010）] 发生还原降解或转化。Shuai 等通过密度泛函计算发现脂肪羧酸-Fe(III)体系与酚酸-Fe(III)体系相比更具光催化活性，并且发现具有

$CH_3(CH_2)_n(COOH)_n$ 结构的脂肪羧酸羟基取代则会增加光催化活性（Shuai et al., 2018）。黏土矿物表面吸附态的 Fe(III) 与游离态 Fe^{3+} 表现出类似的现象，有机酸中的 α-OH 被认为是影响光催化最重要的结构（Sun et al., 2009）。另外，Zhang 等研究中发现，无光条件下草酸和柠檬酸可以促进黄铁矿表面 Fe(II) 的再生，可以与周围的 O_2 反应生成·OH（Zhang and Yuan, 2017）。而被无定形硅胶吸附的草酸和柠檬酸在光照射下（Sun et al., 2021b）可以产生更多活性氧物种（如·OH），加速 PAHs 的转化。

含有巯基的硫醇化合物也是环境中重要的一类电子穿梭体（Nevin and Lovley, 2000）。据报道 16%~19% 的溶解性有机质中至少含有一个硫原子（Riedel et al., 2013）。大量的有机硫在土壤和水环境中以含硫氨基酸存在，如 L-半胱氨酸（L-cysteine, Cys）、谷胱甘肽（glutathione, GSH）、同型半胱氨酸（homocysteine, HCy）和半胱胺（cysteamine, CA）等氨基酸、短肽或其衍生物。硫醇化合物可以还原天然铁氧化物（Eitel and Taillefert, 2017）、绿脱石（Morrison et al., 2013）以及 MnO_2 矿物（Herszage et al., 2003），生成还原性金属离子如 Fe(II)，继而产生·OH（Lu et al., 2020；Li et al., 2016）。在绿脱石-硫醇化合物相互作用的研究中（Sun et al., 2020）检测到·OH 的产生，表明 pH、铁元素的价态和位点以及硫醇的种类对·OH 的生成有显著影响。

吲哚乙酸及其衍生物是一类存在于植物体内的化合物（Good et al., 1956）。水溶液中吲哚及其衍生物在紫外光照射下可生成水合电子（e_{aq}^-），这是活性最强的还原性物质（–2.9 eV）（Liang et al., 2021）。研究发现环境中吲哚类化合物可以插层进入蒙脱石或有机改性蒙脱石的中间层，在光照条件下，吲哚分子受到激发产生水合电子和吲哚自由基阳离子。蒙脱石的结构负电荷可以稳定自由基阳离子，从而防止电荷重组，促进活性水合电子的释放，对硝基苯、全氟化合物（Tian et al., 2016；Chen Z et al., 2019）起到还原去除的作用。这些电子与质子在有氧条件下还能够形成·OH，促进污染物如阿特拉津的氧化降解（Zhang et al., 2018）。

（二）矿物-SOM 相互作用产生持久性自由基

除了以上提到的瞬态自由基外，在矿物界面与有机物相互作用过程中还可以产生一种寿命长达几分钟甚至数月的自由基，称为环境持久性自由基（PFRs）。20 世纪 50 年代，Ingram 等最初在炭和烟气中发现了 PFRs 信号（Lyons et al., 1958；Ingram et al., 1954）。在环境介质中[如土壤和空气中颗粒物（PM）]普遍存在 PFRs，在生物炭（Fang et al., 2015）、煤焦油（Jia et al., 2018b）、大气颗粒物（Feld-Cook et al., 2017）、腐殖质（Jia et al., 2020；Xu et al., 2020）、微塑料（Zhu et al., 2020）等中也检测到了 PFRs。根据电子顺磁共振波谱的参数 g 值，将 PFRs 分为三类：当 $g < 2.0030$ 时，主要是以碳为中心的自由基；当 $g > 2.0040$ 时，主要是以氧为中心的自由基；而当 g 为 2.0030~2.0040 时，是以碳原子为中心的自由基和氧原子为中心的自由基混合的自由基或是孤电子附近有含氧官能团的碳中心自由基（Fang et al.，2014；Chen Z et al.，2019；Tian et al.，2009；Maskos and Dellinger，2008）。

大气颗粒物上 PFRs 的形成过程与颗粒物上的金属氧化物（CuO、Fe_2O_3、NiO、ZnO、TiO_2 和 Al_2O_3）和有机物的相互作用相关，光照或升温促进电子传递而生成 PFRs（Lomnicki et al.，2008；Vejerano et al.，2011；Vejerano et al.，2012a；Vejerano et al.，2012b；Patterson et al.，2017；Patterson et al.，2013）。在不同金属离子饱和的蒙脱石矿物表面吸附 PAHs 也检测到 PFRs 的信号（Jia et al.，2016；Jia et al.，2018a）。固体颗粒表面吸附的有机前驱体主要为芳香族化合物（如苯酚、氯酚、氯苯）（Lomnicki et al.，2008）以及 PAHs 的衍生物（如 2, 4-二氯-1-萘酚）（Yang et al.，2017b）等。

目前认为，在过渡金属矿物界面的 PFRs 的形成过程一般分为三步：有机物前驱物分子吸附到含有过渡金属的颗粒表面；前驱物分子与含有过渡金属的颗粒之间相互作用，通过消去 H_2O 或 HCl 分子，使前驱物分子和含有过渡金属的颗粒之间形成较强的化学键；前驱物分子和过渡金属之间发生电子转移，过渡金属上的电子转移到前驱物分子上，从而形成 PFRs（图 5-4）。

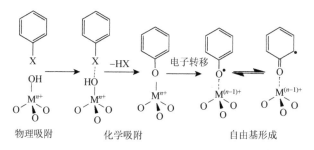

图 5-4　取代芳香族化合物在金属氧化物表面形成苯氧基型 PFRs 的机制示意图
（Balakrishna et al.，2009）

但是不同介质中存在的 PFRs 的形成机制有所差异。如在非变价金属如 ZnO（Patterson et al.，2017；Vejerano et al.，2012a）和 Al_2O_3（Patterson et al.，2013）表面吸附苯酚后加热同样监测到 PFRs 信号，并且在室温下也能产生 PFRs，与在高温下形成的 PFRs 相似。紫外光电子能谱扫描、电子能量损失能谱、低能电子衍射、DFT 计算等结果均证明电子能够从苯酚分子转移到金属氧化物。可以用半导体的能带理论和分子轨道排列的理论来解释非变价金属 PFRs 形成过程中的机制，即如果分子能级和金属氧化物的能带对齐，那么有机分子的最低未占分子轨道（LUMO）可能与金属氧化物已占据的轨道杂化，导致化学吸附后电子从有机分子转移到金属（Patterson et al.，2017）。

在 PAHs 和五氯酚污染的场地土壤中检测到 PFRs 的信号（dela Cruz et al.，2012；dela Cruz et al.，2011；Jia et al.，2017），这是因为在低有机含量的土壤和沉积物中，污染物可以直接向金属中心转移电子，而在高有机质的土壤中，SOM 可以作为污染物与金属中心之间的电子通道，即金属中心不需要与污染物直接接触，就可以通过 SOM 从污染物接收电子（图 5-5）（dela Cruz et al.，2012；dela Cruz et al.，2011）。

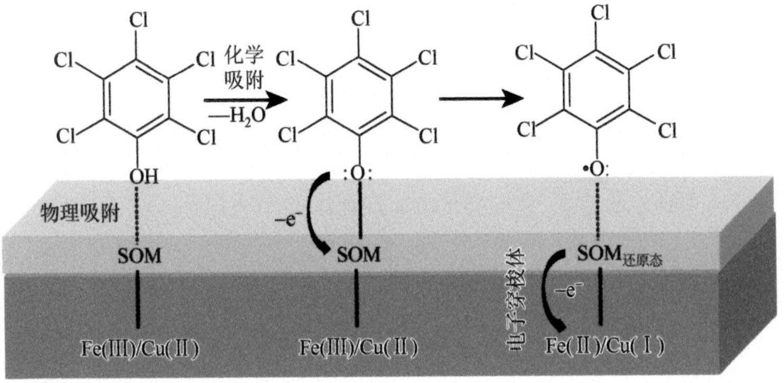

图 5-5　五氯酚污染的土壤中 PFRs 形成机制（dela Cruz et al.，2012）

PFRs 的稳定性和持久性强使其可以在环境中长时间停留，并且容易在环境介质中迁移转化，所以它的危害及影响范围比较大（韩林和陈宝梁，2017）。PFRs 的产生过程以及稳定性受诸多因素影响，如前驱体分子、过渡金属种类、湿度、氧气浓度、能量（温度、光照等）等。有研究表明 2,4-二氯-1-萘酚在不同金属氧化物 CuO、Al_2O_3、ZnO 和 NiO/硅胶体系中形成不同的 PFRs。金属氧化物促进 PFRs 形成的能力依次为 Al_2O_3＞ZnO＞CuO＞NiO，这与金属阳离子的氧化强度一致（Yang et al.，2017a）。这些 PFRs 的寿命如图 5-6 所示（Vejerano et al.，2018），而且环境对不同的自由基及其次生自由基的寿命也有不同程度的影响。金属氧化物的浓度对 PFRs 的形成有影响，如 5% CuO/硅胶界面产生的 2,4-二氯-1-萘酚的 PFRs 信号最强（Yang et al.，2017a）。而不同前驱体产生的 PFRs 信号也有差异。如 CuO 浓度为 1%～3%时前驱体为 2-氯酚和苯酚产生的 PFRs 信号最高，而前驱体 1,2-二氯苯在 CuO/硅胶体系中产生的 PFRs 浓度随 CuO 含量的降低呈线性增加（Kiruri et al.，2014）。在蒙脱石/PAHs 系统中，PAHs 形成的 PFRs 同样受到前驱体分子和过渡金属离子性质的影响。蒽在 Fe(III)饱和蒙脱石界面比芘和苯并[a]芘更容易形成 PFRs（Jia et al.，2016），并且蒽在不同金属饱和的蒙脱石上形成的 PFRs 数量排序为 Fe(III)蒙脱石＞Cu(II)蒙脱石＞Ni(II)蒙脱石＞Co(II)蒙脱石（Jia et al.，2018a）。

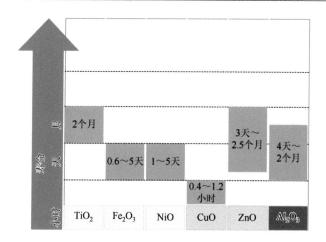

图 5-6　不同金属氧化物表面形成的 PFRs 的寿命（Vejerano et al.，2018）

除前驱体和固体介质以外，环境因素（温度、湿度和氧气）对 PFRs 的产生及其寿命也有很大的影响。升高环境温度可促进 PFRs 的产生，达到极值之后再升高温度，则 PFRs 浓度开始降低，并且自由基种类可能发生改变（Vejerano et al.，2012b）。例如，在蒽与蒙脱石相互作用过程中温度从 25℃升高到 75℃，PFRs 的产量增加；当温度高于 75℃时，PFRs 的产量反而减少。造成 PFRs 产量减少的主要原因是在较高的温度下 PFRs 容易被分解为稳定的产物。并且随着反应温度从 40℃升高到 90℃，PFRs 的 g 值从 2.00335 逐渐升高到 2.00351，说明由碳为中心的 PFRs 慢慢向由氧为中心的 PFRs 转变（Jia et al.，2016）。因为环境中的水分子既可以作为反应物参与自由基的形成，又与有机污染物竞争矿物活性位点，从而影响 PFRs 形成（Jia et al.，2014）。而环境中氧浓度对 PFRs 形成具有显著影响，这可能是因为氧气与颗粒表面形成的一些 PFRs 发生反应，并且随着氧浓度的提高，一些碳中心自由基转化为氧中心自由基（dela Cruz et al.，2012）。除加热外，光照也可以促进一些光敏性物质的 PFRs 的形成（Li et al.，2014；Chen Q et al.，2019；Zhao et al.，2017）。

第二节　矿物与有机质相互作用过程中的土壤碳转化

一、矿物对有机质的分馏作用

矿物对 DOM 的选择性吸附是自然环境中广泛存在的一种地球化学过程，这种选择性吸附过程导致了 DOM 的分馏，即有机质组分的选择性变化。有机质不同组分具有不同的化学结构，了解有机化合物在矿物界面的结构及其变化对于预测结合态 DOM 的停留时间至关重要，因为化合物结构变化可能导致从微米到生态系统尺度的有机碳稳定性差异，研究矿物界面 DOM 的分馏过程，对于理解土壤碳稳定机制、土壤碳循环过程以及污染物的迁移转化具有重要意义。目前已有关于水铁矿（Eusterhues et al.，2011；Wang Z et al.，2021；Li J et al.，2021；Lv et al.，2016）、针铁矿（Coward et al.，2019）、赤铁矿（Lv et al.，2018；Adhikari and Yang，2015）、生物合成铁氧化物（Sowers et al.，2019）、铝氧化物（Subdiaga et al.，2020）以及硅酸盐矿物、二氧化硅、水钠锰矿（Liang et al.，2019；Chorover and Amistadi，2001）、氧化土（oxisol）提取的含铁矿物（Coward et al.，2018）、碱性土壤（Oren and Chefetz，2012）等对有机质分馏作用的报道。

矿物对不同有机碳的选择性固定和矿物晶体结构、结晶度有关。DOM 与不同结晶度铁矿物的结合在分子水平上存在差异，即短程有序（SRO）矿物优先吸附芳香和木质素类有机碳，高结晶度铁矿物优先与脂肪类有机碳结合（Coward et al.，2018）。有研究发现弱结晶的水铁矿比针铁矿和纤铁矿对 DOM 具有更高的亲和力，并能诱导更多的 DOM 分子分馏，而且相似结晶度的矿物如果暴露的晶面结构不同也会导致不同的 DOM 分馏，研究发现以(100)晶面为主的赤铁矿对腐殖质的吸附和分馏比(001)晶面更明显，赤铁矿两种晶面由于羟基基团密度的差异，(100)晶面有更多的单铁原子配位—OH 位点可以形成配体交换复合物，因此腐殖质在赤铁矿上的吸附主要受表面—FeOH 位点的丰度影响而不是总比表面积（Lv et al.，2016；Lv et al.，2018）。矿物的结构和表面性质可能是决定有机质分馏及多层吸附结构的关键因素（Coward et al.，2019）。

有机质在矿物表面的吸附和共沉淀过程导致有机质分馏。胞外聚合物（EPS）中脂肪类有机碳比碳水化合物类更容易与水铁矿吸附和共沉淀，但吸附过程中羧基/酰胺基碳被选择性保留，共沉淀过程中脂肪类有机碳和烷氧基碳组分相对富集（Zhang J et al.，2021）。与脂肪类化合物相比，土壤 DOM 中的多环芳烃和多酚类有机质更容易和水铁矿结合，与实验室共沉淀型复合体相比，吸附型复合体优先固定芳香类有机碳的效果更明显（Han et al.，2019），当然在不同研究中结果也有不同（Chen et al.，2014；Eusterhues et al.，2011）。共沉淀和吸附 MOAM 形成过程中有机碳的分馏效果可能与矿物界面在不同过程中对有机质的不同固定能力相关联。例如，共沉淀型 MOAM 负载更多碳，而且它对 EPS-C 和 EPS-N 的分馏效果比吸附型 MOAM 更显著（Zhang M et al.，2021）。共沉淀过程对芳香类有机碳选择性保留，而且随着 C/Fe 比值（有机碳和铁的摩尔比）的增加，初始 Fe^{2+} 与脂肪类羧酸根的络合及随后的沉淀也会导致有机碳的选择性保留（Sodano et al.，2017）。矿物对有机质的分馏作用还会随着反应时间的推移而逐渐减弱，同时在矿物表面形成不同的吸附层（Coward et al.，2019），所以有机质在矿物表面的多层吸附和矿物对有机质的分馏作用可能是同一过程。

除了矿物对有机质的吸附固定，吸附固定后形成 MOAM 的还原分解过程也会引起有机质分馏的改变。MOAM 的分解过程会选择性释放有机碳,如芳香类有机碳更容易被赤铁矿释放而脂肪类有机碳更易保留(Adhikari and Yang, 2015),但是对于由水铁矿形成的 MOAM 的研究中却发现脂肪类有机碳更易释放(Han et al., 2019)。这可能是由于不同矿物种类造成的不同的多层吸附结构:在赤铁矿表面的脂肪类有机碳在内层富集,芳香类有机碳在外层(Adhikari and Yang, 2015),而水铁矿表面更容易吸附高分子量化合物和多环芳烃、多酚和羧酸类化合物等高不饱和或富氧化合物(Lv et al., 2016)。芳香类有机物的快速释放还可能与芳香官能团的电子传递作用有关:醌和半醌还原产物会还原 Fe(III)而削弱醌官能团与赤铁矿的结合,因此促进醌类芳香官能团的释放(Adhikari et al., 2016)。另外,矿物与有机质间的化学反应如光催化、氧化还原等引起有机质的分馏,如水钠锰矿对有机质的氧化会引起有机碳的分馏,其分馏规律和吸附引起的分馏类似,可能是因为有利于有机质吸附的化学性质,也有利于其氧化,即那些氧化活性部分(如—OH、—COOH 和—NH_2)对矿物表面具有较高的吸附反应活性(Zhang J et al., 2021)。

分馏作用对有机质组分的改变会引起矿物结合态有机质和溶液中的有机质化学活性如氧化还原活性、光反应活性及络合反应活性的差异。如 Al_2O_3 结合态有机质比水溶态有机质具有更高的给电子能力(Subdiaga et al., 2019),水铁矿对多酚和含氧多环芳烃的选择性吸附降低了 DOM 光催化产生活性氧的能力(Wang Z et al., 2021),与 δ-MnO_2 相互作用后有机质在矿物表面的络合反应活性降低(Zhang J et al., 2021)。因此,矿物对有机质的分馏作用会改变土壤有机质反应活性,进而改变其微生物可利用性,影响 SOM 的储存和转化。

二、氧波动环境下矿物与有机质的相互作用

许多的研究表明,有机质与矿物的结合可降低其生物有效性(Adhikari et al., 2019),这是稳定土壤有机碳的重要过程之一(Kleber et al., 2015)。土壤中多数矿物结合态有机碳是与铁氧化物通过吸附或共沉淀的方式结合,如在氧化还原界面上 Fe(II)被氧化为 Fe(III),在该过程中与共存的 DOM 共沉淀而形成 MOAM(Riedel et al., 2013b)。当出现降水、淹水、地下水位抬升等变化时,氧化环境变为厌氧环境又会导致铁矿物的溶解,促进矿物结合态有机碳再次释放,另外 Fe(II)参与的芬顿反应产生的活性氧自由基又可将有机质直接矿化或将高分子化合物分解而增加有机质的生物有效性,该过程又削弱矿物对有机质的保护作用(Chen et al., 2020)。因此,对于经历氧化还原条件周期变化的土壤,如温带/热带土壤、湿地、根际、水稻土、包气带区域(Chen C et al., 2018),以及土壤团聚体厌氧微区等环境(Keiluweit et al., 2017),将是 MOAM 形成与分解的热点区域,这些区域可能影响土壤有机碳的储存和转化。

MOAM 的还原溶解会导致铁矿物结合态有机碳的释放，如化学还原赤铁矿-HA 复合体会导致矿物结合态有机碳的释放，且芳香类有机质的释放速率比其他有机质的释放速率快得多（Adhikari et al.，2016）。这一过程与 C/Fe 比值有关，较高的 C/Fe 比值不利于 MOAM 中碳的释放（Han et al.，2019）。还有研究表明厌氧环境可能通过促进复杂有机质（如木质素）的降解，并促进其产物进一步在矿物表面的固定。例如，Huang 等（2019）研究中添加 C_4 植物凋落物和 ^{13}C 标记的木质素改良土壤，发现长时间厌氧处理可促进木质素的降解及矿化，并进一步促进 MOAM 的形成，通过 NanoSIMS 图像发现在纳米尺度上的有机质衍生碳更易与铁矿物结合，且随着厌氧处理时间的延长，两者之间的结合更牢固。低结晶度铁矿物的溶解，并伴随着 DOM 含量的增加（Bhattacharyya et al.，2018），也会促进随后氧化条件下有机碳的矿化，Dunham-Cheatham 等（2020）研究了氧化还原波动条件下的激发效应，发现厌氧条件下添加葡萄糖可促进微生物对铁矿物-有机质复合体的还原溶解释放有机碳。

矿物的晶相转变在矿物结合态有机碳的溶解释放和矿化过程中发挥重要作用。土壤有机碳的氧化速率与铁矿物的晶相转变有关，而氧化还原波动会影响土壤矿物的结晶度。研究表明持续厌氧处理降低了铁矿物的结晶度，使土壤无定形和短程有序型铁矿物含量增加，针铁矿含量减少而硫铁矿含量增加，氧化还原波动处理则使土壤铁矿物结晶度增加，如无定形水铁矿向更稳定的热力学相转变（Bhattacharyya et al.，2018）。铁矿物晶相还受其他条件影响，如有氧条件下氧气浓度、共存有机质、矿物类型，这些都会影响二价铁氧化后所形成矿物的结晶度：低的氧气分压下 Fe(Ⅱ)氧化速率较慢，因此会使 Fe(Ⅲ)相结晶度较高；Fe(Ⅱ)吸附在针铁矿和 γ-Al_2O_3 表面，其氧化速率提高且针铁矿的催化作用增强；针铁矿表面能促进结晶度更高的针铁矿形成，而 γ-Al_2O_3 能促进纳米/小颗粒或无序排列的针铁矿和水铁矿的形成；有机质抑制了矿物表面 Fe(Ⅱ)的氧化速率并降低了所形成铁矿物的结晶度（Chen and Thompson，2018），而土壤有机碳的氧化速率与结晶铁氧化物含量呈正相关（Zhao et al.，2020）。铁矿物相变的影响都可能被其他过程所掩盖，如有机质的厌氧转化以及微生物群落对氧化还原转变的反应。Chen 等（2020）发现在经历一次氧化还原波动后再次氧化会产生更多的结晶铁氧化物，并且没有额外的碳矿化，这可能是由于在重复的氧化还原波动过程中，大量共沉淀的有机质会丢失，但核心结构中的铁结合态有机质仍然受到保护而不会发生还原溶解。

除了通过促进矿物溶解和改变矿物晶相外，氧化还原条件还会改变有机质组成和微生物群落结构，这些变化都可能影响土壤有机质的稳定性。土壤氧化还原条件的改变可能改变土壤有机质的降解方式，从而影响有机质的理化性质（如亲水性），并影响与矿物结合的有机质和随后氧化条件下的矿化。在持续厌氧条件下，水溶性碳的平均氧化态是降低的（Bhattacharyya et al., 2018），土壤颗粒表面的有机碳含有大量的亲水基团，它们比疏水基团更容易与铁矿物结合，这可能是厌氧环境转变为好氧环境后有机碳矿化受到抑制的原因（Zhao et al., 2020），而且多次缺氧-有氧波动干扰土壤微生物群落组成，如缺氧预处理可抑制需氧微生物群落，当转变为有氧环境时又会抑制厌氧微生物生长。因此，需要结合长期培养实验通过微生物群落分析来探究抑制有机碳矿化的机制（Zhao et al., 2020）。

氧化还原波动对含铁 MOAM 的形成与分解及有机质矿化的影响还与矿物种类、含量和氧化还原波动的频率（Ginn et al., 2017）、幅度（Chen C et al., 2018）及次数等因素相关。Jones 等（2020）发现土壤铁和锰含量可以更好地解释温带森林土壤氧化活性，其中表层凋落物的氧化活性与活性 Mn(III)物种的丰度显著相关，而矿质土壤层与活性 Fe(II/III)物种的丰度显著相关（Poggenburg et al., 2018）。有关锰矿物在有机碳储存中扮演的角色及在氧化还原波动过程中 Mn 和有机质的关系的研究还不多。氧化还原波动过程还可通过诱导铁参与的自由基反应促进有机质矿化，如 Chen 等（2020）发现铁矿物参与的电子传递作用和芬顿反应会抵消 Fe-MOAM 对有机质的保护作用。

三、根际环境中矿物与有机质的相互作用

植物根系和微生物的共同作用使根际土壤具有独特的化学生物特性。根系可以通过脱落的根系细胞和组织、黏液以及分泌物向土壤中释放 40%~60%光合作用所固定的碳（Garcia Arredondo et al., 2019），是土壤有机碳的重要来源。由于来自植物茎部的有机质残留的 C/N 比值低，但其微生物的利用率比较高，因此更容易形成 MOAM，在实际环境中根源有机质容易接触到土壤矿物，大多数土壤有机质来源于根（Lavallee et al., 2018），有部分土壤有机质来源于植物地上部分的输入（Basile-Doelsch et al., 2020）。此外，根际土壤也是微生物活动的热点区域，其微生物数量是普通土壤的 2~20 倍（Kuzyakov and Blagodatskaya, 2015），因此这个区域的土壤有机质部分也源自微生物活动。由于根系有机碳的输入和根际微生物的活动，根际土壤 pH 通常较低，这可能影响矿物的表面电荷和团聚性质（Poggenburg et al., 2018）。植物通过根系向根际土壤输送氧气（Armstrong, 1964），该区域强烈的微生物活动又会大量消耗氧气，根系可能存在一系列好氧和厌氧的微位点，而且小分子有机质如草酸、葡萄糖和乙酸，可显著降低根周围的氧气浓度（Keiluweit et al., 2015）。根际 Fe(III)含量高于本体土壤，而 Fe(II)含量却低于本体土壤，这可能是植物根部的氧气扩散导致的 Fe(III)/Fe(II)价态改变，以及铁还原菌的作用导致 Fe(III)沉淀在根表面（Duan et al., 2020）。根际特殊的化学生物环境决定了其作为矿物与有机质相互作用的热点区域，进而影响土壤有机碳的储存。

根系分泌物的输入可以认为是根际土壤不同于本体土壤的驱动力，根系分泌物的输入对土壤碳储存具有双重作用，一方面输入的有机质可与土壤形成 MOAM 而增加土壤碳储存；另一方面根系分泌物可通过激发效应促进微生物活动以及通过络合、吸附、还原等化学作用导致 MOAM 的分解而增加碳释放，两个过程的相对强弱可能最终决定土壤碳的增加或减少，其过程会受到植被类型（分泌物的种类和浓度）、土壤微生物群落、土壤矿物组成以及 pH、土壤含水量、氧气含量等土壤理化性质的影响（Du et al.，2021；Duan et al.，2020）。

根际分泌物的长期输入会增加根系低结晶度的短程有序（SRO）矿物的含量，SRO 矿物的高比表面积有利于对有机质的吸附固定，从而增加土壤有机碳的储存。研究发现云杉根际土壤含有更少的层状硅酸盐矿物，但无定形态的铁铝矿物却显著增加（Courchesne and Gobran，1997），而更多的无定形氧化铁可能增加碳在根际的积累，使根际土壤拥有更高的 C/Fe 比值（Duan et al.，2020）。Yu 等（2021a）发现柠檬酸可以促进 SRO 矿物的形成（针铁矿含量降低，水铁矿含量升高），且纳米级二次离子质谱显示 SRO 矿物又可充当"核"的作用促进碳的保存。与不受根部风化影响的土壤相比，根驱动的风化作用增加了晶态较差的 Fe 和 Al 相的含量，特别是高度无序的纳米颗粒状针铁矿。这种增加与较高的碳浓度以及更多可能来自微生物的碳相一致，然而持续的根驱动风化（137～226 ka，ka 表示千年）却降低这种促进作用（Garcia Arredondo et al.，2019）。Du 等结合同步辐射傅里叶变换红外光谱（synchrotron radiation-based Fourier transform infrared，SR-FTIR）和二维相关核磁共振光谱（2D-COS），分析了两种植物根际根土界面有机碳化学成分和官能团的分布变化，发现20～30 μm 区域的碳储存受到根活动的影响，根土界面有机质类羟基高于普通土壤（Du et al.，2021）。未种植玉米的土壤中铁结合态土壤有机碳和土壤游离态铁（氢）氧化物的比例[Fe-SOC/Fe(D)，D 表示游离态]为 4.5 [Fe-SOC/Fe(D)，小于 1 表示矿物有机质主要通过吸附作用形成，而 Fe-SOC/Fe(D)为 1～6 表示主要通过共沉淀作用形成]，种植玉米后变为 6.9，表明根系分泌物可促进吸附型矿物有机质转化为共沉淀型矿物有机质（Jiang et al.，2021）。

土壤有机碳的激发效应是指外源有机质输入后土壤有机碳周转短期的强烈变化。外源有机质可能加速土壤有机碳的矿化而产生正激发效应，也可能减缓土壤有机碳的矿化而产生负激发效应（陈春梅，2006），所以根系分泌物的输入可能通过激发作用影响土壤有机碳的转化。Keiluweit 等（2015）的研究发现，常见的根系分泌物中的草酸可促使土壤矿物结合态有机质的释放，增加其生物可利用性，因而对土壤有机质的矿化有正激发效应，他们提出生物-非生物偶合机制可以解释土壤的正激发效应，质疑了矿物对有机质的保护作用是土壤有机碳在千年时间尺度的稳定性的假设。土壤铁含量会影响小分子有机质的激发作用：土壤铁含量越高而形成铁矿物-有机质复合体降低碳的可用性，使外源碳的矿化及激发效应越弱（Jeewani et al., 2021）；也有研究发现高氧化铁含量的土壤的正激发效应比低氧化铁含量的土壤更明显，这与氧化铁较大的比表面积有关，也与小分子有机酸和金属的络合有关（Jiang et al., 2021）。铁氧化物含量高的土壤中新生成的铁矿物结合态有机碳和原来的铁矿物有机碳复合体相比，有机碳含量减少较多，这表明根系和土壤碳之间发生了碳交换，因此考察土壤矿物对外源有机质的响应时不仅要关注土壤有机碳矿化的动态变化，还要关注土壤不同类型有机质（DOM、矿物结合态、微生物碳）含量的动态变化。

不同植物的根系分泌物的种类和通量不同（Du et al., 2021），其对根系土壤矿物和 MOAM 的作用效果不同。利用葡萄糖和水铁矿、无定形 Al(OH)$_3$、针铁矿、三水铝石合成 MOAM，研究根系分泌物对 MOAM 的分解转化矿化的影响，发现矿物类型及根系分泌物的种类共同决定 MOAM 的分解矿化速率和途径：草酸作为一种强配位体可吸附在 MOAM 表面，溶解矿物，并直接促进 MOAM 的分解矿化，且对结晶度低的铁矿物-有机质复合体形成的促进作用更明显；葡萄糖和矿物之间的相互作用虽然较弱，但可以作为微生物的能量来源，并改变微生物的代谢产物的组成，微生物分泌的新的胞外代谢物可通过配位作用或酶促水解间接促进矿物有机质的分解；儿茶酚通过直接溶解矿物和间接的微生物介导两种途径促进 MOAM 的分解（Li H et al., 2021）。根系分泌物能通过影响根系微生物组成而促进有机碳的矿化。例如，在厌氧条件下草酸可促进 MOAM 的直接溶解而释放有机质，释放的有机质又能通过促进铁矿物厌氧微生物还原而释放更多的有机质促进土壤有机碳的矿化（Ding et al., 2021），与不添加草酸的土壤相比，添加草酸可以增加异化铁还原菌 *Actinobacteria* 和 *Proteobacteria* 的相对丰度，这是因为原本储存于 MOAM 中的腐殖酸在外源草酸的作用下被释放，可以促进异化铁还原菌还原 Fe(Ⅲ)和有机物氧化过程中的电子传递。

矿物会选择性富集有机质成分中的某一组分，即分馏作用，如赤铁矿会选择吸附脂肪类有机碳。另外，有机质的分馏会导致吸附态和液相有机质化学活性的差异，如分馏作用使有机质的氧化还原活性官能团在表面富集，使溶液中氧化还原活性官能团的浓度降低，从而影响腐殖酸的电子交换能力。傅里叶变换离子回旋共振质谱（FTICR-MS）数据表明类单宁化合物优先吸附 Al$_2$O$_3$，这些富氧化合物具有高密度的氧化还原活性官能团，其优先吸附导致矿物表面电子交换能力提高（Subdiaga et al., 2019；Subdiaga et al., 2020）。不同的矿物表面以不同的机制吸附腐殖质，如铁氧化物对 HA 的吸附以配体交换机制为主，蒙脱石对 HA 的吸附可能以阳离子桥接机制为主，形成不同有机层（Laor et al., 1998）。不同矿物对有机质的分馏效果不同，如脂肪类有机碳在高岭石上优先吸附而芳香族化合物在蒙脱石上优先吸附，两者对有机质的不同分馏效果导致菲的不同吸附（Feng et al., 2006)，因高岭石表面含有更多的脂肪类有机碳，其疏水作用更明显而具有更高的 K_{oc}（Wang and Xing，2005）。另外，同种矿物不同粒径对有机质的吸引力不同，可能会影响吸附其表面的有机质的构型（Wang et al.，2008）。

土壤有机碳的分馏可能由矿物的固定与释放两个过程共同控制，因此不能单独只用吸附过程作为碳稳定性的预测指标（Adhikari and Yang，2015），而且外界环境改变（如氧化还原波动过程）以及外源有机质的添加会引起矿物结合态有机质的分解释放，对于以上过程有机质的分馏及分解矿化的研究可以更好地解释实际环境尤其是全球环境背景下土壤碳储存（Han et al.，2019；Zhang M et al.，2021；Adhikari and Yang，2015）。

第三节 矿物与有机质相互作用对有机污染物迁移转化的影响

一、矿物-有机质复合体对有机污染物的吸附

MOAM 界面既有矿物界面，也有有机质界面，两种界面都可对有机物发生吸附作用（Cheng et al.，2019）。有机质在矿物表面的吸附是非连续的，呈点状，而且还会继续吸附水相中的有机质形成多层吸附，这表明有机质很难对矿物形成完全覆盖。有机污染物在 MOAM 表面的固定会存在吸附和分配两种机制。分配过程可能主要发生在有机质区域，有机质中的芳香环部分具有紧密结构；更有可能发挥吸附作用，因此具有更高芳香性的 HA 的吸附等温线趋于非线性，而具有更多脂肪类有机碳的 HA 更可能发生疏水性有机污染物的分配过程（Yang et al.，2010）。矿物结合态有机质的构型会影响有机污染物在 MOAM 吸附的机制。比较菲、阿特拉津在黏土-腐殖酸复合体、高岭石-有机质复合体、二氧化硅-有机质复合体的吸附发现，在低离子强度时吸附量更大，这一结果表明分配吸附不是菲吸附的主要机制，因为离子强度的增加会降低非极性有机质的水溶性，增加它在有机相的分配（Feng et al.，2006；Lu et al.，2009）。而芘在腐殖酸-纳米氧化物（Al_2O_3、ZnO、TiO_2）复合体的吸附等温线呈线性，表明其在复合体表面的吸附以分配机制为主（Wang et al.，2008）。

虽然对吸附态有机质的构型很难进行定量和定性分析，但许多研究都将有机污染物在矿物吸附态有机质和水相中有机质吸附分配的差异归因于有机质构型的不同。例如，不同土壤提取有机质吸附萘酚的 K_{oc} 通常高于土壤的 K_{oc}，有研究者认为提取过程会改变有机质构型并增加其吸附萘酚的活性位点（Salloum et al.，2001）。菲在矿物-腐殖酸复合体的分配系数小于液相中的腐殖酸，这可能也是因为黏土矿物对腐殖酸的吸附可能改变了腐殖酸的构型（Jones and Tiller，1999）。

矿物结合态有机质的构型可能通过影响吸附位点的暴露、有机质疏水区域大小、空间位阻效应等影响有机污染物的吸附。研究发现高岭石-腐殖酸复合体和赤铁矿-腐殖酸复合体对非极性有机物具有不同的吸附能力，不仅因为有机质在不同矿物表面具有不同的分馏效果和构型，而且吸附也改变有机质分子疏水范围和可获得性（Murphy et al.，1990）。吸附在蒙脱石界面的腐殖酸中脂肪类组分可通过非芳香性疏水环境空间位阻抑制菲进入吸附位点，从而影响菲的吸附（Polubesova et al.，2009）。与包覆在纳米颗粒表面的单宁酸相比，具有更多极性官能团（如—COOH 和—C=O）的腐殖酸会优先通过配体交换作用与氧化物表面结合，因此暴露出更多的疏水位点吸附芘（Wang et al.，2008）。除了因矿物吸附而改变的有机质物理性质（构型、取向）外，矿物结合态有机质与有机污染物的化学作用（如疏水作用、键的形成等）也影响 MOAM 对有机污染物的吸附。赤铁矿表面和纳米 Al_2O_3 吸附腐殖酸后可增加对菲和五氯苯酚的吸附，一方面是因为 MOAM 的表面疏水性增加，非极性有机物和 MOAM 表面的疏水作用增强；另一方面是因为腐殖酸中含有的羧基和酚羟基可通过氢键和 π-π 相互作用增加其对有机污染物的吸附（Xu et al.，2019；Yang et al.，2010），相同的吸附结果也适用于矿物（蒙脱石、高岭石、赤铁矿）-有机质复合体对雌二醇的吸附（Tong et al.，2019）。赤铁矿有机质复合体中富集脂肪类有机质，其对非极性有机质（如五氯苯酚）具有较高的亲和力（Xu et al.，2019）。

综上所述，MOAM 会形成多个界面，其物理化学环境（表面带电性、表面疏水性）的改变会影响有机污染物与复合体间的相互作用，矿物界面对有机质有分馏作用且改变有机质构型并形成新的吸附位点，矿物界面对有机物分子的吸附还会影响有机物官能团的电子分布。

MOAM 有机负载量、矿物种类和性质、溶液化学性质会影响其对有机污染物的固定效果。有机质构型（紧密或疏松）会随着有机质负载量（吸附或共沉淀）变化，这会影响有机质吸附位点的暴露和表面疏水性质（Cheng et al.，2019），如低负载量时，HA 可能会在矿物表面形成更紧密的结构，这种结构对 HA 的吸附会导致菲的非线性吸附（Wang and Xing，2005）。紧密构型对疏水性有机质（HOCs）可能具有更高的亲和力，而随着负载的 HA 含量升高，HA 由原来紧密构型转变为疏松构型（Xu et al.，2019）。

溶液化学组成（pH、离子强度、离子价态）可能通过影响吸附态有机质的构型影响有机污染物的吸附。在低离子强度、高 pH 时，HA 间的静电排斥大，HA 的构型更加松散，而紧密构象会减少有机质对矿物吸附位点的覆盖而增加阿特拉津的吸附（Lu et al.，2009）。钠电解质溶液中菲在吸附态腐殖酸上的分配系数高于钙电解质溶液。可能是在钙溶液中，吸附态腐殖酸具有更紧密的构型而减少了菲结合位点的可及性（Jones and Tiller，1999）。MOAM 对有机污染物的吸附还会受有机污染物自身性质的影响。当 HA 在纳米铁氧化物表面形成多层吸附时，氧氟沙星（OFL）和诺氟沙星（NOR）的 K_{oc} 分别减小和增大：OFL 给电能力更强，NOR 疏水能力更强，所以 NOR 的吸附由分配作用主导，其吸附量会随着 HA 的负载增加而增加（Peng et al., 2015）。

二、矿物-有机质界面有机污染物的转化

有机污染物的矿物表面的转化已经得到广泛的研究。而矿物-有机质复合体界面污染物往往具有不同的转化速率和产物（Polubesova and Chefetz, 2014），因此矿物-有机质-有机污染物三元体系中污染物的转化规律值得关注。天然有机质对有机污染物在矿物表面转化的影响主要有三个方面：①矿物与有机质对有机污染物的共吸附作用；②有机质在矿物和有机污染物间起电子穿梭体作用，促进矿物与污染物、氧气等其他物质间的电子传递，从而促进污染物的降解或改变其反应路径；③小分子有机质在矿物界面形成自由基或其在矿物表面的转化产物（如自由基、氧化产物、聚合产物）与有机污染物发生反应，改变有机污染物的转化路径。表 5-1 总结了矿物与有机质的相互作用通过三种途径对有机污染物在矿物界面转化的影响。

表 5-1　矿物与有机质的相互作用对污染物转化的影响

矿物	有机质	相互作用	有机污染物	影响机制
FeOOH，MnO$_2$	腐殖酸	①	克拉红霉素、罗红霉素	疏水作用竞争吸附（Feitosa-Felizzola et al., 2009）
Na-绿脱石	抗坏血酸	②	苯酚、对硝基苯酚、2,4-二氯苯酚	抗坏血酸（AA）促进还原 Fe(Ⅲ)为 Fe(Ⅱ)参与芬顿反应产生 ROS（Zhao et al., 2021）
氢氧化铝	腐殖酸	①，③	氯苯	局部 ROS 和氯苯浓度的增加促进氯苯羟基化（Wang X et al., 2021）
Fe(Ⅲ)-蒙皂石	苹果酸，草酸	③	菲	光照条件下，蒙皂石-表面络合态有机质 •CO$_2^-$进一步产生•OH 和 •O$_2^-$ 促进转化（Jia et al., 2015）
无定形硅	邻苯二酚，对苯二酚	③	蒽	形成持久性自由基与蒽（ANT）通过 C—C 键偶联
	柠檬酸，草酸	③	蒽	促进羟基产生
MnO$_2$	草酸	②，③	卡巴多	Mn(Ⅲ)与草酸、卡巴多形成三元络合物促进草酸与卡巴多间电子传递（Chen et al., 2013）
MnO$_2$	HA	①	克林霉素、林可霉素	竞争吸附降低转化效率
水钠锰矿	甲氧基苯酚	③	环丙嘧啶	环丙嘧啶与甲氧基苯酚在水钠锰矿表面形成的酚类自由基偶联（Kang et al., 2004）
水钠锰矿	甲氧基苯酚 + HA	①	环丙嘧啶	HA 竞争吸附位点和消耗酚类自由基而降低转化效率（Kang et al., 2004）
水钠锰矿	香草酸，邻甲氧基苯酚	③	拉莫三嗪	与酚类化合物及其氧化产物的加成反应促进拉莫三嗪转化（Karpov et al., 2021）

其中自由基作用包括矿物与有机质相互作用产生瞬态自由基，直接对有机污染物发生氧化降解，或是产生 PFRs 影响有机污染物的转化。虽然矿物与有机质相互作用产生的 PFRs 比较稳定，在环境介质中持续时间比瞬态自由基长，而且含有 PFRs 的颗粒物可以诱发产生 ROS，从而促进了污染物的降解。例如，焦化残留物上的 PFRs 能够激活过硫酸盐产生 •SO_4^-、H_2O_2 和 •OH，催化降解吸附的蒽（Jia et al.，2018b）。如果将大气颗粒物投入 H_2O_2 或曝氧气的水溶液中，其上的 PFRs（Khachatryan et al.，2011；Alaghmand and Blough，2007）能够诱发 ROS，在光照条件下大气颗粒物同样能产生 ROS（Mikrut et al.，2018）。MOAM 中的有机质部分仍然具有光催化活性，也可以检测这些颗粒物上的 PFRs 信号（Wang X et al.，2021）。除了间接产生 ROS 影响污染物降解以外，PFRs 对有机物的归趋影响也有直接作用。例如，硅胶上的苯酚在光照 50 h 后降解率为 69.3%，而在负载 Fe_2O_3 的硅胶颗粒上的降解率只有 17.7%（郭惠莹等，2016）。邻苯二酚在负载 1% Fe_2O_3 硅胶颗粒上的降解率比单纯硅胶颗粒降低了 20%（Li et al.，2014），主要原因是邻苯二酚在硅胶颗粒上的降解过程中生成的 PFRs 相对稳定。在黑暗条件下铁氧化物的存在抑制了邻苯二酚的降解，虽然邻苯二酚在 α-FeOOH-硅胶复合物和 α-Fe_2O_3-硅胶复合物上的 PFRs 信号强度相当，但 α-FeOOH 对邻苯二酚的降解抑制作用比 α-Fe_2O_3 强；而在紫外光照射下，邻苯二酚在 α-FeOOH-硅胶复合物上的 PFRs 信号比 α-Fe_2O_3-硅胶复合物更强，但在两种复合物上的降解率相当。这可能是由于邻苯二酚与铁矿的结合方式差异导致自由基稳定性不同（Yi et al.，2019）。有研究发现在光照条件下酚类化合物能够被无定形硅胶表面产生的 •OH 氧化产生 PFRs，进而抑制无定形硅胶表面 PAHs 的转化速率，同时改变了 PAHs 在无定形硅胶表面的转化路径，促进 PAHs 和 PFRs 的交叉聚合反应（Sun et al.，2021b）。

另外，被吸附有机质还可以改变矿物的反应活性，从而影响有机污染物的转化。有机质对矿物表面及矿物溶解释放的金属离子的络合作用影响矿物的溶解、成核，进而改变晶型，而且反应活性受到影响，其对有机污染物的转化也发生改变，如有机质中的官能团对 Fe^{2+} 和 Fe^{3+} 的络合作用影响其在矿物表面的吸附，并改变不同价态铁离子的比例和固液离子的分布，从而影响晶体成核过程及生长，形成具有不同表面结构和反应活性的二次矿物（Shimizu et al.，2013；Sheng et al.，2020），因此会对污染物的降解力有所改变，如在零价铁去除对硝基酚的循环反应过程中，随着循环次数增加，无定形零价铁转变为高晶态的磁铁矿和少量磁赤铁矿等腐蚀产物，它们组成以零价铁为核心的半导体氧化壳层，提高了电子转移速率（Wang et al.，2020）。

研究有机质对污染物在矿物表面转化的影响对于提高原位化学氧化技术有机污染物降解效率具有重要意义。铁矿物-有机质复合体中的有机质可以通过电子穿梭体以及对铁离子的络合作用提高类芬顿体系中 Fe(III)/Fe(II) 循环，从而提高对有机污染物的降解效率（Niu et al.，2011；Yu et al.，2021b）。另外，有机质对有机污染物 PFRs 诱导产生的毒性产物也是值得重点关注的环境问题。例如，Gu 研究团队发现氯酚类化合物在含铁黏土表面发生电子转移形成自由基阳离子，然后发生聚合反应、脱氯反应和封环反应，在常温下就可以形成二噁英类毒性增加的污染物（Wang et al.，2019；Peng et al.，2018；Gu et al.，2011）。

参 考 文 献

陈春梅，谢祖彬，朱建国. 2006. 土壤有机碳激发效应研究进展. 土壤，38（4）：359-365.

郭惠莹，魏晨辉，李浩，等. 2016. 紫外光照条件下固体颗粒表面氧化铁对苯酚降解的抑制. 环境化学，35（2）：273-279.

韩林，陈宝梁. 2017. 环境持久性自由基的产生机理及环境化学行为. 化学进展，29（9）：1008-1020.

Adhikari D, Dunham-Cheatham S M, Wordofa D N, et al. 2019. Aerobic respiration of mineral-bound organic carbon in a soil. Sci Total Environ, 651（Pt 1）：1253-1260.

Adhikari D, Poulson S R, Sumaila S, et al. 2016. Asynchronous reductive release of iron and organic carbon from hematite-humic acid complexes. Chem Geol, 430：13-20.

Adhikari D, Yang Y. 2015. Selective stabilization of aliphatic organic carbon by iron oxide. Sci Rep, 5：11214.

Alaghmand M, Blough N V. 2007. Source-dependent variation in hydroxyl radical production by airborne particulate matter. Environ Sci Technol, 41（7）：2364-2370.

Armstrong W. 1964. Oxygen diffusion from the roots of some British bog plants. Nature, 204（4960）：801-802.

Balakrishna S, Lomnioki S, Kevinmncavey M, et al. 2009. Environmentally persistent free radicals amplify ultrafine particle mediated cellular oxidative stress and cytotoxicity. Particle and Fibre Toxicology, 6（1）：11-24.

Balmer M E, Sulzberger B. 1999. Atrazine degradation in irradiated iron/oxalate systems：Effects of pH and oxalate. Environ Sci Technol, 33（14）：2418-2424.

Basile-Doelsch I, Balesdent J, Pellerin S. 2020. Reviews and syntheses：The mechanisms underlying carbon storage in soil. Biogeosciences, 17（21）：5223-5242.

Bhattacharyya A, Campbell A N, Tfaily M M, et al. 2018. Redox fluctuations control the coupled cycling of iron and carbon in tropical forest soils. Environ Sci Technol, 52（24）：14129-14139.

Chasse A W, Ohno T, Higgins S R, et al. 2015. Chemical force spectroscopy evidence supporting the layer-by-layer model of organic matter binding to iron (oxy) hydroxide mineral surfaces. Environ Sci Technol, 49（16）：9733-9741.

Chen C, Dynes J J, Wang J, et al. 2014. Properties of Fe-organic matter associations via coprecipitation versus adsorption. Environ Sci Technol, 48（23）：13751-13759.

Chen C, Hall S J, Coward E, et al. 2020. Iron-mediated organic matter decomposition in humid soils can counteract protection. Nat Commun, 11（1）：2255.

Chen C, Meile C, Wilmoth J, et al. 2018. Influence of p_{O_2} on iron redox cycling and anaerobic organic carbon mineralization in a humid tropical forest soil. Environ Sci Technol, 52（14）：7709-7719.

Chen C, Thompson A. 2018. Ferrous iron oxidation under varying p_{O_2} levels：The effect of Fe(III)/Al(III)oxide minerals and organic matter. Environ Sci Technol, 52（2）：597-606.

Chen N, Fang G, Liu G, et al. 2018. The effects of Fe-bearing smectite clays on •OH formation and diethyl phthalate degradation with polyphenols and H_2O_2. J Hazard Mater, 357：483-490.

Chen Q, Sun H, Wang M, et al. 2019. Environmentally persistent free radical (EPFR) formation by visible-light illumination of the organic matter in atmospheric particles. Environ Sci Technol, 53 (17): 10053-10061.

Chen W R, Liu C, Boyd S A, et al. 2013. Reduction of carbadox mediated by reaction of Mn(III) with oxalic Acid. Environ Sci Technol, 47 (3): 1357-1364.

Chen Z, Tian H, Li H, et al. 2019. Application of surfactant modified montmorillonite with different conformation for photo-treatment of perfluorooctanoic acid by hydrated electrons. Chemosphere, 235: 1180-1188.

Cheng W, Hanna K, Boily J F. 2019. Water vapor binding on organic matter-coated minerals. Environ Sci Technol, 53 (3): 1252-1257.

Chi J, Fan Y, Wang L, et al. 2022. Retention of soil organic matter by occlusion within soil minerals. Rev Environ Sci Bio/Technol, 21 (3): 727-746.

Chorover J, Amistadi M K. 2001. Reaction of forest floor organic matter at goethite, birnessite and smectite surfaces. Geochim Cosmochim Ac, 65 (1): 95-109.

Courchesne F, Gobran G R. 1997. Mineralogical variations of bulk and rhizosphere soils from a norway spruce stand. Soil Sci Soc America J, 61 (4): 1245-1249.

Coward E K, Ohno T, Plante A F. 2018. Adsorption and molecular fractionation of dissolved organic matter on iron-bearing mineral matrices of varying crystallinity. Environ Sci Technol, 52 (3): 1036-1044.

Coward E K, Ohno T, Sparks D L. 2019. Direct evidence for temporal molecular fractionation of dissolved organic matter at the iron oxyhydroxide interface. Environ Sci Technol, 53 (2): 642-650.

Crews T, Rumsey B. 2017. What agriculture can learn from native ecosystems in building soil organic matter: A review. Sustainability, 9 (4): 578.

Daugherty E E, Gilbert B, Nico P S, et al. 2017. Complexation and redox buffering of iron(II) by dissolved organic matter. dela Environ Sci Technol, 51 (19): 11096-11104.

dela Cruz A L N, Cook R L, Lomnicki S M, et al. 2012. Effect of low temperature thermal treatment on soils contaminated with pentachlorophenol and environmentally persistent free radicals. Environ Sci Technol, 46 (11): 5971-5978.

dela Cruz A L N, Gehling W, Lomnicki S, et al. 2011. Detection of environmentally persistent free radicals at a superfund wood treating site. Environ Sci Technol, 45 (15): 6356-6365.

Ding Y, Ye Q, Liu M, et al. 2021. Reductive release of Fe mineral-associated organic matter accelerated by oxalic acid. Sci Total Environ, 763: 142937.

Du H, Yu G, Guo M, et al. 2021. Investigation of carbon dynamics in rhizosphere by synchrotron radiation-based Fourier transform infrared combined with two dimensional correlation spectroscopy. Sci Total Environ, 762: 143078.

Duan X, Yu X, Li Z, et al. 2020. Iron-bound organic carbon is conserved in the rhizosphere soil of freshwater wetlands. Soil Biol Biochem, 149 (6): 107949.

Dunham-Cheatham S M, Zhao Q, Obrist D, et al. 2020. Unexpected mechanism for glucose-primed soil organic carbon mineralization under an anaerobic-aerobic transition. Geoderma, 376: 114535.

Eitel E M, Taillefert M. 2017. Mechanistic investigation of Fe(III) oxide reduction by low molecular weight organic sulfur species. Geochim Cosmochim Ac, 215: 173-188.

Eusterhues K, Rennert T, Knicker H, et al. 2011. Fractionation of organic matter due to reaction with ferrihydrite: Coprecipitation versus adsorption. Environ Sci Technol, 45 (2): 527-533.

Fang G, Gao J, Liu C, et al. 2014. Key role of persistent free radicals in hydrogen peroxide activation by biochar: Implications to organic contaminant degradation. Environ Sci Technol, 48 (3): 1902-1910.

Fang G, Liu C, Gao J, et al. 2015. Manipulation of persistent free radicals in biochar to activate persulfate for contaminant degradation. Environ Sci Technol, 49 (9): 5645-5653.

Feitosa-Felizzola J, Hanna K, Chiron S. 2009. Adsorption and transformation of selected human-used macrolide antibacterial agents with iron(III) and manganese(IV) oxides. Environ Pollut, 157 (4): 1317-1322.

Feld-Cook E E, Bovenkamp-Langlois L, Lomnicki S M. 2017. Effect of particulate matter mineral composition on environmentally persistent free radical (EPFR) formation. Environ Sci Technol, 51 (18): 10396-10402.

Feng X, Simpson A J, Simpson M J. 2006. Investigating the role of mineral-bound humic acid in phenanthrene sorption. Environ Sci Technol, 40 (10): 3260-3266.

Garcia Arredondo M, Lawrence C R, Schulz M S, et al. 2019. Root-driven weathering impacts on mineral-organic associations in deep soils over pedogenic time scales. Geochim Cosmochim Ac, 263: 68-84.

Gates W P, Slade P G, Manceau A, et al. 2002. Site occupancies by iron in nontronites. Clay Clay Miner, 50(2): 223-239.

Ginn B, Meile C, Wilmoth J, et al. 2017. Rapid iron reduction rates are stimulated by high-amplitude redox fluctuations in a tropical forest soil. Environ Sci Technol, 51 (6): 3250-3259.

Good N E, Andreae W A, Vanysselstein M W H. 1956. Studies on 3-indoleacetic acid metabolism. 2. Some products of the metabolism of exogenous indoleacetic acid in plant tissues. Plant Physiol, 31 (3): 231-235.

Gournis D, Karakassides M A, Petridis D. 2002. Formation of hydroxyl radicals catalyzed by clay surfaces. Phys Chem Miner, 29 (2): 155-158.

Gu C, Liu C, Johnston C T, et al. 2011. Pentachlorophenol radical cations generated on Fe(III)-montmorillonite initiate octachlorodibenzo-p-dioxin formation in clays: Density functional theory and fourier transform infrared studies. Environ Sci Technol, 45 (4): 1399-1406.

Han L, Sun K, Keiluweit M, et al. 2019. Mobilization of ferrihydrite-associated organic carbon during Fe reduction: Adsorption versus coprecipitation. Chem Geol, 503: 61-68.

Herszage J, dos Santos Afonso M, Luther G W. 2003. Oxidation of cysteine and glutathione by soluble polymeric MnO_2. Environ Sci Technol, 37 (15): 3332-3338.

Huang W, Hammel K E, Hao J, et al. 2019. Enrichment of lignin-derived carbon in mineral-associated soil organic matter. Environ Sci Technol, 53 (13): 7522-7531.

Ingram D J E, Tapley J G, Jackson R, et al. 1954. Paramagnetic resonance in carbonaceous solids. Nature, 174 (4434): 797-798.

Jeewani P H, Ling L, Fu Y, et al. 2021. The stoichiometric C-Fe ratio regulates glucose mineralization and stabilization via microbial processes. Geoderma, 383: 114769.

Jia H, Chen H, Nulaji G, et al. 2015. Effect of low-molecular-weight organic acids on photo-degradation of phenanthrene catalyzed by Fe(III)-smectite under visible light. Chemosphere, 138: 266-271.

Jia H, Nulaji G, Gao H, et al. 2016. Formation and stabilization of environmentally persistent free radicals induced by the interaction of anthracene with Fe(III)-modified clays. Environ Sci Technol, 50 (12): 6310-6319.

Jia H, Shi Y, Nie X, et al. 2020. Persistent free radicals in humin under redox conditions and their impact in transforming polycyclic aromatic hydrocarbons. Front Environ Sci Engineer, 14 (4): 73.

Jia H, Zhao J, Li L, et al. 2014. Transformation of polycyclic aromatic hydrocarbons (PAHs) on Fe(III)-modified clay minerals: Role of molecular chemistry and clay surface properties. Appl Catal B: Environ, 154-155: 238-245.

Jia H, Zhao S, Nulaji G, et al. 2017. Environmentally persistent free radicals in soils of past coking sites: Distribution and stabilization. Environ Sci Technol, 51 (11): 6000-6008.

Jia H, Zhao S, Shi Y, et al. 2018a. Transformation of polycyclic aromatic hydrocarbons and formation of environmentally persistent free radicals on modified montmorillonite: The role of surface metal ions and polycyclic aromatic hydrocarbon molecular properties. Environ Sci Technol, 52 (10): 5725-5733.

Jia H, Zhao S, Zhu K, et al. 2018b. Activate persulfate for catalytic degradation of adsorbed anthracene on coking residues: Role of persistent free radicals. Chem Eng J, 351: 631-640.

Jiang Z, Liu Y, Yang J, et al. 2021. Rhizosphere priming regulates soil organic carbon and nitrogen mineralization: The significance of abiotic mechanisms. Geoderma, 385 (2): 114877.

Jokic A, Frenkel A I, Huang P M. 2001. Effect of light on birnessite catalysis of the Maillard reaction and its implication in humification. Can J Soil Sci, 81: 277-283.

Jones K D, Tiller C L. 1999. Effect of solution chemistry on the extent of binding of phenanthrene by a soil humic acid: A comparison of dissolved and clay bound humic. Environ Sci Technol, 33 (4): 580-587.

Jones M E, LaCroix R E, Zeigler J, et al. 2020. Enzymes, manganese, or iron? Drivers of oxidative organic matter decomposition in soils. Environ Sci Technol, 54 (21): 14114-14123.

Kang K H, Dec J, Park H, et al. 2004. Effect of phenolic mediators and humic acid on cyprodinil transformation in presence of birnessite. Water Res, 38 (11): 2737-2745.

Karpov M, Seiwert B, Mordehay V, et al. 2021. Abiotic transformation of lamotrigine by redox-active mineral and phenolic compounds. Environ Sci Technol, 55 (3): 1535-1544.

Keiluweit M, Bougoure J J, Nico P S, et al. 2015. Mineral protection of soil carbon counteracted by root exudates. Nat Clim Change, 5 (6): 588-595.

Keiluweit M, Wanzek T, Kleber M, et al. 2017. Anaerobic microsites have an unaccounted role in soil carbon stabilization. Nat Commun, 8 (1): 1771.

Khachatryan L, Vejerano E, Lomnicki S, et al. 2011. Environmentally persistent free radicals (EPFRs). 1. Generation of reactive oxygen species in aqueous solutions. Environ Sci Technol, 45 (19): 8559-8566.

Kiruri L W, Khachatryan L, Dellinger B, et al. 2014. Effect of copper oxide concentration on the formation and persistency of environmentally persistent free radicals (EPFRs) in particulates. Environ Sci Technol, 48 (4): 2212-2217.

Kleber M, Bourg I C, Coward E K, et al. 2021. Dynamic interactions at the mineral-organic matter interface. Nat Rev Earth Environ, 2: 402-421.

Kleber M, Eusterhues K, Keiluweit M, et al. 2015. Mineral-organic associations: Formation, properties, and relevance in soil environments. Adv Agron, 130: 1-140.

Kleber M, Sollins P, Sutton R. 2007. A conceptual model of organo-mineral interactions in soils: Self-assembly of organic molecular fragments into zonal structures on mineral surfaces. Biogeochemistry, 85 (1): 9-24.

Kögel-Knabner I. 2017. The macromolecular organic composition of plant and microbial residues as inputs to soil organic matter: Fourteen years on. Soil Biol Biochem, 105: A3-A8.

Kuzyakov Y, Blagodatskaya E. 2015. Microbial hotspots and hot moments in soil: Concept & review. Soil Biol Biochem, 83: 184-199.

Laor Y, Farmer W J, Aochi Y, et al. 1998. Phenanthrene binding and sorption to dissolved and to mineral-associated humic acid. Wat Res, 32 (6): 1923-1931.

Lavallee J M, Conant R T, Paul E A, et al. 2018. Incorporation of shoot versus root-derived ^{13}C and ^{15}N into mineral-associated organic matter fractions: Results of a soil slurry incubation with dual-labelled plant material. Biogeochemistry, 137 (3): 379-393.

Li H, Bölscher T, Winnick M, et al. 2021. Simple plant and microbial exudates destabilize mineral-associated organic matter via multiple pathways. Environ Sci Technol, 55 (5): 3389-3398.

Li H, Pan B, Liao S, et al. 2014. Formation of environmentally persistent free radicals as the mechanism for reduced catechol degradation on hematite-silica surface under UV irradiation. Environ Pollut, 188: 153-158.

Li J, Ding Y, Shi Z. 2021. Binding properties of fulvic acid before and after fractionation on ferrihydrite: Effects of phosphate. ACS Earth Space Chem, 5 (6): 1535-1543.

Li T, Zhao Z, Wang Q, et al. 2016. Strongly enhanced Fenton degradation of organic pollutants by cysteine: An aliphatic amino acid accelerator outweighs hydroquinone analogues. Water Res, 105: 479-486.

Liang S, Xu S, Wang C, et al. 2021. Enhanced alteration of poly (vinyl chloride) microplastics by hydrated electrons derived from indole-3-acetic acid assisted by a common cationic surfactant. Water Res, 191: 116797.

Liang Y, Ding Y, Wang P, et al. 2019. Modeling sorptive fractionation of organic matter at the mineral-water interface. Soil Sci Soc America J, 83 (1): 107-117.

Liu M M, Cao X H, Tan W F, et al. 2011. Structural controls on the catalytic polymerization of hydroquinone by birnessites. Clays Clay Miner, 59 (5): 525-537.

Lomnicki S, Truong H, Vejerano E, et al. 2008. Copper oxide-based model of persistent free radical formation on combustion-derived particulate matter. Environ Sci Technol, 42 (13): 4982-4988.

Lu J, Li Y, Yan X, et al. 2009. Sorption of atrazine onto humic acids (HAs) coated nanoparticles. Colloid Surf A: Physicochem Engineer Asp, 347 (1-3): 90-96.

Lu J, Wang T, Zhou Y, et al. 2020. Dramatic enhancement effects of L-cysteine on the degradation of sulfadiazine in Fe^{3+}/CaO_2 system. J Hazard Mat, 383: 121133.

Lv J, Miao Y, Huang Z, et al. 2018. Facet-mediated adsorption and molecular fractionation of humic substances on hematite surfaces. Environ Sci Technol, 52 (20): 11660-11669.

Lv J, Zhang S, Wang S, et al. 2016. Molecular-scale investigation with ESI-FT-ICR-MS on fractionation of dissolved organic matter induced by adsorption on iron oxyhydroxides. Environ Sci Technol, 50 (5): 2328-2336.

Lyons M J, Gibson J F, Ingram D J. 1958. Free-radicals produced in cigarette smoke. Nature, 181 (4614): 1003-1004.

Ma D, Wu J, Yang P, et al. 2020. Coupled manganese redox cycling and organic carbon degradation on mineral surfaces. Environ Sci Technol, 54 (14): 8801-8810.

Maskos Z, Dellinger B. 2008. Radicals from the oxidative pyrolysis of tobacco. Energy Fuels, 22 (3): 1675-1679.

Mikrut M, Regiel-Futyra A, Samek L, et al. 2018. Generation of hydroxyl radicals and singlet oxygen by particulate matter and its inorganic components. Environ Pollut, 238: 638-646.

Miller C J, Rose A L, Waite T D. 2013. Hydroxyl radical production by H_2O_2-mediated oxidation of Fe(II) complexed by suwannee river fulvic acid under circumneutral freshwater conditions. Environ Sci Technol, 47 (2): 829-835.

Mitchell P, Simpson A, Soong R, et al. 2018. Nuclear magnetic resonance analysis of changes in dissolved organic matter composition with successive layering on clay mineral surfaces. Soil Systems, 2 (1): 8.

Morrison K D, Bristow T F, Kennedy M J. 2013. The reduction of structural iron in ferruginous smectite via the amino acid cysteine: Implications for an electron shuttling compound. Geochim Cosmochim Ac, 106: 152-163.

Murphy E M, Zachara J M, Smith S C. 1990. Influence of mineral-bound humic substances on the sorption of hydrophobic organic compounds. Environ Sci Technol, 24 (10): 1507-1516.

Narayanasamy J, Kubicki J D. 2005. Mechanism of hydroxyl radical generation from a silica surface: Molecular orbital calculations. J Phys Chem B, 109 (46): 21796-21807.

Nevin K P, Lovley D R. 2000. Potential for nonenzymatic reduction of Fe(III) via electron shuttling in subsurface sediments. Environ Sci Technol, 34 (12): 2472-2478.

Newcomb C J, Qafoku N P, Grate J W, et al. 2017. Developing a molecular picture of soil organic matter-mineral interactions by quantifying organo-mineral binding. Nat Commun, 8 (1): 396.

Niu H, Zhang D, Zhang S, et al. 2011. Humic acid coated Fe_3O_4 magnetic nanoparticles as highly efficient Fenton-like catalyst for complete mineralization of sulfathiazole. J Hazard Mater, 190 (1-3): 559-565.

Ondrasek G, Begic H B, Zovko M, et al. 2019. Biogeochemistry of soil organic matter in agroecosystems & environmental implications. Sci Total Environ, 658: 1559-1573.

Ondrasek G, Rengel Z. 2011. The role of soil organic matter in trace element bioavailability and toxicity//Ahmad P, Prasad M N V. Abiotic Stress Responses in Plants: Metabolism Productivity and Sustainability. New York: Springer: 403-423.

Oren A, Chefetz B. 2012. Sorptive and desorptive fractionation of dissolved organic matter by mineral soil matrices. J Environ Qual, 41 (2): 526-533.

Ou X, Chen S, Quan X, et al. 2008. Photoinductive activity of humic acid fractions with the presence of Fe(III): The role of aromaticity and oxygen groups involved in fractions. Chemosphere, 72 (6): 925-931.

Page S E, Kling G W, Sander M, et al. 2013. Dark formation of hydroxyl radical in arctic soil and surface waters. Environ Sci Technol, 47 (22): 12860-12867.

Page S E, Sander M, Arnold W A, et al. 2012. Hydroxyl radical formation upon oxidation of reduced humic acids by oxygen in the dark. Environ Sci Technol, 46 (3): 1590-1597.

Patterson M C, DiTusa M F, McFerrin C A, et al. 2017. Formation of environmentally persistent free radicals (EPFRs) on ZnO at room temperature: Implications for the fundamental model of EPFR generation. Chem Phys Lett, 670: 5-10.

Patterson M C, Keilbart N D, Kiruri L W, et al. 2013. EPFR formation from phenol adsorption on Al_2O_3 and TiO_2: EPR and EELS studies. Chem Phys, 422: 277-282.

Peng A, Gao J, Chen Z, et al. 2018. Interactions of gaseous 2-chlorophenol with Fe^{3+}-saturated montmorillonite and their toxicity to human lung cells. Environ Sci Technol, 52 (9): 5208-5217.

Peng H, Liang N, Li H, et al. 2015. Contribution of coated humic acids calculated through their surface coverage on nano iron oxides for ofloxacin and norfloxacin sorption. Environ Pollut, 204: 191-198.

Piepenbrock A, Schroder C, Kappler A. 2014. Electron transfer from humic substances to biogenic and abiogenic Fe(III) oxyhydroxide minerals. Environ Sci Technol, 48 (3): 1656-1664.

Poggenburg C, Mikutta R, Liebmann P, et al. 2018. Siderophore-promoted dissolution of ferrihydrite associated with adsorbed and coprecipitated natural organic matter. Org Geochem, 125: 177-188.

Polubesova T, Chefetz B. 2014. DOM-affected transformation of contaminants on mineral surfaces: A review. Crit Rev Environ Sci Technol, 44 (3): 223-254.

Polubesova T, Chen Y, Stefan C, et al. 2009. Sorption of polyaromatic compounds by organic matter-coated Ca^{2+}- and Fe^{3+}-montmorillonite. Geoderma, 154 (1-2): 36-41.

Ratasuk N, Nanny M A. 2007. Characterization and quantification of reversible redox sites in humic substances. Environ Sci Technol, 41 (22): 7844-7850.

Riedel T, Zak D, Biester H, et al. 2013. Iron traps terrestrially derived dissolved organic matter at redox interfaces. Proc Nat Academy Sci, 110 (25): 10101-10105.

Royer R A, Burgos W D, Fisher A S, et al. 2002. Enhancement of biological reduction of hematite by electron shuttling and Fe(II) complexation. Environ Sci Technol, 36 (9): 1939-1946.

Salloum M J, Dudas M J, McGill W B. 2001. Variation of 1-naphthol sorption with organic matter fractionation: The role of physical conformation. Org Geochem, 32 (5): 709-719.

Sharpless C M, Blough N V. 2014. The importance of charge-transfer interactions in determining chromophoric dissolved organic matter (CDOM) optical and photochemical properties. Environ Sci Process Impacts, 16 (4): 654-671.

Shcherbina N S, Perminova I V, Kalmykov S N, et al. 2007. Redox and complexation interactions of neptunium (V) with quinonoid-enriched humic derivatives. Environ Sci Technol, 41 (20): 7010-7015.

Sheng A, Li X, Arai Y, et al. 2020. Citrate controls Fe(II)-catalyzed transformation of ferrihydrite by complexation of the labile Fe(III) intermediate. Environ Sci Technol, 54 (12): 7309-7319.

Sheng Y, Dong H, Kukkadapu R K, et al. 2021. Lignin-enhanced reduction of structural Fe(III) in nontronite: Dual roles of lignin as electron shuttle and donor. Geochim Cosmochim Ac, 307 (15): 1-21.

Shimizu M, Zhou J, Schroder C, et al. 2013. Dissimilatory reduction and transformation of ferrihydrite-humic acid coprecipitates. Environ Sci Technol, 47 (23): 13375-13384.

Shuai W, Liu C, Wang Y, et al. 2018. (Fe^{3+})-UVC-(aliphatic/phenolic carboxyl acids) systems for diethyl phthalate ester degradation: A density functional theory (DFT) and experimental study. Appl Catal A: General, 567: 20-27.

Sodano M, Lerda C, Nisticò R, et al. 2017. Dissolved organic carbon retention by coprecipitation during the oxidation of ferrous iron. Geoderma, 307: 19-29.

Sowers T D, Holden K L, Coward E K, et al. 2019. Dissolved organic matter sorption and molecular fractionation by naturally occurring bacteriogenic iron (oxyhydr)oxides. Environ Sci Technol, 53 (8): 4295-4304.

Stone A T, Morgan J J. 1984. Reduction and dissolution of manganese(III) and manganese(IV) oxides by organics. 2. Survey of the reactivity of organics. Environ Sci Technol, 18 (8): 617-624.

Subdiaga E, Harir M, Orsetti S, et al. 2020. Preferential sorption of tannins at aluminum oxide affects the electron exchange capacities of dissolved and sorbed humic acid fractions. Environ Sci Technol, 54 (3): 1837-1847.

Subdiaga E, Orsetti S, Haderlein S B. 2019. Effects of sorption on redox properties of natural organic matter. Environ Sci Technol, 53 (24): 14319-14328.

Sun J, Mao J D, Gong H, et al. 2009. Fe(III) photocatalytic reduction of Cr(VI) by low-molecular-weight organic acids with α-OH. J Hazard Mater, 168 (2-3): 1569-1574.

Sun Z, Feng L, Fang G, et al. 2021a. Nano Fe_2O_3 embedded in montmorillonite with citric acid enhanced photocatalytic activity of nanoparticles towards diethyl phthalate. J Environ Sci, 101: 248-259.

Sun Z, Huang M, Liu C, et al. 2020. The formation of ·OH with Fe-bearing smectite clays and low-molecular-weight thiols: Implication of As(III) removal. Water Res, 174: 115631.

Sun Z, Wang X, Liu C, et al. 2021b. Persistent free radicals from low-molecular-weight organic compounds enhance cross-coupling reactions and toxicity of anthracene on amorphous silica surfaces under light. Environ Sci Technol, 55 (6): 3716-3726.

Sunda G W, Kieber B D J. 1994. Oxidation of humic substances by manganese oxides yields low-molecular-weight organic substrates. Nature, 367 (6458): 62-64.

Tian H, Gao J, Li H, et al. 2016. Complete defluorination of perfluorinated compounds by hydrated electrons generated from 3-indole-acetic-acid in organomodified montmorillonite. Sci Rep, 6 (1): 32949.

Tian L, Koshland C P, Yano J, et al. 2009. Carbon-centered free radicals in particulate matter emissions from wood and coal combustion. Energy Fuels, 23 (5): 2523-2526.

Tong M, Yuan S, Ma S, et al. 2016. Production of abundant hydroxyl radicals from oxygenation of subsurface sediments. Environ Sci Technol, 50 (1): 214-221.

Tong X, Li Y, Zhang F, et al. 2019. Adsorption of 17β-estradiol onto humic-mineral complexes and effects of temperature, pH, and bisphenol A on the adsorption process. Environ Pollut, 254 (Pt A): 112924.

Vejerano E, Lomnicki S, Dellinger B. 2011. Formation and stabilization of combustion-generated environmentally persistent free radicals on an Fe(III)$_2$O$_3$/silica surface. Environ Sci Technol, 45 (2): 589-594.

Vejerano E, Lomnicki S, Dellinger B. 2012a. Lifetime of combustion-generated environmentally persistent free radicals on Zn(II)O and other transition metal oxides. J Environ Monit, 14 (10): 2803-2806.

Vejerano E, Lomnicki S, Dellinger B. 2012b. Formation and stabilization of combustion-generated, environmentally persistent radicals on Ni(II)O supported on a silica surface. Environ Sci Technol, 46 (17): 9406-9411.

Vejerano E, Rao G, Khachatryan L, et al. 2018. Environmentally persistent free radicals: Insights on a new class of pollutants. Environ Sci Technol, 52 (5): 2468-2481.

Vione D, Minella M, Maurino V, et al. 2014. Indirect photochemistry in sunlit surface waters: Photoinduced production of reactive transient species. Chemistry, 20 (34): 10590-10606.

Wang K, Xing B. 2005. Structural and sorption characteristics of adsorbed humic acid on clay minerals. J Environ Qual, 34 (1): 342-349.

Wang M C, Huang P M. 1992. Significance of Mn(IV) oxide in the abiotic ring cleavage of pyrogallol in natural environments. Sci Total Environ, 113: 147-157.

Wang N, Zhu L, Deng K, et al. 2010. Visible light photocatalytic reduction of Cr(VI) on TiO$_2$ *in situ* modified with small molecular weight organic acids. Appl Catal B: Environ, 95 (3-4): 400-407.

Wang X, Lu J, Xu M, et al. 2008. Sorption of pyrene by regular and nanoscaled metal oxide particles: Influence of adsorbed organic matter. Environ Sci Technol, 42 (19): 7267-7272.

Wang X, Pu L, Liu C, et al. 2021. Enhanced and selective phototransformation of chlorophene on aluminum hydroxide-humic complexes. Water Res, 193: 116904.

Wang X, Pu X, Yuan Y, et al. 2020. An old story with new insight into the structural transformation and radical production of micron-scale zero-valent iron on successive reactivities. Chinese Chem Lett, 31 (10): 2634-2640.

Wang Y, Liu C, Peng A, et al. 2019. Formation of hydroxylated polychlorinated diphenyl ethers mediated by structural Fe(III) in smectites. Chemosphere, 226: 94-102.

Wang Y, Stone A T. 2006. The citric acid-Mn$^{III, IV}$O$_2$ (birnessite) reaction. Electron transfer, complex formation, and autocatalytic feedback. Geochim Cosmochim Ac, 70 (17): 4463-4476.

Wang Y, Zhang P. 2016. Enhanced photochemical decomposition of environmentally persistent perfluorooctanoate by coexisting ferric ion and oxalate. Environ Sci Pollut Res Int, 23 (10): 9660-9668.

Wang Z, Lv J, Zhang S, et al. 2021. Interfacial molecular fractionation on ferrihydrite reduces the photochemical reactivity of dissolved organic matter. Environ Sci Technol, 55 (3): 1769-1778.

Xu B, Lian Z, Liu F, et al. 2019. Sorption of pentachlorophenol and phenanthrene by humic acid-coated hematite nanoparticles. Environ Pollut, 248: 929-937.

Xu J, Dai Y, Shi Y, et al. 2020. Mechanism of Cr(VI) reduction by humin: Role of environmentally persistent free radicals and reactive oxygen species. Sci Total Environ, 725: 138413.

Yang K, Zhu L, Xing B. 2010. Sorption of phenanthrene by nanosized alumina coated with sequentially extracted humic acids. Environ Sci Pollut Res Int, 17 (2): 410-419.

Yang L, Liu G, Zheng M, et al. 2017a. Pivotal roles of metal oxides in the formation of environmentally persistent free radicals. Environ Sci Technol, 51 (21): 12329-12336.

Yang L, Liu G, Zheng M, et al. 2017b. Molecular mechanism of dioxin formation from chlorophenol based on electron paramagnetic resonance spectroscopy. Environ Sci Technol, 51 (9): 4999-5007.

Yang Z, Kappler A, Jiang J. 2016. Reducing capacities and distribution of redox-active functional groups in low molecular weight fractions of humic acids. Environ Sci Technol, 50 (22): 12105-12113.

Yeasmin S, Singh B, Kookana R S, et al. 2014. Influence of mineral characteristics on the retention of low molecular weight organic compounds: A batch sorption-desorption and ATR-FTIR study. J Colloid Interf Sci, 432: 246-257.

Yi P, Chen Q, Li H, et al. 2019. A comparative study on the formation of environmentally persistent free radicals (EPFRs) on hematite and goethite: Contribution of various catechol degradation byproducts. Environ Sci Technol, 53 (23): 13713-13719.

Yu H, Liu G, Dong B, et al. 2021a. Humic acids promote hydroxyl radical production during transformation of biogenic and abiogenic goethite under redox fluctuation. Chem Eng J, 424: 130359.

Yu H, Liu G, Jin R, et al. 2021b. Goethite-humic acid coprecipitate mediated Fenton-like degradation of sulfanilamide: The role of coprecipitated humic acid in accelerating Fe(III)/Fe(II) cycle and degradation efficiency. J Hazard Mater, 403: 124026.1-124026.11.

Zang Y, Liu F, Li X, et al. 2020. Adsorption kinetics, conformational change, and enzymatic activity of β-glucosidase on hematite (α-Fe_2O_3) surfaces. Colloids Surf B: Biointerfaces, 193: 111115.

Zepp R G. 1992. Hydroxyl radical formation in aqueous reactions (pH 3-8) of iron(II) with hydrogen peroxide: The photo-Fenton reaction. Environ Sci Technol, 26 (12): 313-319.

Zepp R G, Schlotzhauer P F, Sink R M. 1985. Photosensitized transformations involving electronic energy transfer in natural waters: Role of humic substances. Environ Sci Technol, 19 (1): 74-81.

Zhang H, Dunphy D R, Jiang X, et al. 2012. Processing pathway dependence of amorphous silica nanoparticle toxicity: Colloidal vs pyrolytic. J Am Chem Soc, 134 (38): 15790-15804.

Zhang J, McKenna A M, Zhu M. 2021. Macromolecular characterization of compound selectivity for oxidation and oxidative alterations of dissolved organic matter by manganese oxide. Environ Sci Technol, 55 (11): 7741-7751.

Zhang L, Tian H, Hong R, et al. 2018. Photodegradation of atrazine in the presence of indole-3-acetic acid and natural montmorillonite clay minerals. Environ Pollut, 240: 793-801.

Zhang M, Peacock C L, Cai P, et al. 2021. Selective retention of extracellular polymeric substances induced by adsorption to and coprecipitation with ferrihydrite. Geochim Cosmochim Ac, 299: 15-34.

Zhang P, Yuan S. 2017. Production of hydroxyl radicals from abiotic oxidation of pyrite by oxygen under circumneutral conditions in the presence of low-molecular-weight organic acids. Geochim Cosmochim Ac, 218: 153-166.

Zhang Y, Yue D, Lu X, et al. 2017. Role of ferric oxide in abiotic humification enhancement of organic matter. J Mater Cycles Waste Manag, 19 (1): 585-591.

Zhao Q, Dunham-Cheatham S, Adhikari D, et al. 2020. Oxidation of soil organic carbon during an anoxic-oxic transition. Geoderma, 377: 114584.

Zhao S, Jia H, Nulaji G, et al. 2017. Photolysis of polycyclic aromatic hydrocarbons (PAHs) on Fe^{3+}-montmorillonite surface under visible light: Degradation kinetics, mechanism, and toxicity assessments. Chemosphere, 184: 1346-1354.

Zhao S, Liu Z, Zhang R, et al. 2021. Interfacial reaction between organic acids and iron-containing clay minerals: Hydroxyl radical generation and phenolic compounds degradation. Sci Total Environ, 783: 147025.

Zhou H, Zhang H, He Y, et al. 2021. Critical review of reductant-enhanced peroxide activation processes: Trade-off between accelerated Fe^{3+}/Fe^{2+} cycle and quenching reactions. Appl Catal B: Environ, 286: 119900.

Zhu K, Jia H, Sun Y, et al. 2020. Enhanced cytotoxicity of photoaged phenol-formaldehyde resins microplastics: Combined effects of environmentally persistent free radicals, reactive oxygen species, and conjugated carbonyls. Environ Int, 145: 106137.

第六章　土壤-植物界面相互作用对有机污染物迁移转化的影响

随着工农业生产的迅速发展和人们生活水平的不断提高，大量的有机污染物也随之进入环境中。工业污废排放、交通运输、垃圾填埋场泄漏、农业生产过程中农药和化肥的使用、采油和运输过程中造成的泄漏、城市污水灌溉和污泥农用以及大气干湿沉降等过程中产生的有机污染物直接或间接地进入土壤，使土壤最终成为有机污染物最重要的汇。土壤成分复杂，它是水-土-气三相共同构成的多相系统，土壤组分中的土壤矿物质、有机质组分、微生物、土壤动植物及微生物残体、土壤水分和空气等均会与进入土壤中的有机污染物相互作用，影响有机污染物的赋存形态、迁移转化和环境行为。而进入土壤中的有机污染物和土壤组分的相互作用，不仅改变土壤结构和生态功能，降低其正常的生产、生态缓冲能力，还可以通过生物富集和食物链传递进入人体，从而带来生态环境和人体健康风险。土壤是一个非均相体系，大小性质不同的矿物颗粒与相邻的土壤环境相互作用，形成微域（或称微界面）。污染物在土壤矿物微界面上发生迁移转化，受微界面的不同组分共同影响。污染物在各环境介质中的不同形态和分配传递，也影响它们的环境生态效应。

植物是生态环境系统的生产者，其体内进行的光合作用几乎是生态系统中所有的能源及有机物质的最初来源，为微生物、动物和人类提供生活场所和食物来源。植物与土壤一起构成土壤-植物系统，是地球生态系统中与人类生存和健康关系最为密切的亚系统，为人类提供粮食、蔬菜、水果等食物来源以及木材、布料、药物等生存所需基本物质。污染物质通过土壤-植物系统的富集和食物链的传递进入人体从而影响人体健康，其中水俣病、痛痛病、乌脚病等地方性疾病就是典型的例子（张学林等，1998；程鹏立，2008；易宗娓和何作顺，2014）。我们也可通过调控植物对污染物的吸收或者促进植物对污染物的转化降解来修复污染土壤，恢复生态环境。养分、水分和污染物在土壤-植物系统中的传输受多层次的微界面过程影响，主要表现在土壤中基于胶体的物质传输、土壤中污染物的钝化过程、根际微界面过程和植物体内的微界面过程（朱永官，2003）。探索土壤矿物-植物系统中的微界面过程对了解土壤中污染物的环境行为、优化土壤生态服务功能、改善环境质量和保障人体健康具有科学意义和实际价值。

鉴于土壤矿物-植物界面发生的生物、生物化学和物理化学反应过程与土壤中有机污染物迁移转化及其归宿等环境行为关系密切（图 6-1），以及该界面的复杂性和重要作用，本章将以该界面为切入点，系统综述土壤矿物-植物界面过程和界面反应对有机污染物迁移转化的影响。着重探讨：①土壤矿物在土壤-植物系统的界面过程和界面反应中发挥的作用及其对有机污染物赋存形态、迁移转化的影响；②植物根系与根际对土壤矿物-植物界面物质循环和污染物环境行为的影响；③有机污染物自身性质对其在土壤-植物系统中迁移转化的影响。

图 6-1　土壤矿物-植物界面有机污染与反应示意图

第一节　土壤矿物-有机污染物界面反应

一、土壤主要矿物对有机污染物在土壤-植物界面中环境行为的影响

有机污染物进入土壤后在土壤各组分界面进行一系列物理、化学和生物过程，如被土壤矿物和有机质吸附、随着地表径流迁移或者淋溶至深层土壤、随矿物颗粒进行远距离传输、被植物根系吸收以及被土壤微生物降解等。

（一）土壤矿物与有机污染物的作用方式

不同的土壤组分与有机污染物的作用不同，从而影响有机污染物的移动性、扩散性、降解性和生物有效性。在诸多土壤组分中，土壤矿物是其主要组分之一。土壤矿物主要是铝硅酸盐及其氧化物，以各种晶体或无定形的形式存在，其含量约占土壤固相物质干重的95%以上，是土壤固相物质最主要的成分，也是一种最重要的环境介质。总结归纳起来，土壤矿物与有机污染物的作用主要体现在以下三个方面：

（1）土壤矿物通过吸附作用影响有机污染物在环境中的赋存。疏水性有机污染物主要通过疏水分配作用吸附于有机质含量较高的土壤或者底泥中，而在有机质含量较低的环境中，矿物与有机物之间的作用会从很大程度上影响甚至决定有机污染物的分配（Luthy et al.，1997）。

（2）土壤矿物可以通过水力作用和风力作用等在整个环境系统中进行迁移，从而影响吸附于土壤矿物上的有机污染物在环境中的迁移。研究表明，铵根离子在土壤和地下水中的衰减与地层土壤矿物特征及孔径分布密切相关（Buss et al.，2004）。这从一定程度上说明当土壤矿物转移到水环境或大气环境中时，与其相互作用的有机污染物的迁移规律也会受到影响。

（3）土壤矿物表面具有催化特性，可催化有机物的转化和降解。土壤矿物表面性质独特，具有布朗斯特酸位和路易斯酸位，可催化相关酸催化反应（Adams et al.，1994）。另外，当土壤矿物表面双电层伴随有平衡表面电荷的阳离子时，等效于一个浸渍于电解液中的阴极，可以催化氧化还原反应（Gorski et al.，2013）。

（二）土壤矿物性质对有机污染物环境行为的影响

土壤矿物不仅在土壤中的含量大，而且其表面有大量的活性吸附位点，因此对于有机化合物，特别是可解离疏水性有机化合物，土壤矿物是较强的土壤活性吸附成分。尤其是干土条件下对气态有机化合物的吸附，土壤矿物对有机化合物的吸附贡献更大。

土壤矿物的性质对其与有机污染物之间的吸附作用和吸附机制有重要影响。当黏土层间交换不同的阳离子时，黏土的性质（包括对有机污染物的吸附亲和力）会发生很大改变。例如，当蒙脱石交换不同的碱金属阳离子 Na^+、K^+、Cs^+ 后，对于硝基芳香族化合物（NACs）的吸附能力差异显著。黏土矿物层间阳离子被交换为季铵盐等有机阳离子后，可提供一种疏水微域，使得黏土矿物对非极性的疏水性有机污染物（HOCs）的吸附亲和力和吸附容量均有极大提高（Zhu et al.，2008；Xu and Zhu，2009；Lee and Tiwari，2012）。例如，十六烷基三甲基胺改性黏土对苯和三氯乙烯的吸附亲和力甚至高于一般的土壤有机质（Boyd et al.，1988）。黏土的性质及有机阳离子的性质对改性黏土的吸附性能均有很大影响。当黏土具有更高的电荷密度时，或交换到黏土层间的有机阳离子具有更长的疏水长链时，均使黏土层间形成的疏水区域扩大。Wang 等（2001）

发现利用不同长度烷基的季铵盐合成有机改性黏土后，有机改性黏土的层间距随着烷基链的长度增大而增大——烷基链长度为 12、16、18 个碳原子时，有机改性黏土的层间距分别为 1.36nm、1.79nm、1.85nm。此外，有机改性黏土层间距还受到有机阳离子在黏土层间排布结构的影响。黏土层间交换了有机季铵盐阳离子后，不仅在黏土矿物层间形成了疏水性极强的疏水微域，而且保留了原黏土层所具有的极性吸附位点，因此除了对一些非极性/弱极性的 HOCs 具有较强的吸附能力以外，对于一些强极性的有机污染物（如酚类、农药等）也具有很强的吸附亲和力（Yan et al., 2007a；Yan et al., 2007b；Alkaram et al., 2009）。还有研究者认为，苯酚、对硝基苯酚和苯胺在合成的双阳离子及阴-阳离子有机黏土上的吸附主要为表面吸附，而在高浓度情况下则是分配机制起主导作用（Zhu et al., 2000）。黏土的粒径也会极大影响黏土的比表面积、絮凝沉淀性质、形成胶体的能力等性质，从而影响其与有机污染物之间的吸附行为。有报道称，黏土粒径会影响黏土矿物溶液-凝胶转变、溶解过程、对金属离子的吸附亲和力、阳离子交换激活过程的动力学，以及光谱的反射等（Cooper and Mustard, 1999；Michot et al., 2008；Galambo et al., 2010；Grybos et al., 2010；Karimi and Salem, 2011；Grybos et al., 2011）。

二、土壤含硅矿物对有机污染物在土壤-植物界面中环境行为的影响

硅在地壳的丰度为 29.50%，仅次于氧，居第二位，它几乎存在于所有的矿物中，也广泛分布在海水、河水和动、植物体内。硅容易与氧结合，自然界中没有游离态的硅，它主要以氧化物和硅酸盐的形式存在。土壤中硅（以 SiO_2 计）的含量占 50%～70%。在诸多喜硅植物中，作为人类主要粮食作物之一的水稻是最受关注的作物。世界约 50%人口以大米为主食，我国 60%以上的人口以大米为主食。硅在环境中的浓度与水稻体内的砷浓度和形态相关，不论是水培还是土培环境，外界硅的浓度与水稻幼苗中 As(Ⅲ)和/或 As(Ⅴ)的吸收与含量呈负相关（Tripathi et al., 2013）。也有研究表明施硅可以降低水稻体内的 Cd、Cr 等重金属含量且可以缓解 Cd、Mn、Zn、Cr、Fe、As 等重金属或类金属对水稻的胁迫，增强水稻的抗氧化能力，对胁迫下水稻的生长有积极促进作用（耿安静，2018）。这主要是因为重金属在植物体内累积会产生氧化胁迫，而施硅能减少活性氧的产生、降低植物体内的丙二醛（MDA）含量并增强植物的抗氧化能力，从而减轻重金属对水稻的伤害。

植物对硅的吸收过程备受关注。在 pH<9 的土壤溶液和水体中，硅主要以正硅酸的形式存在，这也是高等植物和硅藻吸收硅的主要形态，植物从溶液中吸收硅的数量和比例取决于植物品种的特性和溶液中硅酸的浓度。植物对不带电荷的 H_4SiO_4 的吸收可能是被动吸收过程，整个吸收过程不具有选择性，H_4SiO_4 由根到

茎的运输主要是通过木质部的蒸腾流，有些学者猜想硅在植物体内随水的流动而向上运输，这种猜想在禾本科植物上得到了很好的验证。基于植物对硅的吸收是被动吸收的假设，有人认为可以用植物体内的硅浓度来表示植物对水分的吸收，但是越来越多的证据表明，植物对水和硅的吸收并无直接的比例关系。即使是旱地草本植物，它们对水和硅的吸收也没有直接相关性，因为硅在通过木质部运输的过程中必须保持在水中（必须保持非聚合状态），但木质部很难阻止硅的聚合，硅很可能与有机物结合形成复合物（Savant et al.，1996），如硅可与酚结合或通过 Si—O 键与细胞壁上的木质素-碳水化合物结合成复合物（Inanaga and Okasaka，1995）。有研究表明，在低浓度条件下水稻和小麦等植物对硅的吸收以主动吸收为主，而在高浓度条件下水稻对硅的被动吸收增多，而小麦还主要是被动吸收。不同种类植物对硅的吸收不同，富硅植物对硅的吸收远远超过对水的吸收，而非富硅植物对硅的吸收与对水的吸收相似，或者低于对水的吸收（Matoh et al.，1986）。与此相对应的是，水稻和其他富硅植物对硅的吸收与根代谢密切相关，受蒸腾速率的影响不大。因此，在矿物-植物界面，具体来说，在土壤矿物-植物根系界面过程中，植物根系对硅的吸收很大程度上会影响植物对污染物的吸收和转运。然而，以往的研究多集中在硅对植物吸收和转运重金属的影响，而对吸收和转运有机污染物的影响的研究很少。研究表明，施用硅肥不仅对水稻营养物质吸收及提高产量等具有促进作用，还可提高农作物对砷、锰、铝和镉等重金属或类金属毒害的抗性，抑制或缓解锶、硒、铯、铜和铬等对水稻的毒害作用（王继朋，2003）。由此可见，施用硅肥对促进水稻生长和提高稻米质量安全具有重要意义，这是一种简易、可行、有效、多功效的方法。

当前针对有机砷的研究主要集中在其总量而忽略了其通过食物链的富集及其对人体的潜在危害。目前较多的地区受到有机砷及其代谢产物的污染，污染来源有土壤、灌溉水、有机肥等，进而导致大米砷超标的可能性大大提高，大米质量安全受到较大风险。目前主要集中研究水稻受无机砷胁迫的影响及控制措施，而忽略了有机砷污染对水稻的影响及其调控措施。近来，有研究以曾作为饲料添加剂广泛使用的有机砷——阿敏酸和曾作为农药广泛使用的有机砷——甲基砷酸钠为研究对象，考察施硅肥对受这两种有机砷胁迫的水稻的影响（耿安静，2018）。结果表明，施 168 mg/L 的硅酸钠缓解了 0~200 mg/L 范围内阿敏酸和甲基砷酸钠对水稻的胁迫，主要是因为施硅促进了水稻的生长，降低了脂质过氧化，增强了水稻的抗氧化系统，刺激了蛋白质代谢，并有效阻控了水稻对砷的吸收，进而提高了水稻对有机砷的抗性。该结果表明硅肥在降低水稻对有机砷吸收、提高稻谷质量方面有一定的积极作用，也说明土壤矿物中的硅对调控植物吸收污染物具备较大潜力。矿物-植物界面相互作用对有机污染物转化的影响的研究有待扩展。

第二节 有机污染物-植物界面反应

在土壤-植物系统中,有机污染物的迁移和转化受根-土界面多层次的微生态过程所控制,主要表现在根系界面的微生态过程和根际界面的微生态过程。

一、根系界面过程

Plenk 于 1795 年首次发现植物能通过根系向外分泌一些物质,基本形成了根系分泌物的概念。1904 年,德国微生物学家 Lorenz Hiltner 提出根际的概念,学术界开始关注根际中根系分泌物与根际土壤间的相互作用。植物根系分泌物是指植物在一定的生长条件下,由植物根系释放到根际环境中的物质的总称,这些物质在植物根际效应中发挥着重要作用。它们是植物与土壤、水、大气进行物质、能量和信息交换的载体,能改变根-土界面微生态系统中污染物的生物有效性,也有改善植物对污染土壤修复作用以及改良植物遗传等作用(Suresh and Ravishankar, 2004)。由于根系分泌物能显著诱导根际土壤理化及生物学性状发生改变,研究根系分泌物在根-土界面的环境行为及其影响一直是热点问题。根系分泌物对有机污染物在根-土界面的环境行为主要有三个方面的作用:酶系统直接影响微生态过程,通过增加微生物的数量间接提高微生态过程,以及根系分泌物诱导的共代谢或协同代谢微生态过程(Newman and Reynolds, 2004; Rentz et al., 2005)。

植物在外源有机污染物胁迫下会产生特异性根系分泌物。根系分泌物组成和含量的变化是植物响应环境胁迫最直接、最明显的反应,它是不同生态型植物对其生存环境长期适应的结果(Benizri et al., 2002)。这种根系界面过程,可促使植物在污染胁迫下建立体外抗性机制,主动释放特异性根系分泌物,诱导根际微生物群落结构的定向变化,并由此影响污染物在根系界面的吸收、积累等环境行为,从而改变污染物对根系的化学致毒效应,这对实现污染根际的生物修复及植物受毒害症状的减轻和恢复均具有积极的意义。目前,有关金属及重金属污染胁迫下植物适应性调节机制的研究已取得一定进展,例如,禾本科植物缺铁时,其根系可分泌特定的高铁载体(phytosiderophore)来活化土壤中的铁,提高根际环境中铁元素的有效性(中华人民共和国农业部教育司,1998);铝胁迫下,耐铝荞麦根系可向根外分泌草酸,并与铝以分子比 3∶1 的形式结合,有效地减轻铝对根系的毒害(Ma et al., 1997)。但关于有机污染物胁迫下特异性根系分泌物的相关微生态过程的研究还有不足,其原因主要受到根系分泌物分析技术的限制。近年来随着新方法、新理论与新技术[^{13}C NMR、FTIR、HPLC-MS、磷脂脂肪酸(PLFA)分析法、DNA 指纹技术等]的问世及其在环境化学及生物学领域的成功应用,有机污染物与根系分泌物相互作用的相关研究不断丰富。有研究表明，两种红树林植物暴露于菲和芘溶液中 7 天后，其根系分泌物总量和六种低分子量有机酸含量都会增加（Jiang et al., 2017）。小白菜根系分泌物（图 6-2）能促使土壤中溶解性有机质溶出，增加了软土对邻苯二甲酸酯的吸附（Lin et al., 2018）。也有报道认为根系分泌物会增加植物对有机污染物的吸收累积。例如，生菜对全氟辛酸吸收实验中，根系分泌物中的草酸是促进生菜根系对全氟辛酸吸收的关键成分。草酸增强了土壤中金属离子、铁/铝氧化物和有机质的溶解，并和它们形成草酸金属络合物，增强了其生物有效性，促进了生菜对全氟辛酸的吸收（Xiang et al., 2020）。

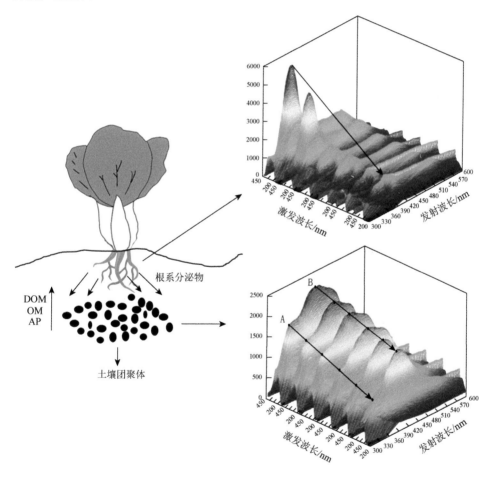

图 6-2 小白菜根系分泌物促使土壤中溶解性有机质溶出，增加软土对邻苯二甲酸酯的吸附
（Lin et al., 2018）

二、根际界面过程

根际环境是根-土界面的重要组成部分。根际是指植物根系与土壤之间的微界面，其范围通常只有几微米到几毫米。根际界面由于受到根系生长活动的影响，其物理化学和生物学性状随根系界面的微生态过程会产生相应变化，与非根际土壤存在很大的差异。

（一）根际微界面过程对有机污染物环境行为的影响

根-土界面微生态系统中，一方面根系对根际土壤中阴、阳离子吸收不平衡，根呼吸、微生物呼吸和土壤动物代谢产生 CO_2，以及根系分泌有机酸和其他化学成分，可诱导根际界面 pH 的响应变化；另一方面根和根际微生物呼吸耗氧以及根系分泌的部分还原性物质，可诱导根际界面氧化还原电位（Eh）响应变化。当根-土界面因污染物出现而产生化学胁迫时，植物会建立体外抗性机制，并主动释放特异性根系分泌物，提高微生物群落对毒性物质的转化率。这些根际微生态调节过程中，微生物的响应可能是绝对数量增加，或者是污染物的根际特异微生物降解菌群的相对丰度增大；生物酶的响应可能是数量的增大和活性的增强，或者是特定酶（系）在某种污染物作用下的诱导表达，并由此改变生物对另一类化合物的代谢行为。这些响应变化过程均将直接或间接地影响污染物在根-土界面中的赋存形态、生物有效性以及迁移、转化和代谢方式等，从而使根-土界面中污染物的形态转化及其致毒效应变得不可预测。有研究借助 DNA 稳定同位素探针（DNA-SIP）技术，使用 ^{12}C 和 ^{13}C 标记的菲探究其在黑麦草根际的降解（图 6-3），结果表明，与普通土壤相比，黑麦草根际菲的降解效率显著提高，而外源添加根系分泌物的土壤中没有明显变化。高通量测序结果也表明黑麦草根际和外源添加根系分泌物增加了土壤中微生物的数量并且促进了菲降解活性菌群落的形成。此外，DNA-SIP 结果表明在黑麦草根际菲降解活性菌的种类和 C 标记的菲的相关降解基因 PAH-RHDα 丰度均高于根系分泌物处理的土壤（图 6-3）。这些研究进一步佐证植物根际界面对有机污染物降解的影响（Li et al.，2019）。但需要强调的是，根际环境中，特别就湿生或水生植物而言，根-土界面氧化铁、锰胶膜的形成，以及伴随微生物的利用转化产生的根际土壤腐殖质组成的变化，无疑也会影响污染物在根-土界面的环境行为，并产生根际与非根际的差别。

（二）菌根对有机污染物环境行为的影响

植物-菌根是自然界中最为广泛存在的共生体系，陆地生态系统中有 80%以上的植物可以形成菌根，因此菌根在根际界面的作用不容忽视。作为真菌与植物的结合体，菌根对土壤的影响具有微生物和植物双重特性，不仅能从微生物角度改

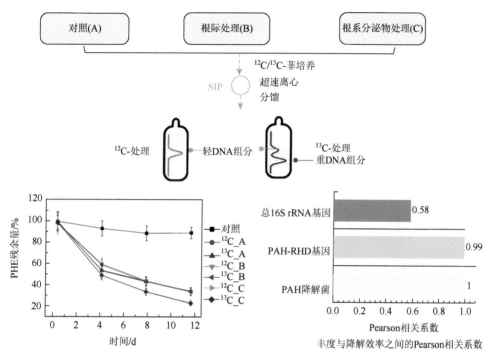

图 6-3 植物根际界面对有机污染物降解的影响（Li et al.，2019）

变土壤微生物种类和数量，影响污染物在根-土界面的环境行为，还能通过增大根系的吸收面积、降低植物与土壤之间的流体阻力，从而促进根系对水分和养分的吸收并影响污染物在根-土界面的环境行为（徐建明和何艳，2006）。有研究讨论了有机磷杀虫剂灭克磷对丛枝菌根（AM）真菌（*Glomus mosseae*）生长的影响，发现低浓度的灭克磷对 *Glomus mosseae* 的生长有刺激作用，而且 *Glomus mosseae* 可以通过加速自身物质代谢的周转速率，从而表现出对灭克磷的耐药性（范洁群等，2006）。徐建明和何艳（2006）发现有机氯农药对菌根菌在根表面的定植范围没有影响，但显著降低了根际土壤菌根菌的孢子数和菌丝体密度，这说明内生菌根菌能受到植物保护，免受了农药对它的毒害；Andrew 等（2016）认为菌根真菌和菌根对土壤有机污染物的降解有加速作用；然而，Joner 等（2006）则质疑该观点，在实验中他们发现由于外生菌根真菌 *Suillus bovinus* 的菌丝体具有疏水性，菌根更易吸收疏水性的 PAHs，由此抑制了 PAHs 在菌根际中的降解，这种作用与菌丝体对菌根际内养分的消耗作用类似。

（三）根际微生物对有机污染物环境行为的影响

根际微生物是根际环境的重要组成部分，它们深刻影响有机污染物在根际界面的环境行为。在生长 80 天的 C_4 植物狗尾草 *Pennisetum clandestinum* 根际土壤中，微生物的数量增大 7 个数量级，西玛津的降解率可达 52%，而非根际中西玛津的降解率仅为 20%（Singh et al., 2004）。阿特拉津在植物根际土壤中的半衰期较无植物对照土壤缩短约 75%，且根际土壤中阿特拉津的降解菌数量比对照土壤多 9 倍（Arthur et al., 2000）。另有研究原位收集了玉米（Zea mays L.）根系分泌物，研究了它们对 ^{14}C-芘的矿化作用的影响，结果表明添加 Zea mays L.根系分泌物的土柱中微生物 Biolog^{TM} 功能多样性增大，且 ^{14}C-芘的矿化作用明显增强（Yoshitomi and Shann, 2001）。Shaw 和 Burns（2005）研究了根-土界面中 2,4-二氯苯氧乙酸（2,4-D）的矿化行为，发现 Trifolium pratense 和 Lolium perenne 在根际中根沉降效应改变了 2,4-D 的矿化动力学方程，并加速了 2,4-D 的矿化，以最大可能数（MPN）法表征的 2,4-D 的降解菌数量也有相应增加。石油烃类污染物胁迫下，黑麦草和紫花苜蓿根区的微生物群落结构具有选择性富集效应，特异性降解菌群数量在污染土壤中比未污染土壤中增多，这是黑麦草和紫花苜蓿根际石油烃降解加速的根本原因（Kirk et al., 2005）。

（四）典型根际界面对有机污染物环境行为的影响

典型根际界面对污染物转化具有独特的作用。根-土界面会形成氧化铁/锰胶膜，且根际微生物可转化利用根际土壤腐殖质并改变根际土壤组成，从而影响污染物在根-土界面的环境行为，使其与非根际土壤中的行为有所差别。湿地植物为了更好地适应环境，其体内会形成大量的通气组织，大气中的氧气从植物叶片气孔进入体内并被输送到根系，然后释放到根际环境中，再氧化淹水土壤中的还原性物质 Fe^{2+}、Mn^{2+}。植物根系的连续氧化作用会在植物根表及质外体形成大量的铁锰氧化物，并呈胶膜状包裹在植物根表，成为"铁膜"。其中最典型的即为水稻根表铁膜。水稻根系表面由于根系泌氧作用使根际亚铁离子被氧化而在根表形成一层铁红色氧化铁胶膜。铁红色氧化铁胶膜由晶态或无定形态的铁氧化物或氢氧化物组成，其中水铁矿（$Fe_5HO_8·4H_2O$）约占 81%，针铁矿（α-FeOOH）约占 19%，还有少量赤铁矿（α-Fe_2O_3）（Liu et al., 2006）。有研究表明，大量金属离子（如砷、汞、镍、铬、铅等）与铁氧化物或氢氧化物共沉淀，成为铁膜的构成部分（Hansel et al., 2001）。另有研究表明，水稻根表铁膜对水稻吸收养分和某些重金属元素有较为明显的影响。水稻根表有铁锰氧化物膜包裹，可以吸附、固定淹水土壤中的重金属离子，从而阻止这些重金属离子进入水稻根系，减轻或缓解其对水稻的毒害作用（Wang and Peverly, 1999）。水稻根表铁膜能够富集根际土壤中的铁、磷、锌、镁、锰等必需的营养元素，当土壤溶液中养分缺乏时，铁膜中的养分元素能够被植物活化并吸收利用（Jiang et al., 2009）。有关水稻铁膜对有机污染物（如多环芳烃）的吸收累积的研究目前还鲜有报道。由于植物种类的差异，同种植物不同基因型也可能导致植物根际对多环芳烃的消减作用呈现出截然相反的效果。

水稻根表铁膜对根系吸收多环芳烃的影响（马斌，2012）和多环芳烃疏水性相关，如铁膜对植物根吸附菲的影响很小，去除铁膜后分配系数变化不大，根系对芘在吸附平衡后分配系数增加了 1 倍，而对苯并芘的分配系数增加了 1.3 倍。根表铁膜也会减少根系对多环芳烃的吸附，且多环芳烃疏水性越高，铁膜对多环芳烃吸附的影响越大。有研究分别选择具有 PAHs 抗性和敏感品种进行 7 天培养，铁膜对不同水稻品种根系吸收多环芳烃的影响如下（夏雯，2013），铁膜存在条件下，在第 2 天和第 4 天时，抗性品种根系菲、芘浓度明显高于敏感品种，但抗性品种对菲、芘具有更强的代谢能力，在第 7 天时，抗性品种中菲、芘浓度大部分低于敏感品种，同时铁膜存在的敏感品种水稻根系菲、芘的积累量最大。

铁膜作为根际环境中的特殊界面，在干湿交替过程中会发生复杂的氧化还原过程。除了对多环芳烃这一类有机污染物的环境行为产生显著影响以外，也会影响其他有机污染物的根际过程和根际行为（图 6-4）。有机砷制剂（如洛克沙砷）是一种常用于畜禽养殖的饲料添加剂，在使用过程中少量的洛克沙砷会随粪便排入环境中，由于在农业耕作中，农民常将含有氮和有机质的动物粪便用于农业堆肥，增加土壤肥力，因此粪便中的洛克沙砷也会随之进入耕地土壤中。在水稻田中，随着干湿交替过程的进行，吸附/解吸、氧化还原和光降解等一系列过程随之发生，因此会影响洛克沙砷的环境行为和环境归宿。有研究表明，水稻根表铁膜是一种"缓冲剂"，可有效防止砷进入根细胞，从而阻止其从根部转移到茎

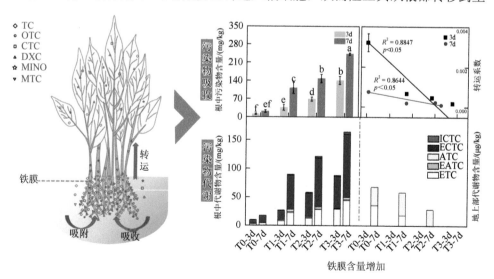

图 6-4　根表铁膜对植物吸收有机污染物的影响（Tang et al.，2021）

叶部分（Huang et al., 2015）。水稻铁膜对洛克沙砷的阻控效应主要体现在其对洛克沙砷的吸附，洛克沙砷与根表铁膜内官能团化学络合，同时洛克沙砷在负载根表铁膜的水稻根上的孔道内的物理扩散也会影响吸附速率（丁丹，2019），根表铁膜与洛克沙砷之间发生电子交换、转移或共有而形成化学键，这些过程可以被SEM-EDX、XPS、FTIR等手段证明。

对植物根表铁膜的研究大多集中在其对植物吸收和累积重金属的阻控效果，包括增加外在抗性和内在耐受性的作用，这些作用能减轻或者缓解植物受到重金属毒害。外阻机制是指根表铁膜能够通过吸附重金属元素，或者与重金属元素发生共沉淀，将重金属元素固定在根系表面；内在耐受机制是指根表铁膜可以通过吸收大量的铁进入根系，使铁与重金属元素竞争代谢敏感点，同时，植物可通过根系组织的内皮层和韧皮部将进入植物根系的重金属沉积在不敏感部位，进而增强植物的耐性。水稻铁膜作为矿物-植物界面一个重要而特殊的界面，在该界面上发生的一系列有机污染物的转化过程和转化行为越来越受到关注。

三、典型植物活性分子对有机污染物迁移转化的影响

通常，有机污染物在植物体内的代谢分阶段进行，第一阶段是有机污染物在植物体内进行氧化、还原与水解反应，这些反应往往是影响有机污染物活性与选择性的关键反应，植物体内酶的催化作用在这些生物化学反应中起重要作用；第二阶段主要是合成过程，在植物酶的作用下形成对植物无毒、高度水溶性、移动性很差的缀合物。这两个阶段都需要酶的参与，即酶在植物代谢有机物中的作用不容忽视。

细胞色素 P450 在植物体内广泛分布，而且种类多样，使生物体对许多结构不同的化学物质具有代谢作用，表现为脱甲基、环氧化、羟基化等多种反应类型（范淑秀等，2007），在植物内源与外源亲脂化合物氧化反应中起重要作用。外源诱导物可与细胞色素形成配位络合物，首先抑制酶的活性，随后产生酶的诱导（李颖娇和叶非，2003）。同时，P450 可与内质网缔合，可催化亲脂除草剂的氧化反应，如苯基脲除草剂绿麦隆通过环甲基羟基化作用及 N-脱甲基作用而解毒，这两种反应都需要 P450 的诱导（Brian et al., 1998）。另外，P450 也广泛存在于微生物中，这类酶系可以作用于在有机化合物的碳链加上 O，再经一系列反应使碳链断开，从而完成对有机污染物的降解，多环芳烃碳链的断裂也主要靠 P450 的作用，而且芳香环或烷基的羟基化也是细胞色素 P450 羟基化酶诱导的最普遍的有机物代谢反应（巩宗强等，2000）。

谷胱甘肽-S-转移酶（GST）是一类在生物体内与代谢和解毒有关的酶系，在植物体内具有催化一系列疏水、亲电子有机物的缀合作用，保护体内的蛋白质和核酸等，并使有害物质代谢为低毒化合物（张朝伦，2011），该酶系与有害物质结

合后被植物体排出体外,因此能保护植物细胞免受氧化伤害,去除内源性或外源性毒物毒性(Brophy and Barrett,1990)。几乎所有有机体体内都含有多种 GST 同工酶,目前从玉米体内已分离出 8 种胞液 GST 同工酶、7 种二聚体同工酶,这些 GST 同工酶均参与有机污染物的代谢。有研究表明,三氮苯、氯代乙酰胺、芳氧苯氧丙酸、二苯醚、磺酰脲、硫代氨基甲酸酯等多种类型有机物在植物体内均是由 GST 催化还原成谷胱甘肽(GSH)或高谷胱甘肽(hGSH)进行不可逆的缀合作用而代谢(Deridder et al.,2002)。GST 还能影响激素调控,防止脂质过氧化损伤,具有缓解氧化压力的作用。在农药等有机污染物的安全性评价中,也常以 GST 作为标志物来反映有机物的生物毒性程度。

多酚氧化酶(PPO)在植物体内对有机污染物也有转化作用。PAHs 虽然很难被生物降解,但目前已知具有木质素降解酶系——漆酶(一种多酚氧化酶)的白腐菌可以降解 PAHs。同时,漆酶有很强的降解五氯苯酚(PCP)的能力,且降解能力强(Roy-Arcand and Archibald,1991)。此外,PPO 作为有机物降解途径中的一类关键酶,能催化植物体内的 PAHs 开环反应,得到较易降解的中间产物。经纯化提取后的漆酶可以氧化大多数种类 PAHs,用纯漆酶液处理 72 h,苊去除率可达 35%,蒽和苯并[a]芘的去除率为 18% 和 19%,添加一定量的 1-羟基苯三唑(HTB)后,漆酶对 PAHs 几乎可完全降解(Majcherczyk et al.,1998)。

过氧化物酶(POD)是生物体内一类去除有机污染物的氧化酶,如苯酚类物质(Susarla et al.,2002)。植物体内 POD 活性的增加可以提高植物对聚合染料的耐受力(孙天华等,1990)。白腐菌体内有木质素过氧化物酶,这类 POD 可用于降解芳香类有机物,因为它们的结构与木质素结构单元相类似(陈坚等,2002)。

四、有机污染物性质对其在有机污染物-植物界面反应中的影响

(一)疏水性有机污染物

在土壤-植物系统中,有机污染物的理化性质会影响其与土壤组分间的相互作用,也会影响其在植物根-土界面的环境行为。植物通过根系吸收土壤溶液中的有机污染物,随着蒸腾流被吸收的有机物在木质部以被动运输的方式向茎叶传输。植物根系对有机污染物的吸收累积与污染物的疏水性和解离性密切相关。在植物根系内,有机污染物必须通过根系中一层疏水性的硬组织带才能进入内皮层,到达管胞和导管组织,并进一步在木质部向上转移。有机污染物的疏水性越强,通过硬组织进入内表皮的能力越小。例如,水稻(Oryza sativa L.)对土壤中有机化合物的根系富集因子(soil-root bioaccumulation factors,RCFs)与多氯联苯(PCB)的 $\lg K_{ow}$ 值(5.5~7.5)呈显著的正相关性($p<0.05$),与多溴联苯醚(PBDE)的 $\lg K_{ow}$ 值(6~10)呈显著的负相关性($p<0.01$),与双(六氯环戊二烯)环辛烷

(DPs)、1,2-二(2,4,6-三溴苯氧基)乙烷(BTBPE)和十溴二苯乙烯(DBDPE)的 $\lg K_{ow}$ 值(7.5～12)呈显著的负相关性($p<0.05$)(Zhang et al.,2015)。

(二)离子型有机污染物

Malchi 等(2014)研究发现,胡萝卜和红薯对立痛定、拉莫三嗪等非离子型药物的吸收远高于美托洛尔、双氯芬酸钠等离子型药物。温室土培实验结果表明玉米对离子型化合物全氟辛烷磺酸(PFOS)和全氟辛酸(PFOA)也具有吸收作用。水培实验发现玉米对 PFOS 的吸收是不需要能量的被动运输过程,但该过程需要水通道蛋白和阴离子通道等载体蛋白的参与,而植物对 PFOA 的吸收是一个需要能量供应的主动运输过程,还需要特定的阴离子通道参与(李冰等,2016)。

(三)有机污染物的其他性质与其在土壤-植物界面行为的相关性

有机污染物的分子量和分子结构也会影响植物根系吸收,植物根系容易吸收分子量小于 500 的有机化合物,分子量较大的非极性有机化合物因被根表面强烈吸附而不易被植物吸收,同时有机化合物的分子结构也会影响其与植物根系的相互作用,从而对植物产生不同的毒害效应(谢明吉,2008)。如氯代苯酚对植物的毒害随苯环上氯原子个数的增加而增大,在氯原子个数相同时,邻位取代毒性最大(朱雅兰,2010)。

污染物胁迫时间的长短与污染物在土壤中的老化过程密切相关,从而影响其根际降解速率。目前诸多研究均通过自行添加污染物来制备污染土壤,因此涉及添加污染物后其在土壤中平衡时间的问题。与新鲜污染土壤相比,污染物在其平衡一段时间后的老化土壤中,生物有效性降低,更不易被生物利用(Alexander and Martin,2000)。有研究以双酚类化合物为对象,研究其在老化土壤上的吸附/解吸行为,结果表明随着老化时间的延长,双酚类化合物在土壤上的吸附增加而解吸没有明显变化(Park et al.,2005)。Binet 等(2000)研究土壤老化对黑麦草根际 PAHs 降解快慢的影响,经六个月老化的污染根际相对于新鲜 PAHs 污染的黑麦草根际而言,PAHs 的降解速率有所降低。然而,有机污染物种类繁多,性质各异,根际环境又是生物和非生物活动十分活跃的微域,污染物在根际环境中有着复杂的微生态过程。因此,污染物自身性质差异引起的在根际环境中不同的环境行为还有待更多更深入的研究。

五、土壤矿物-作物作用与研究趋势

土壤-植物系统与人类生存和健康休戚相关,而土壤矿物-植物界面更是密集生物和非生物活动驱动下有机污染物发生迁移转化的主要区域。截至目前,土壤-植物界面相互作用对有机污染物迁移转化的影响已经取得一定的进展,但仍存在一些有待解决的问题。

有机污染物在土壤矿物-植物界面的消减过程十分复杂，而现有的研究往往将其归结为降解作用，在对污染的土壤-植物界面进行研究时，往往只关注污染物母体本身，而对其中间体、产物以及形态转化、内在机制等缺乏系统的认知和深入的研究。

土壤矿物-植物界面环境具有动态性、微域性和复杂性等特点。对于有机污染物在土壤矿物-植物界面微域的动态变化过程，以及有机污染物作用下土壤矿物-植物界面微域对胁迫的动态响应方面也缺乏系统而全面的认知。

根系分泌物是植物根际微域研究中最重要的研究对象，然而，根系分泌物收集方法这一最根本的问题一直未得到理想的解决方案。在不破坏植物根系的前提下如何成功实现原位收集根系分泌物这一技术难题亟待解决。而对于收集到的根系分泌物的组分鉴定技术也有待发展。此外，根际土壤的概念仍存在争论，根际土壤的收集方法也存在一定的缺陷，从而制约相关研究的发展进步。有必要对现有的抖动法、洗根法等根际土壤采集方法进行革新和优化以使其简单快捷又可以避免对根系产生影响。

综上所述，今后应明确有机污染物在土壤矿物-植物界面的赋存形态、迁移转化行为，揭示土壤矿物和植物调控这些界面过程的主控因子和内在机制，结合现有分子技术和多组学分析技术，不断发展现代分析技术和微观观测表征手段，为土壤质量保育、土壤污染植物修复、绿色农业生产和粮食安全提供理论依据和科学技术支撑。

参 考 文 献

陈坚, 刘立明, 堵国成. 2002. 环保用酶制剂的研究与应用现状. 苏州科技大学学报（工程技术版）, 15（2）: 1-7.
程鹏立. 2008. 日本"水俣病"的社会学研究. 河海大学学报（哲学社会科学版）, 10（4）: 30-33.
丁丹. 2019. 根表铁膜对水稻富集洛克沙胂的影响. 长沙: 湖南农业大学.
范洁群, 冯固, 李晓林. 2006. 有机磷杀虫剂——灭克磷对丛枝菌根真菌 *Glomus mosseae* 生长的效应. 菌物学报, 25（1）: 125-130.
范淑秀, 李培军, 巩宗强, 等. 2007. 苜蓿对多环芳烃菲污染土壤的修复作用研究. 环境科学, 28（9）: 2080-2084.
耿安静. 2018. 水稻对有机胂胁迫的响应与硅调控机理. 武汉: 华中农业大学.
巩宗强, 李培军, 王新, 等. 2000. 污染土壤中多环芳烃的共代谢降解过程. 生态学杂志, (6): 40-45.
李冰, 姚天琪, 孙红文. 2016. 土壤中有机污染物生物有效性研究的意义及进展. 科技导报, 34（22）: 48-55.
李颖娇, 叶非. 2003. 除草剂安全剂对作物细胞色素 P450 及其他酶活性和水平的影响. 农药学报, 5（3）: 9-15.
马斌. 2012. 多环芳烃在根际界面的环境行为及微生物响应. 杭州: 浙江大学.
孙天华, 刘振鸿, 林少宁. 1990. 凤眼莲净化印染废水过程中根系微生态系统的作用. 环境科学, 11（3）: 24-27.
王继朋. 2003. 硅在几种植物中的吸收、分配及其作用探讨. 北京: 中国农业大学.
夏雯. 2013. 多环芳烃在不同耐性水稻根际的消解行为及其微生物机制研究. 杭州: 浙江大学.
谢明吉. 2008. 多年生黑麦草（*Lolium perenne* L.）对菲的吸收和生理响应. 厦门: 厦门大学.
徐建明, 何艳. 2006. 根-土界面的微生态过程与有机污染物的环境行为研究. 土壤, 38（4）: 353-358.

易宗娓，何作顺. 2014. 镉污染与痛痛病. 职业与健康，30（17）：2511-2513.

张朝伦. 2011. 植物化学保护. 北京：中国农业出版社.

张学林，王金达，王文军. 1998. 环境中砷的分布及其对健康的危害. 中国地方病防治杂志，13（5）：275-278.

中华人民共和国农业部教育司. 1998. 环境胁迫与植物根际营养. 北京：中国农业出版社.

朱雅兰. 2010. 土壤农药污染植物修复研究进展. 安徽农业科学，38（14）：7490-7492，7500.

朱永官. 2003. 土壤-植物系统中的微界面过程及其生态环境效应. 环境科学学报，23（2）：205-210.

Adams J M, Dyer S, Martin K, et al. 1994. Diels-Alder reactions catalysed by cation-exchanged clay minerals. J Chem Soc，6：761-765.

Alexander M. 2000. Aging, bioavailability, and overestimation of risk from environmental pollutants. Environl Sci Technol，34（20）：4259-4265.

Alkaram U F. Mukhlis A A, Al-Dujaili A H. 2009. The removal of phenol from aqueous solutions by adsorption using surfactant-modified bentonite and kaolinite. J Hazard Mater，169（1/2/3）：324-332.

Arthur E L, Perkovich B S, Anderson T A, et al. 2000. Degradation of an atrazine and metolachlor herbicide mixture in pesticide-contaminated soils from two agrochemical dealerships in Iowa. Water Air Soil Pollut, 119（1）：75-90.

Benizri E, Dedourge O, Dibattista-Leboeuf C, et al. 2002. Effect of maize rhizodeposits on soil microbial community structure. Appl Soil Ecol，21（3）：261-265.

Binet P, Portal J M, Leyval C. 2000. Dissipation of 3-6-ring polycyclic aromatic hydrocarbons in the rhizosphere of ryegrass. Soil Biol Biochem，32（14）：2011-2017.

Boyd S A, Mortland M M, Chiou C T. 1988. Sorption characteristics of organic compounds on hexadecyltrimethylammonium-smectite. Soil Sci Soc Am J，52（3）：652-657.

Brian M G, Lau S C, Lee D J, et al. 1998. Homoglutathione selectivity by soybean glutathione S-transferases. Pesticide Biochem Physiol，62（1）：15-25.

Brophy P M, Barrett J. 1990. Glutathione transferase in helminths. Parasitology，100（2）：345-349.

Buss S R, Herbert A W, Morgan P, et al. 2004. A review of ammonium attenuation in soil and groundwater. Q J Eng Geol Hydroge，37（4）：347-359.

Cooper C D, Mustard J F. 1999. Effects of very fine particle size on reflectance spectra of smectite and palagonitic soil. Icarus，142（2）：557-570.

Deridder B P, Dixon D P, Beussman D J, et al. 2002. Induction of glutathione S-transferases in *Arabidopsis* by herbicide safeners. Plant Physiol，130（3）：1497-1505.

Galambo M, Kufáková J, Rosskopfová O, et al. 2010. Adsorption of cesium and strontium on natrified bentonites. J Radioanal Nucl Ch，283（3）：803-813.

Gorski C A, Klüpfel L E, Voegelin A, et al. 2013. Redox properties of structural Fe in clay minerals. 3. Relationships between smectite redox and structural properties. Environ Sci Technol，47（23）：13477-13485.

Grybos M, Billard P, Desobry-Banon S, et al. 2011. Bio-dissolution of colloidal-size clay minerals entrapped in microporous silica gels. J Colloid Interf Sci，362（2）：317-324.

Grybos M, Michot L J, Skiba M, et al. 2010. Dissolution of anisotropic colloidal mineral particles：Evidence for basal surface reactivity of nontronite. J Colloid Interf Sci，343：433-438.

Hansel C M, Fendorf S, Sutton S, et al. 2001. Characterization of Fe plaque and associated metals on the roots of mine-waste impacted aquatic plants. Environ Sci Technol，35（19）：3863-3868.

Huang Q, Yu Y, Wang Q, et al. 2015. Uptake kinetics and translocation of selenite and selenate as affected by iron plaque on root surfaces of rice seedlings. Planta，241（4）：907-916.

Inanaga S, Okasaka A. 1995. Calcium and silicon binding compounds in cell walls of rice shoots. Soil Sci Plant Nutr, 41 (1): 103-110.

Jiang F Y, Chen X, Luo A C. 2009. Iron plaque formation on wetland plants and its influence on phosphorus, calcium and metal uptake. Aqua Ecol, 43: 879-890.

Jiang S, Xie F, Lu H L, et al. 2017. Response of low-molecular-weight organic acids in mangrove root exudates to exposure of polycyclic aromatic hydrocarbons. Environ Sci Pollut Res, 24: 12484-12493.

Joner E J, Leyval C, Colpaert J V. 2006. Ectomycorrhizas impede phytoremediation of polycyclic aromatic hydrocarbons (PAHs) both within and beyond the rhizosphere. Environ Pollut, 142 (1): 34-38.

Karimi L, Salem A. 2011. The role of bentonite particle size distribution on kinetic of cation exchange capacity. J Ind Eng Chem, 17 (1): 90-95.

Kirk J L, Klironomos J N, Lee H, et al. 2005. The effects of perennial ryegrass and alfalfa on microbial abundance and diversity in petroleum contaminated soil. Environ Pollut, 133 (3): 455-465.

Lee S M, Tiwari D. 2012. Organo and inorgano-organo-modified clays in the remediation of aqueous solutions: An overview. Appl Clay Sci, 59-60: 84-102.

Li J, Luo C, Zhang D, et al. 2019. Diversity of the active phenanthrene degraders in PAH-polluted soil is shaped by ryegrass rhizosphere and root exudates. Soil Biol Biochem, 128: 100-110.

Lin Y, Wang L, Li R, et al. 2018. How do root exudates of bok choy promote dibutyl phthalate adsorption on mollisol? Ecotox Environ Safety, 161: 129-136.

Liu W J, Zhu Y G, Hu Y, et al. 2006. Arsenic sequestration in iron plaque, its accumulation and speciation in mature rice plants (*Oryza sativa* L.). Environ Sci Technol, 40 (18): 5730-5736.

Luthy R G, Aiken G R, Brusseau M L, et al. 1997. Sequestration of hydrophobic organic contaminants by geosorbents. Environ Sci Technol, 31 (12): 3341-3347.

Ma J F, Zheng S J, Matsumoto H. 1997. Detoxifying aluminum with buckwheat. Nature, 390: 569-570.

Majcherczyk A, Johannes C, Hüttermann A. 1998. Oxidation of polycyclic aromatic hydrocarbons (PAH) by laccase of *Trametes versicolor*. Enzyme Microb Tech, 22 (5): 335-341.

Malchi T, Maor Y, Tadmor G, et al. 2014. Irrigation of root vegetables with treated wastewater: Evaluating uptake of pharmaceuticals and the associated human health risks. Environ Sci Technol, 48 (16): 9325-9333.

Matoh T, Kairusmee P, Takahashi E. 1986. Salt-induced damage to rice plants and alleviation effect of silicate. Soil Sci Plant Nutr, 32 (2): 295-304.

Meharg A A, Cairney J. 2016. Ectomycorrhizas—extending the capabilities of rhizosphere remediation? Soil Biology & Biochemistry, 32: 1475-1484.

Michot L J, Bihannic I, Maddi S, et al. 2008. Sol/gel and isotropic/nematic transitions in aqueous suspensions of natural nontronite clay. Influence of particle anisotropy. 1. Features of the I/N transition. Langmuir, 24 (7): 3127-3139.

Newman L A, Reynolds C M. 2004. Phytodegradation of organic compounds. Curr Opin Biotechnol, 15 (3): 225-230.

Park J H, Sharer M, Feng Y, et al. 2005. Effects of aging on the bioavailability and sorption/desorption behavior of biphenyl in soils. Water Sci Technol, 52 (8): 95-105.

Rentz J A, Alvarez P J J, Schnoor J L. 2005. Benzo[a]pyrene co-metabolism in the presence of plant root extracts and exudates: Implications for phytoremediation. Environ Pollut, 136 (3): 477-484.

Roy-Arcand L, Archibald F S. 1991. Direct dechlorination of chlorophenolic compounds by laccases from *Trametes* (*Coriolus*) *versicolor*. Enzyme Microb Tech, 13 (3): 194-203.

Savant N K, Snyder G H, Datnoff L E. 1996. Silicon management and sustainable rice production. Adv Agron, 58:

151-199.

Shaw L J, Burns R G. 2005. Rhizodeposits of *Trifolium pratense* and *Lolium perenne*: Their comparative effects on 2, 4-D mineralization in two contrasting soils. Soil Biol Biochem, 37 (5): 995-1002.

Singh N, Megharaj M, Kookana R S, et al. 2004. Atrazine and simazine degradation in *Pennisetum rhizosphere*. Chemosphere, 56 (3): 257-263.

Suresh B, Ravishankar G A. 2004. Phytoremediation—a novel and promising approach for environmental clean-up. Criti Rev Biotechnol, 24 (2/3): 97-124.

Susarla S, Medina V F, Mccutcheon S C. 2002. Phytoremediation: An ecological solution to organic chemical contamination. Ecol Eng, 18 (5): 647-658.

Tang J, Wang P F, Xie Z X, et al. 2021. Effect of iron plaque on antibiotic uptake and metabolism in water spinach (*Ipomoea aquatic* Forsk) grown in hydroponic culture. Journal of Hazardous Materials, 417: 125981.

Tripathi P, Tripathi R D, Singh R P, et al. 2013. Silicon mediates arsenic tolerance in rice (*Oryza sativa* L.) through lowering of arsenic uptake and improved antioxidant defence system. Ecol Eng, 52: 96-103.

Wang K H, Choi M H, Koo C M, et al. 2001. Synthesis and characterization of maleated polyethylene/clay nanocomposites. Polymer, 42 (24): 9819-9826.

Wang T, Peverly J H. 1999. Iron oxidation states on root surfaces of a wetland plant (*Phragmites australis*). Soil Sci Soc Am J, 63 (1): 247.

Xiang L, Chen X T, Yu P F, et al. 2020. Oxalic acid in root exudates enhances accumulation of perfluorooctanoic acid in lettuce. Environ Sci Technol, 54 (20): 13046-13055.

Xu L, Zhu L. 2009. Structures of OTMA-and DODMA-bentonite and their sorption characteristics towards organic compounds. J Colloid Interf Sci, 331 (1): 8-14.

Yan L G, Shan X Q, Bei W, et al. 2007a. Effect of lead on the sorption of phenol onto montmorillonites and organo-montmorillonites. J Colloid Interf Sci, 308 (1): 11-19.

Yan L G, Wang J, Yu H Q, et al. 2007b. Adsorption of benzoic acid by CTAB exchanged montmorillonite. Appl Clay Sci, 37 (3/4): 226-230.

Yoshitomi K J, Shann J R. 2001. Corn (*Zea mays* L.) root exudates and their impact on ^{14}C-pyrene mineralization. Soil Biol Biochem, 33 (12/13): 1769-1776.

Zhang Y, Luo X J, Mo L, et al. 2015. Bioaccumulation and translocation of polyhalogenated compounds in rice (*Oryza sativa* L.) planted in paddy soil collected from an electronic waste recycling site, South China. Chemosphere: Environmental Toxicology & Risk Assessment, 137: 25-32.

Zhu J, Zhu L, Zhu R, et al. 2008. Microstructure of organo-bentonites in water and the effect of steric hindrance on the uptake of organic compounds. Clays Clay Mine, 56 (2): 144-154.

Zhu L, Chen B, Shen X. 2000. Sorption of phenol, *p*-nitrophenol, and aniline to dual-cation organobentonites from water. Environ Sci Technol, 34 (3): 468-475.

第七章 矿物与微生物间的界面反应

微生物是地球上最原始的生命形式,是全部原核细菌、原核古菌、部分真菌和单细胞真核藻类等生物的总称。它们分布广泛、数量巨大、种类丰富、功能多样。微生物与矿物的相互作用是地球表层系统中重要的生态过程。微生物的活动在地球元素循环和矿物的形成、风化等方面起着非常重要的作用,而且微生物的分布、活性、多样性、基因的表达与转化等过程又与矿物界面密切相关。土壤中的矿物具有巨大的比表面积和表面能,能够吸附土壤微生物,控制着微生物在土壤中的生存和迁移,制约着它们的活性和能力。研究土壤矿物与微生物相互作用对于认识土壤的形成演化过程,揭示污染物转化和降解规律,评价微生物对污染土壤的修复效率等方面都具有重要的意义。

20世纪60年代,土壤学家就开始研究土壤微生物与矿物的相互作用。迄今为止,已经开展了关于微生物在矿物表面的吸附过程、矿物对微生物和生物分子活性的影响、微生物对矿物的溶解以及矿物-微生物-土壤污染物三者间的关系等多个方面的研究。

第一节 微生物在矿物上的吸附和作用类型

一、微生物在矿物上的吸附过程

微生物与矿物相互作用的第一步是吸附反应,属于胶体表面化学范畴,又因微生物具有生物活性而使得吸附反应不仅具有物理化学特性又具有生物特性。一般吸附反应包括4个步骤:①细胞向固相表面迁移。细菌由于布朗运动或对流而向矿物表面扩散,或者由于化学趋化性依靠鞭毛运动主动向矿物界面靠拢。②初始吸附,两者相互接触,细菌黏附于矿物表面。③细胞逐步紧密地结合在矿物颗粒上。④细菌在矿物颗粒表面定植,形成黏附的微菌落或生物膜。初始吸附过程反应较快,可以在几秒或几分钟内完成,此时细菌可被视为无新陈代谢的惰性颗粒。而在结合与定植阶段,吸附反应的后两步可持续几小时或几天,细菌同时进行着新陈代谢,可被视为活性颗粒,在此过程中细菌合成并向外分泌胞外多聚物,如多聚糖和蛋白质,这些物质可以使细胞的吸附更加紧密。

二、吸附机制及初始吸附的理论模型

矿物与微生物间的吸附与解吸，是多种作用力共同作用的结果。这些作用力主要包括范德瓦耳斯力、静电力、疏水作用力（路易斯酸碱作用）、空间位阻作用及氢键等（荣兴民等，2008）。当细菌和矿物表面距离较远（>50 nm）时，起决定作用的是长程范德瓦耳斯力，一般表现为引力。细菌和矿物表面常带有电荷，当两种颗粒逐步靠近（2~20 nm），两者电场相互重叠，此时静电力不可忽视。当两者距离继续靠近（<2 nm），疏水作用力变得重要。根据 van Oss 的观点，当细菌与表面接触后，疏水作用力比范德瓦耳斯力大 10~100 倍。由于同晶置换作用或晶体边缘断键而形成表面活性基团，土壤矿物颗粒表面常带负电荷，而细菌表面也富含各种活性基团，如羟基、羧基、酮基、醛基以及肽键等，使细菌表面带负电荷。根据扩散双电层理论，细菌细胞要与矿物接触，它们可能通过胞外多聚物形成阳离子键桥、水桥或多聚物桥克服势能障碍。此外，细菌在土壤溶液中，形成粗分散系，这种粗分散系易受重力而沉降。因此，重力也可促进细菌在固相表面的定植。细菌细胞、生物大分子作为胶体颗粒，可能通过布朗运动吸附于固相表面。当胶体颗粒间距离很近（<1 nm）时，还存在空间位阻作用、氢键、表面基团的特异识别等相互作用。渗透压、表面粗糙度、微气泡形成的空穴也对吸附行为有影响。这些作用力和作用因素共同决定和影响着细菌在矿物表面的吸附与解吸行为。

土壤微生物与矿物的表面吸附过程，是两者相互作用的基础。如果将整个吸附过程看作一系列反应，则初始吸附通常为整个过程的限速步骤。因此，研究初始吸附是探讨细菌与矿物相互作用的关键。目前预测细菌与矿物间初始吸附过程的理论与模型主要有 4 种：表面自由能热力学模型、DLVO（Derjaguin-Landau-Verwey-Overbeek）理论、表面复合物模型和等温吸附模型（荣兴民等，2008）。

表面自由能热力学模型假定达到热力学平衡时吸附是可逆过程，但是在某些情况下细菌的吸附是不可逆过程，此外，若吸附发生在次级最小势能处，新的细胞-底物界面还未形成时，热力学模型一般不适用。热力学模型描述的是一个平衡过程，不能解释吸附过程中的动力学特征，也忽略了吸附自由能与距离的关系。该模型预测的细菌吸附行为与实际情况有矛盾的地方，还需要进一步完善。

微生物细胞大小一般在微米级，当其游离于土壤溶液时形成菌胶体悬液，其与固相表面间的吸附行为符合胶体动力学规律，可以用胶体学理论对二者间的吸附现象进行研究。Marshall 等（1971）认为电解质浓度对细菌吸附过程的影响可以用 DLVO 理论解释。根据经典的 DLVO 理论，细菌与固相表面的吸附反应，是两者间范德瓦耳斯力和静电力作用平衡的结果。相互作用的总能量（G^{TOT}）等于范德瓦耳斯力作用能（G^{LW}）和静电力作用能（G^{EL}）之和，即 $G^{TOT}(d) = G^{LW}(d) + G^{EL}(d)$。这里 d 为细菌与固相表面的距离，表明这两种作用能的大小与距离的远近直接相关。但经典的 DLVO 理论并没有考虑疏水相互作用（G^{AB}），扩展的 DLVO 理论认为细菌与固相表面的吸附是范德瓦耳斯力、静电力和疏水作用力 3 种作用力平衡的结果。Sharma 和 Rao（2003）运用表面自由能热力学模型和扩展的 DLVO 理论对多黏芽孢杆菌（*Paenibacillus polymyxa*）在黄铜矿和黄铁矿表面的吸附进行了比较研究，发现 DVLO 理论的预测与实际情况吻合。但应用表面自由能热力学模型，由于未考虑两者间的静电作用，得出细菌不能在这两种矿物表面吸附的结论。由此可见，DLVO 理论比表面自由能热力学理论能够更准确地预测细菌在矿物表面的吸附行为。扩展的 DLVO 理论可以看作是热力学理论与传统 DLVO 理论的结合。

化学平衡表面复合物模型认为，由于细菌表面含有羟基、羧基、磷酸基等基团，而且矿物表面也含有羟基等，因此在一定条件下，这些基团可以解离出 H^+。细菌表面基团和矿物表面基团可以发生特异性结合，形成表面复合物。若这种结合是可逆的，则根据解离平衡常数、不同实验条件下细菌的吸附量等参数，就可以拟合出细菌与矿物间吸附的最佳反应模型，并运用模型对吸附反应进行预测和模拟。该模型可以较好地解释不同 pH 和离子强度条件下枯草芽孢杆菌在刚玉表面的初始吸附（Yee et al.，2000）。

在等温条件下，矿物表面的细菌吸附量随体系中矿物浓度或随细菌浓度改变而发生变化。可以用经典的 Langmuir、Freundlich 吸附方程拟合它们之间的关系。Ohmura 等（1993）的研究发现在菌液浓度达到每毫升 $9.0×10^8$ 个细胞时，大肠杆菌（*Escherichia. coli*）在黄铁矿表面的吸附达到饱和，吸附量与菌液浓度的关系符合 Langmuir 方程。Mills 等（1994）的研究发现细菌在洁净石英砂表面的吸附量与细菌浓度和离子强度呈线性关系，等温线的斜率（K_d）在 0.55～6.11 mL/g 范围变化。由于矿物和细菌表面都带有负电荷，当离子强度最大时，吸附量也达到最大，这是因为当离子强度增大时，双电层厚度被压缩而使细菌与矿物间的吸附增强。

以上四种模型中，DLVO 理论对细菌的吸附行为的解释较为合理。其既可以解释两带电表面的静电力和范德瓦耳斯力，也可以用来描述矿物与细菌表面相互作用下势能随两者间距离的变化规律，还能模拟不同离子强度下相互作用势能随两带电表面双电层厚度的变化情况。但这一理论仍不能在未进行实验测定情况下，对反应体系进行估测，例如，预测反应体系中吸附于矿物表面的细菌和游离于溶液中细菌的数量分布。因此，只能作为实验中对吸附的机制进行解释。此外，若细胞表面含丰富的胞外多聚物，扩展的 DLVO 理论也未能准确地解释细菌的吸附，这是由于扩展 DLVO 理论忽视了胞外多聚物的结构和构象变化。而表面复合物模型可以通过实验数据，结合基本的化学规律，来推断其他条件下的反应情况，即可以对实际情况进行预测。

三、微生物对矿物的作用类型

微生物-矿物相互作用是地球上广泛存在的一种地质作用，对于岩石风化和土壤形成发育不可或缺，其作用类型主要包括微生物成矿作用、微生物对矿物的溶解和微生物作用下的晶型转化。

（一）矿物的形成

微生物成矿是指微生物及其代谢过程中所产生的有机质参与成矿，或分异聚集元素形成矿床，或矿化菌体自身直接堆积形成矿床的作用。按作用机制，可分为微生物控制成矿和微生物诱导成矿（蒋宏忱等，2016）。

微生物控制成矿是指通过微生物吸收、富集环境中的元素直接形成矿物。例如，趋磁细菌是一类可以感应地球磁场的微生物，可通过吸收环境中的铁元素在细胞体内合成有序排列的自生磁铁矿，并且有特定晶型，被称为"磁小体"，可作为"指南针"引导方向。微生物诱导成矿是指通过微生物的代谢活动改变微生物周围的微环境从而营造出适合矿物形成的条件，其中最有名的"白云石问题"长期困扰科学家。几十亿年前地球上形成了大量的白云石，厚达上千米。然而，理论上达到白云石沉淀条件的现代自然环境和实验室模拟实验中都难以沉淀出白云石。后来发现，硫酸盐还原菌的代谢活动可以提高细胞周围溶液的 pH 和碳酸盐碱度，同时有效地去除或降低抑制白云石成核的硫酸盐浓度，从而诱导白云石的沉淀析出（Deng et al.，2010）。因此，微生物诱导作用在白云石形成过程中可能起重要作用。此外，蓝藻等低等微生物的生命活动所引起的周期性矿物沉淀、沉积物的捕获和胶结作用而形成"石中花"［叠层石（stromatolite），在前寒武地层中大规模存在］也是微生物诱导成矿作用的体现。这些生物痕迹是地球上探索生命起源和生物演化的直接证据。

关于微生物诱导矿化的机制研究一直是矿化领域的热点问题（Qin et al.，2020）。在自然界中，微生物的矿化方式可根据形成部位分为细胞内矿化和细胞外矿化，但无论是哪种矿化方式，微生物均有一套精巧的控制系统以诱导矿物形成。完整的矿化过程包括矿化离子产生和富集、矿化起始以及矿物生长阶段。在每一个阶段，蛋白质都发挥着举足轻重的作用：吸附各类矿物离子，促进矿物成核，还能调控矿物尺寸、形状及功能。尤其在细胞内矿化过程中，囊泡内形成高浓度的蛋白质分子，不仅在结晶前防止矿物前体聚集，还可以在结晶时促进矿物前体转变为晶体，利用这些蛋白质可将矿物稳定在某一中间态，或许能得到特殊状态的矿物。

细胞外矿化需要满足以下条件：①充足的原料，如可溶性无机碳；②合适的 pH 和微生物代谢活动；③存在成核点。成核点可以是微生物分泌的胞外聚合物（EPS）或者细胞表面的蛋白质。EPS 通常包含高分子量的多糖、蛋白质，以及生物大分子如 DNA、脂类和腐殖质类物质。这是因为多聚糖和蛋白质等组分富含羧基、磷酸基、氨基和羟基基团，它们可以吸附和截留离子如 Ca^{2+}；当 EPS 发生降解时，过饱和的离子可发生沉淀而形成矿物（图 7-1）。此外，真菌的菌丝富含钙质层，可以成为方解石的成核点。

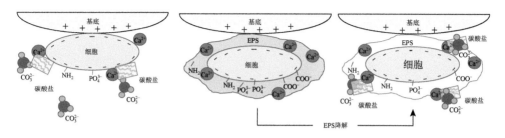

图 7-1 基于微生物 EPS 的碳酸钙胞外成核作用（Qin et al.，2020）

（二）矿物的溶解

微生物代谢产物中含有有机酸和 EPS 等物质，可以改变环境的 pH 和氧化还原电位，从而造成矿物溶解和微量元素释放。其机制概括起来主要有以下几个方面（朱永官等，2014）。

1. 酸解作用

酸解作用主要是依靠 H^+ 的质子交换作用。真菌能够产生柠檬酸、草酸和葡萄糖酸，而细菌产生的酸包括甲酸、乙酸、乳酸、琥珀酸、丙酮酸和其他一些小分子有机酸。在微生物作用下形成酸性环境，矿石中 Na^+、K^+ 和 Ca^{2+} 等碱金属和碱土金属阳离子易与 H^+ 发生交换而溶出。一些有机酸如柠檬酸、草酸和酒石酸等易与岩石中的高价金属离子（如 Fe、Al、Cu、Zn 和 Mn 等）通过络合作用形成络合物，从而加大这些元素的溶出。例如，土壤中的解钾细菌，可以通过分泌胞外物质作用于钾长石等含钾矿物，使矿物中的钾释放出来，微生物得到了其生长所必需的钾元素，同时也为土壤提供了重要的钾源，改善土壤肥力。

2. 胞外聚合物作用

微生物通过分泌 EPS 使微生物细胞能固着在岩石表面而形成凝胶层或生物膜。生物膜以细菌 EPS 作为接触媒介，在矿物表面通过糖醛酸及其他残留物的络合作用，形成一个特殊的微环境，实现矿物溶解。具体来说，EPS 可能通过两种机制促进矿物溶解：一是 EPS 具有的络合功能可使微生物紧密结合在岩石或矿物上并形成细菌-矿物复合体；二是 EPS 含有大量具有吸附能力的羟基，对有机酸和一些金属离子有明显的吸附作用，其通过胞外多糖等大分子基团的吸附作用，直接破坏矿物晶格中的某些化学键（Uroz et al.，2009），从而促进矿物风化。例如，细菌对硅酸盐矿物结构的破坏作用，被报道与胞外多糖和低分子量的有机酸产物有关（Bennett et al.，2001）。产氮假单胞菌（*Pseudomonas azotoformans*）对黑云母的风化作用可能与其产生的葡萄糖酸、胞外多糖以及细菌在矿物表面的吸附有关，当菌毛黏附素相关的基因（*orf01147*）缺失时，细菌在黑云母表面的附着量和分泌胞外多糖的产量均发生下降，从而导致菌株对黑云母的风化能力降低（朱颖，2018）。

3. 氧化还原作用

地球元素循环与氧化还原反应直接相关，是驱动矿物风化、土壤物质循环的引擎。氧化还原反应可以自发发生，但是更多的是由生物（特别是微生物）驱动。微生物的呼吸作用本质上即是氧化还原反应，该反应不仅可以发生在细胞内部，还可以发生在细胞膜外。微生物利用氧化还原反应促进矿物风化，如在缺磷的环境为了获得足够的磷，微生物利用氧化还原反应还原 Fe-P 或 Al-P，促进矿物风化，风化后不断释放的磷元素供微生物利用（Bennett et al., 2001）。金属还原菌利用矿物中的金属元素作为电子受体，以周围环境中的有机质作为电子供体进行偶合反应，获得自身代谢所需的能量（Weber et al., 2006）。

（三）矿物的晶型转化

微生物生命代谢活动不仅可以促进矿物溶解，也可以改造矿物，使一种矿物转化成另一种矿物。在无氧环境中，微生物可以还原矿物中可变价态的金属元素，同时氧化降解有机质来获得能量和营养，从而形成新的矿物。例如，异化铁还原菌希瓦氏菌（*Shewanella*）能够在常温常压下经两周的时间还原蒙脱石矿物中的结构铁，造成蒙脱石结构崩塌，从而形成伊利石（图7-2），这一发现颠覆了学术界早前对于高温（300~350℃）和高压（100 atm，1 atm≈0.1 MPa）下发生蒙脱石向伊利石转化地质过程的固有认识。此外，在微生物还原铁锰氧化物的同时，往往伴随着不同类型次生矿物的形成，如形成蓝铁矿 [$Fe_3(PO_4)_2$]、菱铁矿（$FeCO_3$）或针铁矿等矿物（Borch et al., 2010；冯凯婕，2019）。

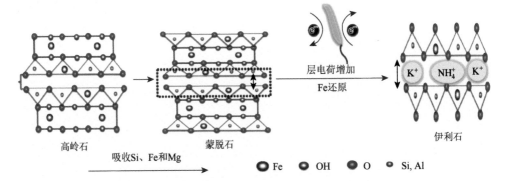

图 7-2 微生物介导的矿物晶型转化（Li et al., 2019）

第二节　矿物对微生物生长和活性的影响

已有许多研究致力于探讨微生物对黏土矿物的影响，相对而言，黏土对微生物影响的数据还比较少。已有研究表明，黏土矿物可以通过释放营养元素和为细胞提供栖息地而对微生物生长和代谢活性产生重要影响。

一、微生物的生长和代谢活性

黏土矿物对微生物生理和生化特性的影响，取决于矿物和微生物的性质，因矿物类型和微生物物种而异。许多微生物生理学研究表明，微生物与黏土的相互作用可以导致微生物生物量和生长速率的升高或降低，微生物生长延迟期的调整，底物利用效率改变，以及呼吸活性、酶活性和代谢生成等方面的改变。

矿物可通过多种方式促进微生物生长，其中提供和富集营养是黏土矿物改变微生物生长和代谢活性的最重要方式之一。例如，黏土矿物固相表面对营养物质的吸附和富集，可以促进吸附于固相表面细菌的生长繁殖（Zobell，1943）。蒙皂石可以在浸没培养实验中促进枯草芽孢杆菌生长，从矿物中浸出的阳离子 Mg^{2+}、Ca^{2+}、Na^+ 和 K^+ 的浓度显著增加，表明其对营养物质提供有积极作用。相反，Courvoisier 等（2009）则提出黏土矿物的促生长作用并不一定是由矿物对营养物质的富集造成的。在浸没培养实验中，与无黏土对照培养基相比，添加 0.2～0.5 g/L 的高岭石使得大肠杆菌最大生长速率和活细胞数量分别提高了约 60%和 250%；然而，在贫营养（氮和磷）条件下，高岭石的存在则可能会加剧营养贫乏的状况，导致细胞数量减少。作者认为高岭石促进大肠杆菌生长是因为高岭石的存在降低了葡萄糖代谢活性而增强了乙酸盐同化过程，将一部分能量从葡萄糖分解转移到细胞分裂过程而不是细胞维持生长，其具体机制尚待进一步实验探明。此外，金属还原菌可以利用矿物中的金属元素（如 Fe^{3+} 和 Mn^{2+}）作为电子受体，以周围环境中的有机质作为电子供体进行偶合反应，获得自身代谢所需的能量，维持自身生长（Weber et al.，2006）。

尽管很多矿物可以促进微生物生长，但当矿物与营养物质或微生物的键合能力过强时，则可能抑制细菌生长。Manini 和 Luna（2003）观察到，在自然沉积物中加入方解石或石英培养 15 天后，微生物生物量和 β-葡萄糖苷酶活性分别降低了 15%～18%和 56%。贺小敏等（2008）使用高精度热活性监测仪分析了细菌的代谢活性，发现甲基对硫磷降解菌（恶臭假单胞菌）经蒙脱石固定后其生长代谢活性较游离菌高，而在针铁矿体系中其活性一直受到抑制，这可能是因为针铁矿对细菌的强吸附作用阻碍了细菌对营养物质的摄取。

二、微生物胞外分泌物

微生物 EPS 是由微生物在一定条件下通过生理代谢途径合成的，分泌出体外并黏附在微生物细胞壁外的多聚化合物，主要由多糖（50%～90%）以及蛋白质、核酸和脂类组成。EPS 在细菌微生物群体中广泛存在，在细菌的黏附聚集、空间构型、细菌间信息交流、耐药性以及细菌对固相介质上有机污染物的吸收利用等方面都起着很重要的作用。研究表明，去除 EPS 后细菌表面疏水性降低，表明 EPS 对细胞的疏水性有直接影响（Zhao et al., 2015）。EPS 可以增强细胞对矿物的吸附，以及在细胞的聚集过程帮助微生物获得生态优势。对于单细胞原核生物和丝状真核微生物，微生物细胞通过 EPS 聚集在一起生长的策略是一种非常普遍的现象，大大增加了微生物在不利环境条件下的生存机会。这种聚集策略的最终结果是形成成熟的微生物膜，通常包含细菌、古菌、真菌、蓝细菌和藻类等不同微生物群体，这些微生物膜在自然界中广泛存在，如土壤、岩石表面和淹没在水中的固相表面都含有微生物膜。微生物膜中的每个物种都具有代谢特异性，细胞通过 EPS 基质中的信号系统相互交流。

在土壤环境中，大多数微生物以生物膜的形式存在。有研究显示，土壤生物膜的形成可促进土壤微生物多样性和代谢活性，其中芽孢杆菌属（*Bacillus*）和类芽孢杆菌属（*Paenibacillus*）可能是土壤生物膜形成的关键菌属（Wang et al., 2019; Wu et al., 2019）。此外，EPS 护层在土壤团聚体形成过程中也发挥着重要的作用，为包括溶解和沉淀反应在内的生物地球化学过程提供特定的区间。真菌的丝状生长可以通过真菌菌丝和真菌胞外多糖将土壤矿物质和有机物质捕获并嵌入稳定的大团聚体（直径 50 μm），从而促进土壤团聚过程。

矿物对微生物分泌 EPS 的影响主要体现在以下两个方面。首先，虽然游离细胞也能产生 EPS，但产生的量相对较少。矿物的存在可以刺激微生物分泌黏性 EPS，使细胞更加紧密地吸附于矿物表面，并且帮助细胞抵御干燥和耐受不良环境。其次，矿物的存在可影响 EPS 的组成。微生物分泌的多糖（polysaccharide）组分在很大程度上影响着细胞对基质和底物的吸附，蒙脱石对浮游细胞产生多糖的刺激作用受其剂量调控，当蒙脱石浓度高于 1 g/L 时达到平台期，细菌疏水性增加，而在浓度 >5 g/L 时这种积极作用减弱（Xing et al., 2020）。高岭石存在可诱导多环芳烃降解菌——鞘氨醇单胞菌分泌更多的多糖和脂类，而蛋白质含量变化较小，最终导致 EPS 具有高的多糖和脂类/蛋白质比值，使得对菲的吸附和吸收能力更强（Gong et al., 2018）。生物膜基质中胞外 DNA（eDNA）与生物膜的形成密切相关，在维持生物膜基质的稳定性方面起着巨大的作用（Barnes et al., 2012; Jermy, 2010）。尽管 eDNA 在 EPS 中占比不超过 1.3%，但 eDNA 的变化模式很复杂，最高和最低比例之间的差异达 2.9 倍。当 Cd^{2+} 和蒙脱石的浓度分别不超过 60 mg/L 和 2 g/L 时，随着这两个因素的增加，eDNA 呈现先增加后减少的趋势。但在 Cd^{2+} 浓度超过 60 mg/L 后，eDNA 在蒙脱石的存在下会继续增加，表明 eDNA 的占比可能受蒙脱石的影响更大，而受 Cd^{2+} 的影响较小（Xing et al., 2020）。此外，eDNA 分子被土壤矿物吸附后，不但难于被降解，甚至具有转化感受态细胞的能力（Cai et al., 2007），因此探讨 eDNA 在土壤矿物表面的吸附机制，有助于了解遗传物质（如抗性基因）在土壤中的转移过程。

三、矿物对微生物的保护作用

矿物可以为微生物提供栖息地（图 7-3），细菌和矿物也可以通过形成一种称为"黏土小屋"的特殊结构，形成抵御捕食性变形虫、线虫和鞭毛虫的保护屏障，为微生物的生存提供基本的庇护（Lünsdorf et al., 2000）。

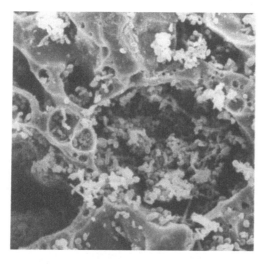

图 7-3 矿物表面的微生物示意图（Omar et al., 1998）

很多有毒的重金属和有机化合物进入环境后，会对微生物造成较大的生存压力。当污染物存在时，矿物可通过表面吸附作用或氧化还原作用使一些重金属元素固着或形成不溶的矿物形式，从而有效降低污染物的毒性。例如，铜绿假单胞菌与高岭石相互作用形成铜绿假单胞菌-高岭石复合物，高岭石不仅保护细菌细胞免受六价铬的毒性，也作为生长支持材料。另外，蒙脱石与微生物之间的相互作用在海洋中无处不在。蒙脱石具有相对非极性和疏水性不带电荷的硅氧烷表面，对重油等疏水性化合物具有更大的吸附亲和力。当发生石油泄漏时，蒙脱石能够吸附重油并在细胞周围形成保护层 [图 7-4（a）]，使烃降解细菌可以耐受高浓度的重油（Chaerun et al., 2005, 2013）。

矿物能对体系 pH 变化具有缓冲作用，从而为微生物生长提供更有利的微环境。有报道发现，固定在高岭石上的鞘氨醇单胞菌（*Sphingomonas* sp. GY2B）对高浓度的苯酚具有较强的适应能力和降解能力，由于高岭石对苯酚的吸附能力很弱，吸附作用对降解菌的生长和苯酚的去除率贡献较小，因此推测可能存在其他机制。实际上，在苯酚降解过程中会产生酸性中间产物导致体系 pH 降低（可从 6.5 降至 3.0），从而形成对微生物生长不利的环境；对反应体系 pH 的监测结果显示，与游离降解菌相比，降解菌与高岭石共存体系的 pH 的变化幅度更小，因此作者推测高岭石对体系 pH 具有缓冲作用是高岭石-降解菌复合体系可以高效降解苯酚的原因之一 [图 7-4（b），Gong et al.，2016]。此外，还有报道发现，蛭石对苯酚降解菌的促生长作用是由于蛭石具有稳定体系 pH 的能力（Nogina et al.，2020）。黏土矿物对 pH 的缓冲作用可能与其对苯酚的酸性中间产物具有吸附作用有关（Gong et al.，2016）。

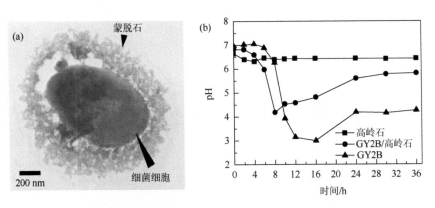

图 7-4 （a）矿物在微生物细胞表面形成保护层（Chaerun et al., 2013）；（b）矿物对反应体系 pH 的缓冲作用（Gong et al., 2016）

第三节　微生物-矿物相互作用对有机污染物的降解转化

随着工业的快速发展，大量人工合成的有机物被广泛投入使用，如有机农药、洗涤剂、芳香剂、染料、涂料、塑料及增塑剂、阻燃剂、表面活性剂、食品添加剂和医用药物等。尽管这些有机物对工农业发展起了巨大的促进作用，其进入环境后对生态系统和人类健康的负面影响也日益显现。因此，有机污染物的降解转化和有效去除一直是环境保护领域的一个热点问题。

在自然环境中，有机物可经各种物理、化学和生物作用发生削减，其半衰期根据有机物的性质和环境条件不同可为几天（如农药）、几个月（如 PAHs），甚至上百年（如热塑性塑料）。一般环境条件下，物理和化学降解过程较为缓慢，生物降解（多指微生物降解）是有机污染物降解的主要途径。微生物对合成有机物的降解方式可分成两类：一类是微生物直接作用于有机物，包括水解、脱卤、氧化、硝基还原、甲基化、去甲基化、去氨基等作用，这些作用实质是酶促反应；另一类是微生物活动改变微环境（如pH和氧化还原介体）间接促使有机物发生降解。矿物与微生物的相互作用主要通过以下两种方式影响有机污染物的降解：①影响降解菌的生长和酶代谢活性；②形成电子传递链实现污染物的氧化还原。

一、污染物的酶促降解

微生物细胞的生长状况和活性直接影响有机污染物的降解速率和程度，而矿物可被用作固定化载体来促进降解菌的生长和对污染物的降解。Willaert（2011）曾将"固定化过程"定义为"为细胞提供物理上的特定空间或区域，而不破坏细胞的生物活性"，固定化体系具有提供适合微生物生存的微环境、降低污染物对微生物的毒害等优点。矿物载体可以在保护细胞的同时，为细胞提供营养物质（如矿质元素），促进微生物的生长，进而还能增强微生物对污染物的降解作用。与游离态细胞不同，矿物表面的微生物通过形成生物膜，有效地接触和吸收/吸附在矿物表面的疏水性有机污染物。

在所有矿物中，黏土矿物作为一类天然易得、环保的无机载体，被广泛用于污染物降解研究。例如，采用吸附挂膜法制备的蒙脱石或凹凸棒土固定化降解菌可有效去除土壤中的阿特拉津，这种处理效果优于游离细菌（汪玉等，2009）。蛭石固定化毛霉和芽孢杆菌较游离细胞可以更高效地降解苯并芘（Su et al.，2006）；同样蛭石也被发现可以促进节杆菌对邻苯二甲酸二（2-乙基己基）酯（DEHP）的降解，促进作用与蛭石和生物膜介导的DEHP分子传质有关（图7-5，Wen et al.，2016）。此外，有研究者提出膨润土在提高细菌降解有机污染物的功效方面具有巨大潜力（Biswas et al.，2017），分离自石油污染废水的高雄假黄单胞菌（*Pseudoxanthomonas kaohsiungensis*）可通过产生生物表面活性剂和其他EPS，与膨润土一起形成球形的黏土-细菌微聚体，促进细菌的生长。该过程可能与Si元素的释放以及膨润土具有缓释碳源的功能有关，可以保持细菌在较长时间内增殖。

由于在矿物-微生物复合体系中污染物的降解依赖于微生物的酶促反应，矿物的存在并不会改变污染物的降解路径。例如，阮博（2020）发现蒙脱石的加入促进了鞘氨醇单胞菌（*Sphingomonas* sp. GY2B）的生长，并大大提高了该菌对菲的降解效率[图7-6（a）]。通过对降解过程中间产物进行分析，发现游离细菌和蒙脱石-细菌复合体的降解路径均为水杨酸路径，即蒙脱石的加入未能改变GY2B的代谢路径[图7-6（b）]。

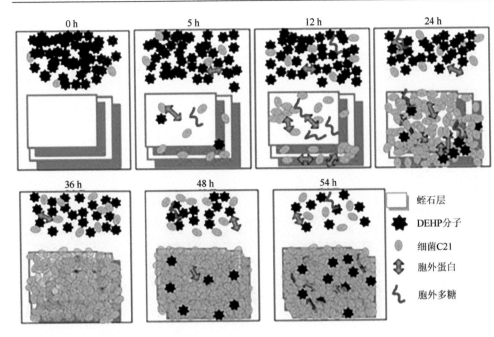

图 7-5 细菌在蛭石上形成生物膜介导 DEHP 降解的潜在机制（Wen et al.，2016）

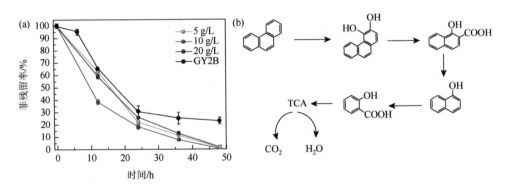

图 7-6 （a）不同蒙脱石投加量下菲的残留率；（b）假设的鞘氨醇单胞菌 GY2B 对菲的降解路径

实际上，黏土矿物与微生物的相互作用是否能对污染物去除产生正面效应，取决于多种因素，如微生物、矿物和污染物的性质，以及所处的环境条件（Fomina et al., 2020）。目前还没有关于哪些微生物在特定黏土矿物上发挥更好作用的定论，但矿物对微生物的吸附作用太强可能不利于微生物的生长及对污染物的降解，同样如果矿物对污染物的吸附作用太强，也有可能降低污染物的生物有效性。例如，有研究发现菱铁矿的存在促进了微生物对萘的降解，而磁铁矿对萘的降解有抑制作用，可能是因为磁铁矿对微生物的吸附作用较强，并且磁铁矿发生矿物溶解的同时还在微生物的诱导下产生了次生矿物，干扰了微生物对有机污染物的吸收降解（冯凯婕，2019）。此外，在高浓度蒙脱石条件下微生物对菲降解并不比低浓度和中等浓度蒙脱石条件下更快，这是因为当体系中存在太多固体颗粒时，会形成物理阻隔减少细菌与菲的接触机会，阻碍菲的生物降解过程（阮博，2020）。因此，采用矿物-微生物复合体来修复污染土壤或水体时，需要对体系进行优化，使其发挥正面效应。

二、胞外电子传递过程中的污染物转化

矿物影响微生物降解污染物的另一种机制是胞外电子传递机制。胞外呼吸是一种新型的（发现较晚）微生物能量代谢方式，是指厌氧条件下微生物在胞内氧化有机物释放电子，进而将电子传递到胞外电子受体进行还原并产生能量维持自身生长的过程。它与传统胞内厌氧呼吸最显著的区别是胞外呼吸中电子最终必须传递至胞外。与 NO_3^-、SO_4^{2-} 等可溶性电子受体不同，胞外呼吸的电子受体为固体（如金属氧化物、石墨电极）或大分子有机物（如腐殖质），无法进入细胞，因此氧化过程产生的电子必须设法"穿过"非导电的细胞壁，传递至胞外受体（马晨等，2011）。

目前人们关于胞外电子传递机制的认知，多是基于异化金属还原菌中的地杆菌属（*Geobacter*）和希瓦氏菌属（*Shewanella*）而获得。微生物将电子由胞内传递到外膜后，可通过以下几种方式将电子转移到金属矿物等胞外电子受体（图7-7）：①直接电子传递机制。微生物直接与金属矿物接触，通过细胞外膜上具有氧化还原活性的蛋白质实现电子的跨膜传递。胞外呼吸菌的内膜、周质和外膜上存在着一类重要的电子传递蛋白——细胞色素 c（Cyt c），其含有多个排列紧密的含铁血红素，能介导电子的快速、长距离传递。血红素 c 常通过半胱氨酸的硫醚键与蛋白质部分结合，形成完整的 Cyt c，其中元素"铁"是电子的传递中心，其价态的变化决定了 Cyt c 的氧化还原电位。目前已发现奥奈达希瓦氏菌（*Shewanella oneidensis* MR-1）和硫还原地杆菌（*Geobacter sulfurreducens*）分别有 42 个和 100 多个 Cyt c 基因，但这些基因的功能并不完全清楚，究竟哪些 Cyt c 是胞外呼吸的必需组分，还需进一步研究确定。②纳米导线机制。纳米导线机制最先发现于硫还原地杆菌中，它是指一定条件下微生物形成类似菌毛的导电附属体——"纳米导线"，这种"纳米导线"能够在胞外呼吸菌无法与电子受体直接接触的条件下，进行远距离电子传递，主要是通过细胞色素之间电子跃迁或者类似金属导电的形式来传递电子（Reguera et al.，2005）。③电子穿梭体机制。微生物通过自身分泌的电子传导物质（电子穿梭体）实现与金属矿物之间的电子传递。电子穿梭体是指微生物自身分泌的氧化还原物质（内生介体），其可接受胞内的电子，并将其"运出"细胞，传递给胞外受体后，再以氧化态返回细胞并接受电子，如此往返穿梭于胞内和胞外，介导电子的传递。已确定的内生介体包括微生物的初级代谢物（如 H_2、H_2S 和氨等）和次级代谢物（如吩嗪类色素和核黄素）。相比而言，电子穿梭体机制常伴随底物的非完全氧化，且介体易随介质流动而损失，因而电子传递不如直接电子传递机制有效，但它可以作为辅助性方式参与同种或异种细胞的远距离电子传递。④应电运动机制。应电运动机制是指有些胞外呼吸菌能将氧化底物所产生的电子储存在细胞表面，形成一种"生物电容器"，然后以"瞬时接触-传递"的方式将电子传递给末端电子受体，参与下次电子传递。这种应电运动机制与电子穿梭体机制存在显著差异，应电运动机制依靠微生物自身的运动，不需要借助电子穿梭体。通过这种方式传递电子的微生物主要是希瓦氏菌（Harris et al., 2010）。

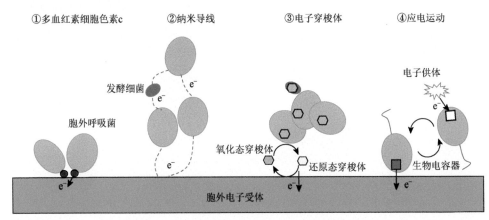

图 7-7 胞外电子的传递机制（马晨等，2011）

胞外电子传递方式的多样性极大地提高了胞外呼吸菌的生存率，为胞外呼吸菌在自然环境中竞争提供了强有力的"武器"，而且在有机污染物降解和重金属的迁移转化等方面都起到了重要作用。胞外呼吸菌降解污染物主要有两种方式（图 7-8），一种是将污染物作为电子供体，如部分有机污染物的降解；另一种是以污染物为终端电子受体，如高价态重金属和放射性元素的还原以及卤代有机污染物的还原脱卤（马晨等，2011；唐朱睿等，2017）。在此过程中，矿物是一类重要的胞外呼吸电子受体，其存在影响着胞外呼吸菌对污染物的氧化还原。

在污染物作为电子供体被降解方面，研究较多的矿物是铁氧化物，研究较多的污染物是芳香族化合物。虽然大多数地下原始浅层含水层是好氧环境，但当它们被有机物污染时，通常会由于 O_2 的消耗而形成厌氧环境，为铁氧化物作为电子受体参与污染物的降解提供了反应条件。研究显示，微生物异化还原 Fe(III) 偶合芳香污染物的氧化是从地下水中去除苯和甲苯等芳香污染物的重要过程（李敬杰，

2012)。最先被发现能够将铁氧化物还原同时又可氧化芳香族化合物的微生物是金属还原地杆菌(*Geobacter metallireducens*),该菌是从烃类污染土壤中分离出来的,可以在厌氧条件下以甲苯、苯酚和对甲苯酚为电子供体,以 Fe(III)氧化物为电子受体,实现污染物的氧化并从中获得能量进行生长(Lovley et al., 1990)。

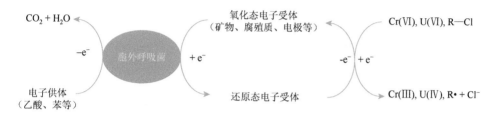

图 7-8　胞外呼吸菌介导的污染物转化机制(马晨等,2011)

同样,在污染物的还原降解中,铁氧化物的作用至关重要,而研究较多的污染物为卤代有机污染物和硝基苯等。胞外呼吸菌还原 Fe(III)氧化物产生的 Fe(II)可以通过非生物电子交换反应还原转化污染物。例如,在厌氧条件下,添加 Fe(III)矿物促进了胞外呼吸菌群对六氯苯的降解,可能是因为生成的 Fe(II)可以介导六氯苯的还原降解(萨如拉等,2009)。此外,许超等(2013)研究表明,在铁矿物、硝基苯和电子穿梭体共存的体系中,添加电子穿梭体比未添加的体系中硝基苯降解率提高了 10%以上。这可能是因为电子穿梭体提高了胞外呼吸菌与铁矿物之间的电子传递效率,这种作用途径为利用微生物进行原位修复硝基苯污染场地提供了新思路。在工业生产以及污染物的化学修复中,Fe(II)是一种很常用的还原剂,如 Fe(II)矿物参与了六氯乙烷的脱卤和硝基氯苯的硝基还原(Elsner et al., 2004),磁铁矿可用于 CCl_4 的去除(McCormick et al., 2004)。但考虑到 Fe(II)的不稳定性,通过胞外呼吸菌的电子传递链持续将 Fe(III)转化为 Fe(II),从而驱动污染物的还原降解,可能是更适合污染环境原位修复的一种方式。

三、微生物-矿物界面反应与碳循环

微生物-矿物界面反应不仅在污染物降解中发挥着重要作用,还深刻影响着地球表面的碳循环过程。而今,气候变化是世界各国面临的严峻挑战,为了应对气候变化带来的严峻挑战如 CO_2 浓度升高造成的增温效应,减排(减少 CO_2 排放)和增汇(增加 CO_2 吸收),即"碳源"和"碳汇"的调控,日益成为各国关注的焦点。关于微生物-矿物相互作用如何影响地表碳循环,我们将从以下两个方面进行介绍。

一是微生物-矿物相互作用对土壤有机质保存的影响。黏土矿物在土壤环境中广泛存在,其表面含有丰富的活性吸附位点,土壤中的有机质大多与黏土矿物紧

密结合在一起，吸附于矿物的表面或层间，形成有机黏土复合体，使有机质免受微生物或其分泌的胞外酶的攻击，这是土壤保存有机碳、维持有机质稳定性的一种重要机制。然而，在无氧环境中铁还原菌具有还原黏土矿物结构 Fe^{3+} 的能力，在碳排放和碳储存问题日益受到重视的背景下，由矿物结构改变导致的层间结合态有机碳的重新释放吸引了人们的关注。有研究显示，绿脱石用十二氨基十二酸改性后，硫酸盐还原菌（Desulfovibrio vulgaris）能够还原插层前后绿脱石中的结构铁，导致一部分矿物结构坍塌，使得部分有机质从黏土矿物中脱附，但总体上释放的有机质含量很少，绝大部分有机质仍然保存在矿物层间，表明绿脱石具有保存层间有机质的能力（于天等，2014）。硫酸盐的存在增强了铁还原速率和程度，但释放的有机质含量并未增加，这是因为硫酸盐生成的硫化物对铁的还原造成的矿物结构破坏更小（于天等，2014）。高温条件会略微促进有机质从绿脱石层间域中脱附出来，受限于微生物对结构铁的还原程度（<30%），最终在结构铁还原反应结束后还是有相当大量的有机质在层间保存下来，这一结果证明了黏土矿物的层间域在高温条件下同样也能够作为有机质保存的有效场所（曾强等，2019）。

最近有研究显示，植物根系分泌物和微生物胞外分泌物也会破坏矿物相关有机质稳定性（Li et al.，2021）。例如，草酸可高效地吸附在结晶度低的矿物上（如水铁矿），促使矿物溶解并释放有机质，因此提高了有机质的移动性和生物有效性，促进了有机质的微生物分解、利用和矿化；对于结晶度高的矿物（如针铁矿），草酸被吸附较少，因此其对有机质稳定性的影响也相对较弱。但儿茶酚在矿物上的吸附虽然较少，却能有效促进矿物结合态有机质的矿化，可能是因为儿茶酚能刺激微生物生长，间接促进了微生物与矿物结合态有机质的相互作用。单糖（如葡萄糖）在水铁矿和针铁矿上的吸附都很少，其对矿物结合态有机质的活化作用主要是间接刺激微生物代谢活性的途径。无定形 $Al(OH)_3$ 矿物结合态有机质仅对草酸敏感。以上研究表明，矿物类型对有机质的稳定性有重要影响，矿物对于保存土壤有机质是有利的，但有机质的稳定性取决于微生物-矿物-有机质之间复杂的相互作用。深入理解各相之间的相互作用关系，将有助于精确预测甚至调控土壤对有机碳的储存能力。

二是微生物-矿物相互作用对 CO_2 固定的影响。在海洋和土壤环境中存在着大量的硅酸盐矿物，这些硅酸盐矿物的化学风化过程常伴随着大量 CO_2 的消耗，生成的 HCO_3^- 在 Ca^{2+} 和 Mg^{2+} 等阳离子存在的条件下可形成碳酸盐岩，这在本质上是一个净碳汇的过程。自然条件下，矿物的风化作用极其缓慢，而微生物的存在可以加速矿物盐的风化进程，在漫长的地质演化中，生物的作用使大气 CO_2 不断转移固定到碳酸盐岩中，形成岩溶发育的物质基础，成为全球最大的无机碳库。胶质芽孢杆菌（Bacillus mucilaginosus）和构巢曲霉（Aspergillus nidulans）是研究较多的硅酸盐风化微生物,其通过产生碳酸酐酶(carbonic anhydrase)催化CO_2的水合作用,此过程产生的H^+可以促进硅酸盐矿物的溶解,释放的矿物元素部分被微生物摄入胞内,部分用于新矿物的形成。最新的研究显示,沙漠土壤可固定大气$^{13}CO_2$,生成方解石(一种碳酸盐矿物),方解石的生成情况与土著微生物代谢活性密切相关(Liu et al.,2020),表明了微生物活动在矿物形成过程中的重要地位。此外,实验室尺度的研究表明蓝细菌(Cyanobacteria)可通过光合作用提高周围环境的pH,并释放胞外聚合物提供成核位点,促进碳酸盐矿物的沉积(McCutcheon et al.,2017),这一机制有望应用于硅酸盐尾矿的稳定化和人类活动相关CO_2的储存(形成碳酸盐岩盖层)。

微生物介导的CO_2捕获和成矿受多种因素的影响。首先,土壤养分变化可通过改变微生物生长条件而影响微生物种群组成,进而改变土壤无机碳生成速率。其次,Ca^{2+}等阳离子的存在有利于形成碳酸盐矿物,因此氯化钙常被用于微生物驱动的碳酸盐沉积实验研究(Liu et al.,2020)。此外,含钾硅酸盐在田间实验中展现了良好的应用前景。连宾教授课题组采用堆肥化处理钾长石矿粉获得有机矿物肥,在喀斯特岩溶地区和非喀斯特地区均对土壤改良、作物生长和增加土壤碳汇表现出正面的应用效果。这是因为在缺钾环境中,微生物会通过上调碳酸酐酶基因的表达促进CO_2的水合作用,以产生更多的H^+来攻击矿物晶格中的钾。其中,添加有机肥是为了避免施用矿物带来的潜在土壤沙化问题。类似地,硅灰石作为土壤改良剂用于豆类作物种植时,不仅能提高生物固氮作用,缓冲土壤酸化,还具有提升土壤碳汇的功效(Haque et al.,2019)。这些研究成果为利用硅酸盐矿物的生物风化作用来延缓大气CO_2浓度的持续升高和增加碳汇提供了新的思路(连宾等,2020)。此外,碳酸盐矿物的形成还受CO_2浓度的影响。Xiao等(2015)对比了高CO_2浓度(3.9%)和低CO_2浓度(0.039%,接近当前大气浓度)条件下碳酸酐酶参与的硅酸盐矿物风化作用,结果发现低CO_2浓度下碳酸酐酶促进CO_2水合作用,而生成的碳酸盐矿物所占比例较大,表明微生物碳酸酐酶在当下CO_2浓度下在地表岩石风化和演化过程中的作用较远古时代更为重要。接下来,Sun和Lian(2019)采用分子遗传学与矿物学等相结合的研究手段,从分子水平探讨了构巢曲霉两个碳酸酐酶同工酶参与硅酸盐矿物风化和适应不同CO_2浓度等功能上的差异。结果发现,CanA主要参与低CO_2浓度(0.039%)下的硅酸盐矿物风化及碳酸盐形成,还可能参与高CO_2浓度(3.9%)下的细胞解毒作用,而CanB则与真菌适应较低CO_2浓度环境以及细胞呼吸和生物合成等代谢功能相关(图7-9)。由此推测微生物碳酸酐酶同工酶的不同作用可能是其响应地表CO_2浓度变化的长期适应性进化的结果。在缓解全球变暖的努力中,碳酸酐酶作为来源广泛并可重复使用的生物催化剂,其应用潜能将受到更多的关注。

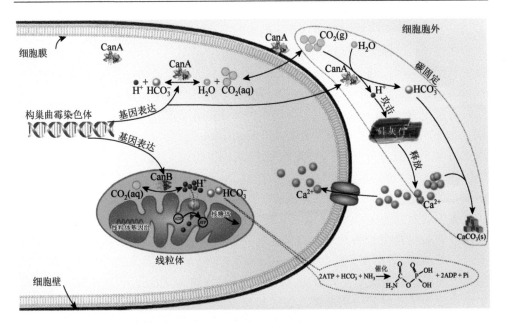

图 7-9 构巢曲霉碳酸酐酶同工酶 CanA 和 CanB 参与的代谢过程（连宾等，2020）

第四节 微生物-矿物相互作用的研究展望

微生物在矿物上的吸附是微生物与矿物相互作用的基础。在微生物吸附方面，相关研究大多是考虑矿物和微生物的表面特征，如表面疏水性、表面电荷等对吸附过程的贡献，而较少从分子或原子水平研究矿物-微生物相互作用的机制。因此，土壤矿物与微生物的相互作用研究还需不断创新，大量的科学问题仍有待阐明。首先，需要从分子或原子水平探讨矿物与微生物的作用机制，如参与吸附的表面基团的认定，细胞与矿物间是否存在特异识别机制？如果存在，其相互识别的机制如何？其次，需要弄清作用过程中各种力的大小及影响因素。传统理论可为定性分析参与吸附的各种作用力提供参考，但各种作用力对吸附过程的贡献大小却仍然未知。再者，目前对微生物或生物分子与矿物间相互作用的热力学信息，如我们对微生物-矿物间吸附反应的热效应，以及吸附过程的焓熵驱动机制等还知之甚少。

在矿物-微生物相互作用对有机污染物降解的影响方面，微生物-矿物-污染物的相互作用及影响因素的研究还较为薄弱。考虑到实际环境的复杂性，还无法准确预测矿物-微生物相互作用对污染物降解是产生正面影响还是负面影响。目前，矿物调控的生物修复技术成功或失败的案例都有报道，但该技术是否能够成功应用于有机污染物生物降解系统中不应一概而论。为了达到预期效果，需要对所有相关参数和条件在特定场景下进行验证。此外，胞外呼吸菌在污染物原位修复上有很大的潜力，因此阐明胞外呼吸菌的电子传递机制对研究污染物的迁移转化具有重要指导作用。目前对胞外呼吸菌的胞内电子传递机制研究主要集中于奥奈达希瓦氏菌和硫还原地杆菌这两种模式菌，今后仍有很多问题值得探索，如针对不同污染物的新型特异性胞外呼吸菌的筛选、驯化、分离和鉴定；更多胞外呼吸菌电子传递机制亟待阐明，以期为更广泛的污染物降解提供理论参考；此外，部分污染物难以被单一菌株降解，需要多种微生物共同作用，其间涉及的作用机制也是值得深入探讨的问题。然而，这些机制主要关注电子从微生物传导至矿物的过程，电子在矿物结构中如何传递并不清楚，而该过程很可能是微生物-矿物体系的环境效应的重要控制因素。

为了应对气候变化的严峻形势，2015 年《巴黎协定》明确规定了全球增温控制目标并倡导各国自主减排。研究和利用微生物介导的矿物风化和碳汇效应是目前各国科学家普遍关注的课题，这方面的研究将为研究碳循环的生物地球化学过程与地球表层环境演化的关系提供新素材，为开发和设计海洋、矿区和土壤等环境中减少碳排放、增强"碳汇"的方案提供新思路，因而具有重要的环境意义。目前我们对不同生境中微生物在矿化过程所发挥的具体调控机制以及影响碳酸盐矿物形成的关键因素了解仍不够全面，在今后的研究中有待加强。

总体上，以上各个方面还主要集中于实验室模拟研究，现场研究还很缺乏。不利的环境条件可能会限制矿物-微生物相互作用，进而影响对污染物的去除和对 CO_2 的固定。有研究显示从实验室转换到尾矿区，由微生物驱动的碳酸盐矿物沉积依然可以发生，但效率显著降低。因此，要利用矿物-微生物的界面反应达到去除环境污染物、修复污染环境和增加碳汇的目的，我们还有很长的路要走。

参 考 文 献

冯凯婕. 2019. 铁矿物对微生物降解萘的影响研究. 长春：吉林大学.
贺小敏. 2008. 农药在土壤粘粒矿物表面的吸附解吸与生物降解研究. 武汉：华中农业大学.
蒋宏忱, 黄柳琴, 冯灿, 等. 2016. 地质微生物：地球环境中的"协调员". 自然杂志, 38（3）：209-214.
李敬杰. 2012. 微生物异化还原 Fe(III) 耦合氧化 BTEX 研究. 长春：吉林大学.
连宾, 肖波, 肖雷雷, 等. 2020. 含钾岩石微生物转化的分子机制及其碳汇效应. 地学前缘 [中国地质大学（北京）；北京大学], 27（5）：238-246.
马晨, 周顺桂, 庄莉, 等. 2011. 微生物胞外呼吸电子传递机制研究进展. 生态学报, 31（7）：2008-2018.
荣兴民, 黄巧云, 陈雯莉, 等. 2008. 土壤矿物与微生物相互作用的机理及其环境效应. 生态学报, 28（1）：376-387.
阮博. 2020. 蒙脱石介导鞘氨醇单胞菌 GY2B 降解菲过程的作用机制研究. 广州：华南理工大学.
萨如拉, 曲婷, 贾晓珊, 等. 2009. 厌氧混合培养条件下六氯苯共代谢降解的活性分析. 环境工程, 27（S1）：8-11.
唐朱睿, 黄彩红, 高如泰, 等. 2017. 胞外呼吸菌在污染物迁移与转化过程中的应用进展. 农业资源与环境学报, 34（4）：299-308.
汪玉, 王磊, 司友斌, 等. 2009. 粘土矿物固定化微生物对土壤中阿特拉津的降解研究. 农业环境科学学报, 28（11）：2401-2406.

许超,温春宇,董军,等. 2013. 微生物异化还原及其对硝基苯的耦合降解. 科学技术与工程, 13 (24): 7121-7125.

于天,汪丹,董海良,等. 2014. 微生物铁还原作用对蒙脱石保存有机物的影响: 以硫酸盐还原菌为例. 矿物岩石地球化学通报, 33 (6): 790-796.

曾强,董海良,汪丹. 2019. 高温微生物铁还原条件下绿脱石对有机质的保存作用研究. 岩石学报, 35 (1): 193-203.

朱颖. 2018. 高效矿物风化细菌 Pseudomonas azotoformans F77 在黑云母表面的吸附及其对矿物风化的影响与机制研究. 南京: 南京农业大学.

朱永官,段桂兰,陈保冬,等. 2014. 土壤-微生物-植物系统中矿物风化与元素循环. 中国科学: 地球科学, 44 (6): 1107-1116.

Barnes A M T, Ballering K S, Leibman R S, et al. 2012. Enterococcus faecalis produces abundant extracellular structures containing DNA in the absence of cell lysis during early biofilm formation. mBio, 3 (4): e00193-e00112.

Bennett P C, Rogers J R, Choi W J, et al. 2001. Silicates, silicate weathering, and microbial ecology. Geomicrobiol J, 18 (1): 3-19.

Biswas B, Sarkar B, Naidu R. 2017. Bacterial mineralization of phenanthrene on thermally activated palygorskite: a ^{14}C radiotracer study. Sci Total Environ, 579: 709-717.

Borch T, Kretzschmar R, Kappler A, et al. 2010. Biogeochemical redox processes and their impact on contaminant dynamics. Environ Sci Technol, 44 (1): 15-23.

Cai P, Huang Q, Chen W, et al. 2007. Soil col loids-bound plasmid DNA: Effect on transformation of E. coli and resistance to DNase I degradation. Soil Biol Biochem, 39 (5): 1007-1013.

Chaerun S K, Tazaki K, Asada R, et al. 2005. Interaction between clay minerals and hydrocarbon-utilizing indigenous microorganisms in high concentrations of heavy oil: Implications for bioremediation. Clay Miner, 40 (1): 105-114.

Chaerun S K, Tazaki K, Okuno M. 2013. Montmorillonite mitigates the toxic effect of heavy oil on hydrocarbon-degrading bacterial growth: Implications for marine oil spill bioremediation. Clay Miner, 48 (4): 639-654.

Courvoisier E, Dukan S. 2009. Improvement of Escherichia coli growth by kaolinite. Appl Clay Sci, 44 (1/2): 67-70.

Deng S, Dong H, Lv G, et al. 2010. Microbial dolomite precipitation using sulfate reducing and halophilic bacteria: Results from Qinghai Lake, Tibetan Plateau, NW China. Chemical Geology, 278 (3/4): 151-159.

Elsner M, Schwarzenbach R P, Haderlein S B. 2004. Reactivity of Fe(II)-bearing minerals toward reductive transformation of organic contaminants. Environ Sci Technol, 38 (3): 799-807.

Fomina M, Skorochod I. 2020. Microbial interaction with clay minerals and its environmental and biotechnological implication. Minerals, 10: 861.

Gong B, Wu P, Huang Z, et al. 2016. Enhanced degradation of phenol by Sphingomonas sp. GY2B with resistance towards suboptimal environment through adsorption on kaolinite. Chemosphere, 148: 388-394.

Gong B, Wu P, Ruan B, et al. 2018. Differential regulation of phenanthrene biodegradation process by kaolinite and quartz and the underlying mechanism. J Hazard Mater, 349: 51-59.

Haque F, Santos R M, Dutta A, et al. 2019. Co-benefits of wollastonite weathering in agriculture: CO_2 sequestration and promoted plant growth. ACS Omega, 4 (1): 1425-1433.

Harris H W, El-Naggar M Y, Bretschger O, et al. 2010. Electrokinesis is a microbial behavior that requires extracellular electron transport. Proc Nat Acad Sci, 107 (1): 326-331.

Jermy A. 2010. eDNA limits biofilm attachment. Nat Rev Microbiol, 8: 612-613.

Li G, Zhou C, Fiore S, Chun H Z, Saverio F, et al. 2019. Interactions between microorganisms and clay minerals: New insights and broader applications. Appl Clay Sci, 177: 91-113.

Li H, Bölscher T, Winnick M, et al. 2021. Simple plant and microbial exudates destabilize mineral-associated organic matter via multiple pathways. Environ Sci Technol, 55 (5): 3389-3398.

Liu Z, Sun Y, Zhang Y, et al. 2020. Desert soil sequesters atmospheric CO_2 by microbial mineral formation. Geoderma, 361: 114104.

Lovley D R, Lonergan D J. 1990. Anaerobic oxidation of toluene, phenol, and *p*-cresol by the dissimilatory iron-reducing organism, GS-15. Appl Environ Microbiol, 56 (6): 1858-1864.

Lünsdorf H, Erb R W, Abraham W R, et al. 2000. "Clay Hutches": A novel interaction between bacteria and clay minerals. Environ Microbiol, 2 (2): 161-168.

Manini E, Luna G M. 2003. Influence of the mineralogical composition on microbial activities in marine sediments: An experimental approach. Chem Ecol, 19 (5): 399-410.

Marshall K C, Stout R, Mitchell R. 1971. Mechanism of the initial events in the sorption of marine bacteria to surfaces. J Gen Appl Microbiol, 68 (3): 337-348.

McCormick M L, Adriaens P. 2004. Carbon tetrachloride transformation on the surface of nanoscale biogenic magnetite particles. Environ Sci Technol, 38 (4): 1045-1053.

McCutcheon J, Turvey C C, Wilson S A, et al. 2017. Experimental deployment of microbial mineral carbonation at an asbestos mine: Potential applications to carbon storage and tailings stabilization. Minerals, 7 (10): 191.

Mills A L, Herman J S, Hornberger G M, et al. 1994. Effect of solution ionic strength and iron coatings on mineral grains on the sorption of bacterial cells to quartz sand. Appl Environ Microbiol, 60 (9): 3300-3306.

Nogina T, Fomina M, Dumanskaya T, et al. 2020. A new *Rhodococcus aetherivorans* strain isolated from lubricant-contaminated soil as a prospective phenol-biodegrading agent. Appl Microbiol Biot, 104: 3611-3625.

Ohmura N, Kitamura K, Saiki H. 1993. Selective adhesion of *Thiobacillus ferrooxidans* to pyrite. Appl Environ Microbiol, 59 (12): 4044-4050.

Omar S H, Rehm H J. 1998. Degradation of n-alkanes by *Candida parapsilosis* and *Penicillium frequentans* immobilized on granular clay and aquifer sand. Appl Microbiol Biot, 28: 103-108.

Qin W, Wang C, Ma Y, et al. 2020. Microbe-mediated extracellular and intracellular mineralization: Environmental, industrial, and biotechnological applications. Adv Mater, 32 (22): 1907833.

Reguera G, Mccarthy K D, Mehta T, et al. 2005. Extracellular electron transfer via microbial nanowires. Nature, 435 (7045): 1098-1101.

Sharma P K, Rao K. 2003. Adhesion of *Paenibacillus polymyxa* on chalcopyrite and pyrite: Surface thermodynamics and extended DLVO theory. Colloids Surf B: Biointerfaces, 29 (1): 21-38.

Su D, Li P J, Frank S, et al. 2006. Biodegradation of benzo[a]pyrene in soil by *Mucor* sp. SF06 and *Bacillus* sp. SB02 co-immobilized on vermiculite. J Environ Sci, 18 (6): 1204-1209.

Sun Q, Lian B. 2019. The different roles of *Aspergillus nidulans* carbonic anhydrases in wollastonite weathering accompanied by carbonation. Geochim Cosmochim Ac, 244: 437-450.

Uroz S, Calvaruso C, Turpault M P, et al. 2009. Mineral weathering by bacteria: Ecology, actors and mechanisms. Trends Microbiol, 17 (8): 378-387.

Wang S, Redmile-Gordon M, Mortimer M, et al. 2019. Extraction of extracellular polymeric substances (EPS) from red soils (Ultisols). Soil Biol Biochem, 135: 283-285.

Weber K A, Achenbach L A, Coates J D. 2006. Microorganisms pumping iron: Anaerobic microbial iron oxidation and reduction. Nat Rev Microbiol, 4 (10): 752-764.

Wen Z D, Wu W W, Ren N Q, et al. 2016. Synergistic effect using vermiculite as media with a bacterial biofilm of *Arthrobacter* sp. for biodegradation of di-(2-ethylhexyl) phthalate. J Hazard Mater, 304: 118-125.

Willaert R. 2011. Immobilization and Its Applications in Biotechnology: Current Trends and Future Prospects//El-Mansi E M T, Bruce C F A, Dahhou B, et al. Fermentation Microbiology and Biotechnology. 3rd ed. USA: CRC Press/Taylor & Francis Group: Philadelphia: 313-367.

Wu Y, Cai P, Jing X, et al. 2019. Soil biofilm formation enhances microbial community diversity and metabolic activity. Environ Int, 132: 105116.

Xiao L, Lian B, Hao J, et al. 2015. Effect of carbonic anhydrase on silicate weathering and carbonate formation at present day CO_2 concentrations compared to primordial vales. Sci Rep, 5: 7733.

Xing Y, Luo X, Liu S, et al. 2020. Synergistic effect of biofilm growth and cadmium adsorption via compositional changes of extracellular matrix in montmorillonite system. Bioresource Technol, 315: 123742.

Yee N, Fein J B, Daughney C J. 2000. Experimental study of the pH, ionic strength, and reversibility behavior of bacteria-mineral adsorption. Geochim Cosmochim Ac, 64 (4): 609-617.

Zhao W, Yang S, Huang Q, et al. 2015. Bacterial cell surface properties: Role of loosely bound extracellular polymeric substances (LB-EPS). Colloids Surf B: Biointerfaces, 128: 600-607.

Zobell C E. 1943. The effect of solid surfaces upon bacterial activity. J Bacteriol, 46 (1): 39-56.

第八章 矿物与生命起源

关于地球上生命的起源有许多假说，其中第一个科学假说是由苏联科学家 Oparin 提出的理论：地球早期的一些简单分子（如 CH_4、NH_3）可通过相互反应形成生物小分子和复杂生物聚合物（如糖、核苷酸和多肽等），然后演化成多分子体系，最终形成"生命"（Bailey，1938）。黏土矿物是由硅酸盐矿物的水蚀变形而成的，一旦液态水在地球表面形成并侵蚀地表，黏土矿物就会形成并在水中聚集分散，因此黏土矿物被认为广泛地存在于早期的地球上。1951 年，Bernal 教授提出黏土矿物在生命起源中的关键作用，黏土矿物结构排列有序、吸附能力强，而且可以屏蔽紫外线，因此可以累积有机化合物并能作为有机物聚合反应的场所，这些特性可能促进了生命的形成（Bernal，1951）。1982 年，Cains-Smith 则提出黏土矿物可以储存和复制晶体结构，包括结构中的缺陷、位错和离子取代，可被认为是"遗传候选物"（Williams，1983）。有机分子嵌入黏土矿物（如蒙脱石和高岭石）的层状结构中，将有利于具有特定序列（如酶、多核苷酸等）的生物聚合物的形成和复制。自从 Bernal 提出黏土介导生命起源的假设以来，人们提出了多种有关黏土介导生命起源的可能情景。本章将对这些情景进行概述并对黏土矿物在生命起源中扮演的潜在角色进行总结。

第一节 地球的早期环境

围绕太阳旋转的宇宙尘埃颗粒不断聚集形成小行星，然后通过引力作用进一步形成更大的天体（如行星），最终在大约 46 亿年前形成整个太阳系（Taylor and Norman，1990）。地球是太阳系中一颗中等大小的行星，最初形成的原始地球表面可能覆盖有 1000km 厚的熔化岩浆（Davies，1988）。随后，轻的元素逐渐扩散消失在太空中，但有些气体因引力作用仍然留在地球周围，如水蒸气、一氧化碳、氮气等，从而形成了原始大气。渐渐地表温度开始下降，熔化的岩浆逐渐凝固。水蒸气随着云层爬升并形成雨，最终形成地表河流和海洋。此外，地表径流可溶解和风化岩石中的金属离子，并带着它们进入原始海洋。早期地球的环境对生命起源至关重要。如在早期的地球上时常发生闪电、火山爆发和陨石撞击，加上太阳光照，这些事件均有助于合成结构简单的小分子有机物和生命物质。

在生命还没出现之前,早期地球上的黏土矿物主要来源于火山玻璃和岩石风化,火山玻璃和岩石与水接触是形成黏土矿物的基础。随着陆地和大气温度下降,原始海洋中高浓度的阳离子和阴离子在海底沉淀,它们相互作用会产生某些特定的化合物。从对火星的调查结果来看,火星表面存在着年龄大于 3.5 Ga（1 Ga = 1×10^9 a）的黏土矿物,其化学成分与 Al-Si-OH 和 Mg-Si-OH 体系一致。因为火星与地球有诸多相似的特征,通过该研究结果也说明在早期地球上可能也广泛存在黏土矿物。

第二节 黏土矿物与简单生物分子的形成

氨基酸、核酸碱基、糖类是构筑生命体和进行生命活动所必需的基础材料。本节中概述有关黏土矿物在这些简单生物分子形成过程中的作用。

一、黏土矿物介导氨基酸的形成

氨基酸是生命最基础的物质,生物体内的蛋白质主要由二十种氨基酸组成（表 8-1）,它们广泛分布在各种生命体中,并参与诸多生物过程,如蛋白质、脂肪酸和酮体的合成以及其他的新陈代谢等。Miller 最早通过"火花"实验来模拟雷击（图 8-1）,结果发现循环放电可使一些简单前体分子（如 NH_3、CH_4、CO 及 H_2O）合成生物分子。而将蒙脱石添加到 Miller 所制的系统中,则发现生成了具有烷基化侧链的氨基酸（Miller, 1953）。1989 年,Yuasa 使用 HCN 和 NH_4OH 作为前体化合物进行了相似的火花实验（Yuasa, 1989）,实验结果显示该反应在蒙脱石存在条件下主要产物为甘氨酸、丙氨酸和天冬氨酸。有研究表明原始大气中的 CH_4、NH_3 和 CO 在高温条件下反应形成各种氨基酸（如甘氨酸、丙氨酸、赖氨酸、异亮氨酸）（Miller, 1953; Marshall, 1994）。考虑到原始大气含有大量还原性气体,Kobayashi 等利用质子辐照的方法制备还原性气体来模拟原始大气环境,并在该条件下实现了黏土矿物催化小分子物质生成氨基酸的反应（Kobayashi et al., 1990）。但值得注意的是,即使在相似的实验条件下,这样的实验结果也难以被重现,因此黏土矿物在氨基酸分子形成中的作用仍然不确定。此外,对于在星际介质尘埃中的脂肪族碳氢化合物（Sandford et al., 1995）,黏土矿物是否参与了它们的形成仍然是一个未解之谜。

表 8-1 二十种氨基酸及其结构式

氨基酸	结构式	氨基酸	结构式
甘氨酸（Gly）	$H_3N^+{-}CH_2{-}COO^-$	天（门）冬氨酸（Asp）	

续表

氨基酸	结构式	氨基酸	结构式
丙氨酸（Ala）		谷氨酸（Glu）	
缬氨酸（Val）		天冬酰胺（Asn）	
亮氨酸（Leu）		谷氨酰胺（Gln）	
异亮氨酸（Ile）		赖氨酸（Lys）	
苯丙氨酸（Phe）		精氨酸（Arg）	
酪氨酸（Tyr）		组氨酸（His）	
丝氨酸（Ser）		色氨酸（Try）	
苏氨酸（Thr）		脯氨酸（Pro）	
半胱氨酸（Cys）		甲硫氨酸（Met）	

二、黏土矿物对氨基酸的吸附

除了介导氨基酸的生成外，黏土矿物也能吸附多种氨基酸分子。Greenland 等研究了各种氨基酸与 H-蒙脱石、Na-蒙脱石和 Ca-蒙脱石的相互作用后指出，精氨酸、组氨酸和赖氨酸可通过阳离子交换吸附到 Na-蒙脱石和 Ca-蒙脱石上；而丙氨酸、丝氨酸、亮氨酸、天冬氨酸、谷氨酸、苯丙氨酸则可通过交换质子的方式吸附至 H-蒙脱石上。Ca-蒙脱石和 Ca-伊利石对甘氨酸及其低聚肽的吸附随低聚肽分子量的增加而增加（Greenland et al.，1962，Greenland et al.，1965）。而 Hedges 和 Hare 的研究表明氨基酸的氨基和羧基都参与了高岭石对它们的吸附

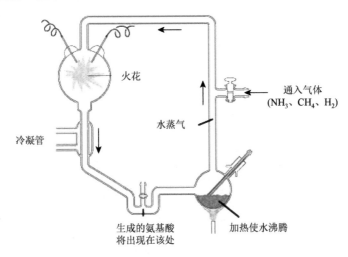

图 8-1　Miller 的"火花"实验示意图（Miller，1953）

过程（Hedges and Hare，1987），而且高岭石吸附的氨基酸和肽要比蒙脱石吸附的氨基酸和肽少（Dashman and Stotzky，1982；Dashman and Stotzky，1984）。由橄榄石和辉石风化而成的蛇纹石也是一种黏土矿物，它可能会出现在早期的地球表面。有研究显示蛇纹石可以通过静电作用强烈吸附天冬氨酸和谷氨酸（Hashizume，2007）。另一种黏土矿物水铝英石可以吸附大量的丙氨酸（Hashizume and Theng，1999）。研究表明，随着丙氨酸平衡浓度的增加，吸附等温线呈现出 3 个明显的区域：低平衡浓度时近似线性上升，中平衡浓度时趋于平稳，高平衡浓度时急剧线性上升。此外，丙氨酸的低聚物也可被水铝英石吸附，但吸附程度受溶质分子量的影响较小（Valaskova，2012）。以上研究均表明氨基酸可以结合到黏土矿物，为进一步的化学反应产生生命大分子提供了条件。通过 DFT 计算，Kasprzhitskii 等系统地研究了多种脂肪族氨基酸官能团在高岭石与硅氧烷和羟基表面形成氢键过程中的作用及其取向行为（Kasprzhitskii et al.，2022）。研究发现，氨基酸的羧基在与高岭石表面的相互作用机制中起着至关重要的作用。其中，氨基酸羧基的 H 原子与高岭石羟基表面的 O 原子之间形成了非常强的氢键，同时氨基的 N 原子和高岭石表面的—OH 基团之间也可形成一个额外的氢键（图 8-2）。

三、氨基酸手性问题挑战黏土矿物的作用

氨基酸存在 D（右旋）和 L（左旋）两类对映体（手性）（图 8-3）。从理论上讲，在非生物介导的化学反应过程中两类对映异构体应该会等量形成，得到 D/L 物质的量比为 1∶1 的外消旋混合物。然而，生命体中的氨基酸通常为 L 型，D 型氨基酸缺乏，因此黏土介导氨基酸形成的观点受到氨基酸手性问题的挑战。

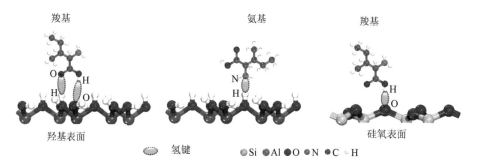

图 8-2　DFT 计算揭示脂肪族氨基酸吸附到高岭石矿物的微观机制（Kasprzhitskii et al.，2022）

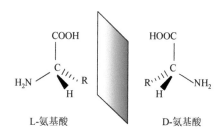

图 8-3　氨基酸的 L/D-对映异构体。R 代表侧链

目前已有一些关于地球上早期存在的黏土矿物与外消旋混合物接触时是否可以区分 D-氨基酸和 L-氨基酸的研究报道。尽管由于空位的存在，高岭石的层状结构可能是手性的（图 8-4），蒙脱石层的边缘表面由于存在缺陷结构也可能是手性的，但这些手性结构不能单独分离。Friebele 等（1981）的研究中没有观察到 Na-蒙脱石对 D/L-对映异构体之间的差异吸附，他们指出这是因为黏土矿物的整体结构中并没有手性特征。

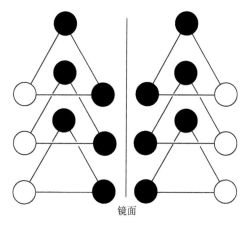

图 8-4　堆叠的层状高岭石中 Al 原子结构示意图。黑色和白色圆圈分别表示被占领和空着的 Al 原子区域

相较而言，石英晶体的手性具有立体的特异性，可以特定吸附某一具手性的氨基酸。例如，Bonner 等发现 L-石英更倾向于吸附 L-丙氨酸，而 D-石英则吸附更多的 D-丙氨酸，这种吸附上的偏好差异约为 1%（Bonner et al.，1974；Bonner and Kavasmaneck，1976）。曾经有报道称蒙脱石在天冬氨酸和谷氨酸的吸附和脱氨作用中可显示出立体选择性（Siffert and Naidja，1992）。Hashizume 等研究结果显示，从来自新西兰火山灰土壤中提取的水铝英石对 L-丙氨酰-L-丙氨酸的选择性吸附要高于其对 D-对映体的吸附（Hashizume et al.，2002）。他们认为 L-丙氨酰-L-丙氨酸两性离子的大小、分子内电荷分离和表面取向等特性使水铝英石-氨基复合物具有"结构手性"。因此，尽管使用的水铝英石样品在使用前已经过纯化，但痕量有机物的存在也可能会留下手性"印记"。

四、黏土矿物介导核酸碱基的形成

核酸是细胞内的大型生物分子，在生命体中起到携带和传递遗传信息的作用。核酸有两大类，分别是脱氧核糖核酸（DNA）和核糖核酸（RNA）（图 8-5）。核酸结构中含有两个嘌呤碱基（腺嘌呤、鸟嘌呤）和三个嘧啶碱基（胞嘧啶、尿嘧啶、胸腺嘧啶）。尿嘧啶和胸腺嘧啶分别存在于 RNA 和 DNA 中。Chittenden 和 Schwartz 的报道称可利用氰化氢和氰乙炔分别合成腺嘌呤和胞嘧啶，而氰乙炔还可通过与苹果酸反应合成尿嘧啶，且如果在反应体系中添加蒙脱石则会显著提高腺嘌呤的生成率（Chittenden and Schwartz，1976）。

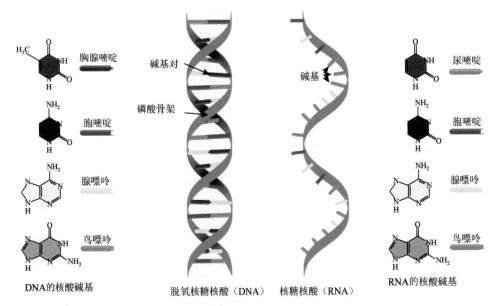

图 8-5　DNA、RNA 及其所含的碱基区别

五、黏土矿物对核酸碱基的吸附

已有广泛研究关注蒙脱石对核酸碱基的吸附。Lawless 等（1985）和 Banin 等（1985）分别报道，含不同可交换阳离子（Zn、Cu、Mn、Fe、Ca、Co、Ni）的蒙脱石对磷酸腺苷（AMP）的吸附会随溶液 pH 的降低而增加，Zn-蒙脱石对 5′-单磷酸腺苷（5′-AMP）的吸附在 pH＝7 时达到最大值，蒙脱石对核酸的吸附量主要受核酸碱的酸解常数影响。对蒙脱石和羟基磷灰石吸附鸟嘌呤和腺嘌呤等化合物（腺苷、5′-AMP、5′-ADP、5′-ATP）方面的能力进行比较，结果显示（Winter and Zubay，1995），蒙脱石可吸附更多的腺嘌呤而羟基磷灰石则更易吸附磷酸腺苷，溶液 pH 可显著影响上述吸附过程。

早期地球表面蒙脱石、硫化物和核酸碱基可能大量共存，通过穆斯堡尔谱、电子顺磁共振（EPR）光谱及 X 射线衍射分析发现核酸碱基可渗入 Na_2S 负载的黏土矿物的层间，并将层间的 Fe^{2+} 氧化为 Fe^{3+}；在 pH 为 2 和 7 时，黏土矿物对核酸的吸附顺序均为腺嘌呤≈胞嘧啶＞胸腺嘧啶＞尿嘧啶。黏土矿物对腺嘌呤和胞嘧啶的吸附随 pH 的降低而增加，由 FTIR 谱图可得，带正电荷（NH^+或NH_2^+基团）的腺嘌呤/胞嘧啶与黏土矿物的负电荷之间的静电力可能是黏土吸附碱基的主要机制。从 X 射线衍射图来看，被吸附的核酸碱基主要分布在黏土矿物层间表面、破损边和外表面的 Al-OH 和 Si-OH 基团上（Carneiro et al.，2011）。黏土吸附核酸后，对被吸附的核酸有保护作用，可以减少紫外线辐射和水解反应对核酸分子的破坏，进而有利于核苷酸进一步形成 DNA 等生命大分子（Baú et al.，2012）。

当蒙脱石层间的可交换阳离子为 Mg^{2+} 时，Mg-蒙脱石对几种小分子碱基的吸附效率排序为腺嘌呤＞胞嘧啶＞尿嘧啶，几乎不吸附核糖（Hashizume et al.，2010），而水铝英石对 5′-AMP 的亲和力要大于腺嘌呤、腺苷及核糖（Hashizume and Theng，2007）。与 Mg-蒙脱石相似，水铝英石也几乎不吸附核糖。通过计算机模拟，研究人员发现尿嘧啶可垂直吸附在高岭石黏土的表面（Michalkova et al.，2011），而对于蒙脱石来说，核酸碱基则倾向于与基础硅氧烷平面的面对面方向吸附（图 8-6）（Mignon et al.，2009）。

六、黏土矿物介导糖类的形成

糖类也是细胞中非常重要的一类有机化合物。形成核糖的第一步是合成甲醛，这是一个比较容易实现的过程。我们知道在原始大气环境中富含 CO_2，它具有弱氧化性，可发生光化学反应生成大量甲醛，随着雨水被输送到早期海洋中。在水溶液中甲醛可自发反应形成核糖。其中黏土和层状矿物（如蒙脱石、水镁石）可起催化作用。同时生成的糖低聚物可吸附到蒙脱石表面，从而增加了糖低聚物的稳定性（Gabel and Ponnamperuma，1967；Saladino et al.，2010）。

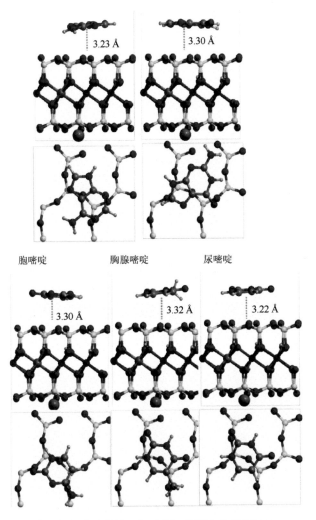

图 8-6　面对面吸附模式中吸附碱基的几何形状（直视和俯视图）（Mignan et al.，2009）

第三节　黏土矿物与复杂生物分子的形成

一、黏土催化产生核酸

RNA 是地球早期生命中最重要的生物聚合物，因为蛋白质生物合成中肽键的形成是由核糖体中的 RNA 催化，而非以前认为的蛋白质酶（Ban et al.，2000）。DNA 是在 RNA 之后出现的，而且 DNA 形成过程中 RNA 分子既充当酶类催化剂又充当遗传材料（Cech，1986）。虽然 RNA 中使用的是尿嘧啶和核糖，而不是 DNA 中的胸腺嘧啶和脱氧核糖，但 RNA 中的四种核酸碱基同样具有互补性（Gilbert，1986）。

大多数关于生物起源的理论都假设需要长度在 30~60 个范围内的 RNA 单体聚合物才能使遗传系统正常运行。科学家的研究发现添加 5-磷咪唑化合物（ImpA）至吸附有十核苷酸（十聚体引物）的蒙脱石上，可增加核苷酸的聚合度（Ferris and Ertem，1993），通过添加两次 ImpA，十核苷酸可"伸长"形成含有 20 多个单体的聚核苷酸，主要产物为 11~14 个单体的低聚物；而添加 14 次 ImpA 后，可形成 50 多个单体的多核苷酸，但主要聚合产物的单体个数为 20~40（Ferris et al.，1996）。此外，Joshi 等（2009）也利用活化的腺苷-、尿苷-、鸟苷-或胞嘧啶-5′-磷酸-1-甲基腺嘌呤获得了相应的 40~50 个单体的聚合物。

二、黏土催化肽类的形成

肽是天然存在的生物小分子物质，其分子结构介于氨基酸和蛋白质之间，由 2 个或 2 个以上的氨基酸通过肽链相互连接而成（图 8-7）。在早期的地球上，能量高的地方容易形成最初的肽，如原始海洋可能含有小分子的氨基酸，而海底的热喷口可为肽的形成创造良好的条件，是最容易形成肽的地方。为了证实这个假设，Imai 等（1999）和 Matsuno（1997）设计了流动反应器用来模拟海底热喷口系统，成功地以甘氨酸为单体，反应合成了二甘氨酸和三甘氨酸。

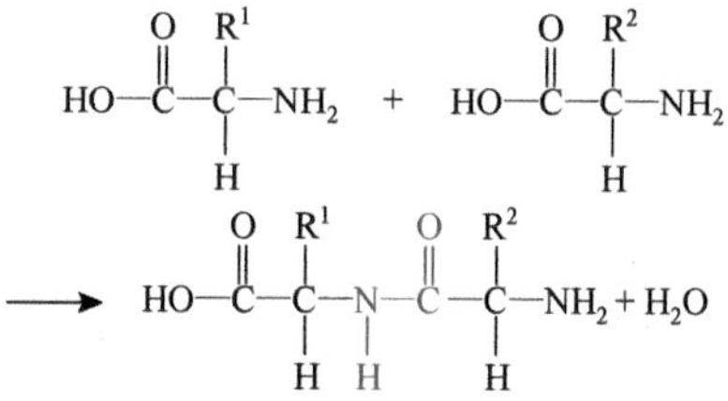

图 8-7 氨基酸的聚合生成肽反应。红色表示肽键，R^1 和 R^2 代表氨基酸侧链

我们知道早期地球上的海水温度应该比现在高很多，这是有利于有机分子聚合的条件。利用各种氨基酸（天冬氨酸、谷氨酸、甘氨酸、丙氨酸、亮氨酸）进行热聚合反应已经证实了能够合成一种类蛋白微球（Fox and Harada，1958）。此外，早期地球的板块构造活动也可能在蛋白质合成过程中发挥作用。当富含有机物的沉积物进入温度和压力高于地表的板块裂隙时，沉积物中的水将被耗尽，从而使有机物浓度增加，促进有机物的聚合（Ingmanson and Dowler，1977）。Ohara 等（2007）在沟状热液条件（5~100MPa 压力；150℃温度）下用蒙脱石合成甘氨酸肽，反应生成了高达 10 个单体的甘氨酸。5′-AMP 的氨基酰磷酸衍生物也可在蒙脱石矿物上缩聚成 56 个单体的多肽（Paecht-Horowitz，1970，Paecht-Horowitz and Eirich，1988），肽的 C 端与 5′-AMP 的 2′和/或 3′-羟基相连。在均相水溶液中，腺苷丙酰部分缩合成丙氨酸。不同黏土矿物催化不同氨基酸形成肽的能力不同，氨

基酸与 ATP 在沸石存在下反应形成氨基酰腺嘌呤酸；Hill 等研究了羟基磷灰石和伊利石吸附负电荷的氨基酸、谷氨酸、天冬氨酸和 O-磷酸-L-丝氨酸等低聚物的吸附能力。结果显示，两种矿物对上述物质的吸附能力随低聚物长度的增加而增加。羟基磷灰石吸附低聚谷氨酸后，向其继续添加谷氨酸可使吸附强度大约增加 4 倍。短寡聚谷氨酸吸附在羟基磷灰石或伊利石上，与活化的单体反复孵育，可使至少长达 45 个单位的低聚物积累。此外，天冬氨酸与 O-磷酸-L-丝氨酸在羟基磷灰石上反应生成高聚物的效果较差，而伊利石则不能吸附大量的天冬氨酸或 O-磷酸-L-丝氨酸高聚物（Ferris et al.，1996；Hill et al.，1998）。但有研究表明，伊利石与氨基酸和羰基二咪唑孵育可形成短的低聚物。离心分离固体，加入新鲜单体和活化剂，可形成长度在 40 或 40 以上的低聚物（Ferris et al.，1996；Hill et al.，1998）。

此外，海滩也是肽生成频率较高的场所。沙滩中的黏土矿物颗粒会经历反复的干燥和润湿过程，即退潮时干燥，涨潮时润湿，这种条件也可能有利于与黏土介导的有机分子的聚合。Lahav 等（1978）以高岭石和膨润土为黏土矿物，以甘氨酸为有机物种，反应获得了数量可观的甘氨酸低聚物，最高可达五聚合单体。Ferris 等（1996）通过谷氨酸与伊利石培养获得了约 50 个单位长度的谷氨酸低聚物。Blank 等（2001）在一个模拟陨石和小行星与地球碰撞的"冲击"实验中将氨基酸聚合成了寡肽（主要是二聚体和三聚体）。

第四节　黏土矿物与细胞的起源

脂质是活细胞的一部分。在水中脂质可形成胶束结构，其中亲水部分向外与水接触，疏水部分朝内。细胞膜内含有跨膜蛋白，可传递细胞内外的营养物质。黏土矿物可能有着原始细胞膜的作用（Clarkson，1988）。当黏土矿物沉积在海底（或相对干燥）时，颗粒会通过机械力聚集在一起，形成含有一定空间的气泡结构，具有类似细胞膜的特性，可选择性地渗透部分水溶性分子（Subramaniam et al.，2011）（图 8-8）。与表面活性剂不同，脂质难以被合成，但脂质可能由表面活性剂转化而来，据报道磷灰石矿物能够催化原脂质的形成（Ourisson and Nakatani，1998）。最近的研究证实，甲基硅氧烷交联柱撑高铁蒙脱石可作为构筑单元构建黏土矿物原始细胞模型，它不仅保留了黏土矿物的选择性吸附特性，还具有过氧化物酶类催化功能。以葡萄糖分子为控制开关，二氧化硅原始细胞包埋的葡萄糖氧化酶可以催化生成 H_2O_2，并引发黏土原始细胞膜的过氧化氢酶类反应，诱导与含铁蒙脱石胶体共存群体中形成具有温度响应的聚 N-异丙基丙烯酰胺包覆的复合细胞膜，进而在黏土微室内产生可自我调节的磷酸酶活性，进一步介导胞内碱性磷酸酶的去磷酸化反应，从而首次实现了原始细胞间的化学信号通信（Sun et al.，2016）。

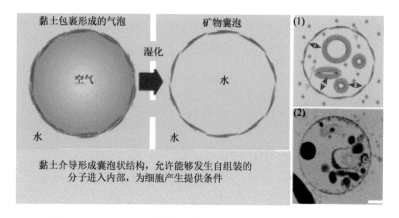

图 8-8 Subramaniam 等提出的黏土矿物形成囊泡形状的结构

第五节 生命起源之争

在过去的几十年里，关于生命起源的争论一直很激烈，大量的研究已经提供了一些答案。已有研究证明，简单的有机分子可能是由水、甲烷、氨和氢暴露在光下形成的。此外，也有可能是各种有机分子通过陨石撞击最终到达地球。但悬而未决的问题之一是陨石、小行星和彗星上的各种简单和相对复杂的有机分子是如何出现的？目前已观察到这些有机分子与黏土矿物有关，基本上在这些天体以及地球和火星上都观察到了黏土矿物。近年来，好奇号火星车对火星盖尔陨石坑黏土矿物和有机分子的识别取得了重大进展（Bristow et al.，2015，2018；Sheppard et al.，2021），结果表明盖尔陨石坑中约 35 亿年前的河流-湖泊泥岩中含有近 35%的黏土矿物。这些黏土矿物是过去流体-岩石相互作用的重要标志，盖尔陨石坑中这些黏土矿物的结构和组成的变化表明，以往水环境在不断地向着更适合微生物生存的方向转变。从简单的有机分子到我们现在所知的复杂系统，即包含复制功能的重要分子，如 RNA 和 DNA，是一个重要的步骤。地球上的生命是如何从简单的化合物进化到这些复杂的系统的？矿物表面的催化作用，特别是蒙脱石类的黏土矿物，可能给予其部分解释。从工业应用中我们知道，蒙脱石等黏土矿物可以催化各种类型的有机反应，而类似的黏土催化反应极有可能发生在早期地球表面，后期有必要在这方面进行更多的研究。此外，手性矿物表面被认为是地球生命早期阶段对称性破坏的合理来源。由于结构缺陷的存在，蒙脱石的边缘表面可能表现出一定的手性结构。Siffert 和 Naidja（1992）观察到蒙脱石对天冬氨酸和谷氨酸的吸附和脱氨具有立体选择性，但相关研究还较少，黏土矿物的手性特征有待进一步研究。总之，目前最有希望解释生命起源过程中缺失步骤的理论是黏土矿物表面活性位点与简单有机分子的相互作用。这些活性位点允许有机分子的吸附和保护,并通过聚合催化反应形成更复杂的有机分子。想要进一步了解所有这些步骤,仍需要持续深入的研究。

参 考 文 献

Bailey H C. 1938. The origin of life (Oparin A. I.). J Chem Educ, 15 (8): 5-26.

Ban N, Nissen P, Hansen J, et al. 2000. The complete atomic structure of the large ribosomal subunit at 2.4 A resolution. Science, 289 (5481): 905-920.

Banin A J, Lawless G, Mazzurco J, et al. 1985. pH profile of the adsorption of nucleotides onto montmorillonite. II. Adsorption and desorption of 5′-AMP in iron-calcium montmorillonite systems. Orig Life Evol Biosph, 15 (2): 89-101.

Baú J P, Carneiro C E, de Souza Junior I G, et al. 2012. Adsorption of adenine and thymine on zeolites: FT-IR and EPR spectroscopy and X-ray diffractometry and SEM studies. Orig Life Evol Biosph, 42 (1): 19-29.

Bernal J D. 1951. Physical basis of life. Proc Phys Soc, 62 (9): 537-558.

Blank J G, Miller G H, Ahrens M J, et al. 2001. Experimental shock chemistry of aqueous amino acid solutions and the cometary delivery of prebiotic compounds. Orig Life Evol Biosph, 31 (1-2): 15-51.

Bonner W A, Kavasmaneck P R. 1976. Asymmetric adsorption of DL-alanine hydrochloride by quartz. J Org Chem, 41 (12): 2225-2228.

Bonner W A, Kavasmaneck P R, Martin F S, et al. 1974. Asymmetric adsorption of alanine by quartz. Science, 186 (4159): 143-144.

Bristow T F, Bish D L, Vaniman D T, et al. 2015. The origin and implications of clay minerals from Yellowknife Bay, Gale crater, Mars. Am Min, 100 (4): 824-836.

Bristow T F, Rampe E B, Achilles C N, et al. 2018. Clay mineral diversity and abundance in sedimentary rocks of Gale crater, Mars. Sci Adv, 4 (6): eaar3330.

Cairns-Smith A G. 1982. Genetic Takeover: And the Mineral Origins of Life. Cambridge: Cambridge University Press.

Carneiro C E A, Berndt G, de Souza Junior I G, et al. 2011. Adsorption of adenine, cytosine, thymine, and uracil on sulfide-modified montmorillonite: FT-IR, Mössbauer and EPR spectroscopy and X-Ray diffractometry studies. Orig Life Evol Biosph, 41 (5): 453-468.

Cech T R. 1986. A model for the RNA-catalyzed replication of RNA. Proc Natl Acad Sci USA, 83 (12): 4360-4363.

Chittenden G J F, Schwartz A W. 1976. Possible pathway for prebiotic uracil synthesis by photodehydrogenation. Nature, 263 (5575): 350-351.

Dashman T, Stotzky G. 1982. Adsorption and binding of amino acids on homoionic montmorillonite and kaolinite. Soil Biol Biochem, 14 (5): 447-456.

Dashman T, Stotzky G. 1984. Adsorption and binding of peptides on homoionic montmorillonite and kaolinite. Soil Biol Biochem, 16 (1): 51-55.

Davies G F. 1988. Heat and mass transport in the early Earth. In Topical Conference Origin of the Earth, 681: 1-15.

Ferris J P, Ertem G. 1993. Montmorillonite catalysis of RNA oligomer formation in aqueous solution. A model for the prebiotic formation of RNA. J Am Chem Soc, 115 (26): 12270-12275.

Ferris J P, Hill A R, Liu R, et al. 1996. Synthesis of long prebiotic oligomers on mineral surfaces. Nature, 381 (6577): 59-61.

Friebele E, Shimoyama A, Hare P E, et al. 1981. Adsorption of amino acid entantiomers by Na-montmorillonite. Orig

Life, 11 (1-2): 173-184.

Fox S W, Harada K. 1958. Thermal copolymerization of amino acids to a product resembling protein. Science, 128 (3333): 1214.

Gabel N W, Ponnamperuma C. 1967. Model for origin of monosaccharides. Nature, 216 (5114): 453-455.

Gilbert W. Origin of life: The RNA world. Nature, 319 (6055): 618.

Greenland D J, Laby R H, Quirk J P. 1962. Adsorption of glycine and its di-, tri-, and tetra-peptides by montmorillonite. Trans Faraday Soc, 58 (472): 829-841.

Greenland D J, Laby R H, Quirk J P. 1965. Adsorption of amino-acids and peptides by montmorillonite and illite. Part 1. Cation exchange and proton transfer. Trans Faraday Soc, 61: 2013-2023.

Hashizume H, van der Gaast S, Theng B K G. 2010. Adsorption of adenine, cytosine, uracil, ribose, and phosphate by Mg-exchanged montmorillonite. Clay Miner, 45 (4): 469-475.

Hashizume H, Theng B K. 1999. Adsorption of DL-alanine by allophane: Effect of pH and unit particle aggregation. Clay Miner, 34 (2): 233-238.

Hashizume H, Theng B K. 2007. Adenine, adenosine, ribose and 5'AMP adsorption to allophane. Clays Clay Miner, 55 (6): 599-605.

Hashizume H, Theng B K, Yamagishi A. 2002. Adsorption and discrimination of alanine and alanyl-alanine enantiomers by allophane. Clay Miner, 37 (3): 551-557.

Hedges J I, Hare P E. 1987. Amino acid adsorption by clay minerals in distilled water. Geochim Cosmochim Ac, 51 (2): 255-259.

Hill A R, Böhler C, Orgel L E. 1998. Polymerization on the rocks: Negatively-charged alpha-amino acids. Orig Life Evol Biosph, 28 (3): 235-243.

Imai E, Honda H, Hatori K, et al. 1999. Autocatalytic synthesis of oligoglycine in a simulated submarine hydrothermal system. Orig Life Evol Biosph, 29 (3): 249-259.

Ingmanson D E, Dowler M J. 1977. Chemical evolution and the evolution of the Earth's crust. Orig Life, 8 (3): 221-224.

Jennifer G B, Miller G H, Ahrens M J, et al. 2001. Experimental shock chemistry of aqueous amino acid solutions and the cometary delivery of prebiotic compounds. Orig Life Evol Biosph, 31 (1-2): 15-51.

Joshi P C, Aldersley M F, Delano J W, et al. 2009. Mechanism of montmorillonite catalysis in the formation of RNA oligomers. J Am Chem Soc, 131 (37): 13369-13374.

Kasprzhitskii A, Lazorenko G, Kharytonau D S, et al. 2022. Adsorption mechanism of aliphatic amino acids on kaolinite surfaces. Appl Clay Sci, 226: 106566.

Kobayashi K, Tsuchiya M, Oshima T, et al. 1990. Abiotic synthesis of amino acids and imidazole by proton irradiation of simulated primitive earth atmospheres. Orig Life Evol Biosph, 20 (2): 99-109.

Lahav N, White D, Chang S. 1978. Peptide formation in the prebiotic era: Thermal condensation of glycine in fluctuating clay environments. Science, 201 (4350): 67-69.

Lawless J G, Banin A, Church F M, et al. 1985. pH profile of the adsorption of nucleotides onto montmorillonite. Orig Life Evol Biosph, 15 (2): 89-101.

Marshall W L. 1994. Hydrothermal synthesis of amino acids. Geochim Cosmochim Ac, 58 (9): 2099-2106.

Matsuno K. 1997. A design principle of a flow reactor simulating prebiotic evolution. Viva Origino, 25 (7): 997-998.

Michalkova A, Robinson T L, Leszczynski J. 2011. Adsorption of thymine and uracil on 1 : 1 clay mineral surfaces: Comprehensive *ab initio* study on influence of sodium cation and water. Phys Chem Chem Phys PCCP, 13 (17): 7862-7881.

Mignon P, Ugliengo P, Sodupe M. 2009. Theoretical study of the adsorption of RNA/DNA bases on the external surfaces of Na^+-montmorillonite. J Phys Chem C, 113 (31): 13741-13749.

Miller S L. 1953. A production of amino acids under possible primitive earth conditions. Science, 117 (3046): 528-529.

Miller S L, Urey H C. 1959. Organic compound synthesis on the primitive earth. Science, 130 (3370): 245-251.

Ohara S, Kakegawa T, Nakazawa H. 2007. Pressure effects on the abiotic polymerization of glycine. Orig Life Evol Biosph, 37 (3): 215-223.

Ourisson G, Nakatani Y. 1998. Molecular evolution and origin of biomembranes. Tanpakushitsu Kakusan Koso Protein Nucleic Acid Enzyme, 43 (13): 1953-1962.

Paecht-Horowitz M, Berger J, Katchalsky A. 1970. Prebiotic synthesis of polypeptides by heterogeneous polycondensation of amino-acid adenylates. Nature, 228 (5272): 636-639.

Paecht-Horowitz M, Eirich F R. 1988. The polymerization of amino acid adenylates on sodium-montmorillonite with preadsorbed polypeptides. Orig Life Evol Biosph, 18 (4): 359-387.

Saladino R, Neri V, Crestini C. 2010. Role of clays in the prebiotic synthesis of sugar derivatives from formamide. Philosoph Mag, 90 (17-18): 2329-2337.

Sandford S A, Pendleton Y J, Allamandola L J, 1995. The galactic distribution of aliphatic hydrocarbons in the diffuse interstellar medium. Astrophys J, 440: 697-705.

Sheppard R Y, Thorpe M T, Fraeman A A, et al. 2021. Merging perspectives on secondary minerals on Mars: A review of ancient water-rock interactions in gale crater inferred from orbital and *in-situ* observations. Minerals, 11 (9): 986.

Siffert B, Naidja A. 1992. Stereoselectivity of montmorillonite in the adsorption and deamination of some amino acids. Clay Miner, 27 (1): 109-118.

Subramaniam A B, Wan J, Gopinath A, et al. 2011. Semi-permeable vesicles composed of natural clay. Soft Matter, 7 (6): 2600-2612.

Sun S, Li M, Dong F, et al. 2016. Chemical signaling and functional activation in colloidosome-based protocells. Small, 12 (14): 1920-1927.

Taylor S R, Norman M D. 1990. Accretion of differentiated planetesimals to Earth. Origin of the Earth, 29-43.

Valaskova M. 2012. Clay Minerals in Nature-Their Characterization, Modification and Application. In Tech 10.5772/2708 (Chapter 2).

Winter D, Zubay G. 1995. Binding of adenine and adenine-related compounds to the clay montmorillonite and the mineral hydroxylapatite. Orig Life Evol Biosph, 25 (1-3): 61-81.

Yuasa S. 1989. Polymerization of hydrogen cyanide and production of amino acids and nucleic acid bases in the presence of clay minerals: In relation to clay and the origin of life. Nendo Kagaku, 29: 89-96.

第九章 矿物表征方法

第一节 电子顺磁共振波谱

电子顺磁共振波谱（electron paramagnetic resonance spectroscopy，EPR）是研究至少含有一个未成对电子的磁性物质的电磁波谱法。EPR 研究对象有两类：一类是含有至少一个未成对电子的物质；另一类主要是光激发后才形成的含有两个未成对电子的三重态物质，在未经光激发时不含有未成对电子。采用 EPR 研究矿物界面自由基过程以及矿物中某些金属离子价态变化具有重要应用。

已知发生电子顺磁共振的条件：

$$h\nu = g\beta H \tag{9-1}$$

式中，h 为普朗克常量；g 是样品的波谱分裂因子，对某个样品而言，为常数；β 为电子的玻尔磁子。

式中微波频率 ν 和磁场强度 H 是变量，由此产生两种不同类型的扫描方式：一种是固定频率，改变磁场强度搜索共振点的扫描方式，称为扫场式波谱仪；另一种是固定磁场强度，改变扫描频率搜索共振点的扫描方式，称为扫频式波谱仪。电子顺磁共振波谱仪常采用扫场的工作方式。

一、基本参数

1. 微波功率的选择

在一定的功率范围内，EPR 信号幅度与辐射到样品上的微波场强成正比，而后者与入射的微波功率的平方根成正比；当微波功率增加到一定数值时，信号增长速率降低，与入射的微波功率的平方根不成正比（弱饱和区）；进一步增加微波功率，EPR 信号增长速率近为零，甚至信号幅度随微波功率增加而略有减小（强饱和区）。在实验中并不是微波功率选择得越大，EPR 信号幅度就越强。在非饱和区，微波功率与其在腔中所能建立的微波场强的最大值 $H_{\max}$ 之间的关系如下

$$2H_{\max} = C(Q_L P_0)^{1/2} \tag{9-2}$$

式中，H_{max} 为微波场强的最大值；Q_L 为腔内有样品时的品质因子；P_0 为微波功率；c 是常数。

在常规测量微波功率应该选择在未饱和的线性工作区域。

2. 调制幅度 H_m 的选择

调制幅度的选择直接影响 EPR 信号的幅度和形状。但是调制幅度的选择要与样品的线宽相吻合，在调制幅度已经大于线宽时再继续增加调制幅度，不仅不能增加 EPR 信号的强度，反而由于线宽增加而使得信号幅度减小。

选择比较小的 H_m，可以精确地测定样品的谱形，实现高分辨率的检测；而增大 H_m 可以增加测量信号的幅值，实现高灵敏度的检测，但是又要考虑失真允许的限度。一般来说，要兼顾灵敏度和分辨率的要求，选用调制幅度 H_m 等于或小于样品的线宽 ΔH_P，而高分辨率测量则要求 $H_m \leqslant 0.1\Delta H_P$。只要灵敏度可以满足信号测量的要求，就应该选择尽量小的调制幅度。对于高灵敏度的检测，则选择大的调制幅度。

3. 调制频率 F_m

考虑到灵敏度和分辨率的要求，商品波谱仪选择最高的调制频率为 100 kHz。但是对高分辨测量，为了不影响超精细分裂的观察，在灵敏度允许的情况下应采用尽可能低的调制频率。

4. 相位

实验中选择相位以获得最大的信号输出。

5. 中心磁场 H_r、场扫描宽度 ΔH 和场扫描速率 $\Delta H/t$

已知样品的波谱分裂因子 g 和仪器的微波工作频率 ν 时，可以近似地按照下式（9-3）确定共振的中心磁场 H_r：

$$H_r(特斯拉，T) = (0.071\,447\,75 / g)\nu(千兆赫兹) \tag{9-3}$$

测量未知样品时，扫场宽度应该选择大一些，要能够覆盖全部的波谱以便于搜索到共振信号。但是对于宽度比较窄的样品，宽扫描范围既没有必要又会影响检测灵敏度。因为检测样品的灵敏度反比于磁场的扫描速率，即单位时间的扫场宽度，扫描速率慢时检测的灵敏度高。扫描速率受扫场宽度和扫描时间控制，当扫场范围比较宽时要求扫描时间也随着增长。但是这时要求仪器的稳定性比较好，不会产生时间漂移。当使用计算机采集样品时，转换时间近似等于扫描时间。

6. 增益 G 以及滤波器时间常数 T 的选择

增益 G 的选择很直观，调整增益使被观察的波谱信号有一个合适的可观察尺寸即可。增大增益，信号与噪声同时增加。使用低增益，对浓度高的样品，信号看起来就清楚，但是对浓度低的样品，即使是使用高增益，也无法克服背景噪声，这时要选择大的时间常数 T 加以改善。

滤波器的时间常数 T 比较大时，意味着可以通过的信号带宽比较小，有利于消除噪声，增加信噪比。但是当扫描时间不变而一味增加时间常数时，EPR 信号频谱的高频成分会丢失，引起波谱不对称失真。时间常数的选择也与增益 G 有关，当增益增加 10 倍时，时间常数应增加 100 倍，才能保持恒定的噪声电平，增益可以改善信噪比。一般选择扫描时间 10 倍于被选择的时间常数或更大。

二、样品制备注意事项

1. 液体样品

在 EPR 测试中，常见的是液体样品的测试，如自由基、有机反应中间体、过渡金属等。液体样品制备过程中需要注意以下几点：

（1）溶剂。测量液体样品时，要注意溶剂的极性，对于极性大的溶剂，需要将样品放在毛细管中进行测试，以避免溶剂对微波的吸收。

（2）除氧。液体样品中氧气对信号的干扰非常大，需要对样品通氮或真空除氧，以保证测试过程中能看到精细的结构信息。

（3）浓度控制。浓度过大或过小都会对样品信号造成干扰，导致精细结构看不到，因此选择适当的浓度会对测试提供帮助。

2. 固体样品

固体样品制备过程中需要注意颗粒大小，粉末样品也需要注意顺磁浓度，浓度太大的话会对信号造成干扰。固体样品如果浓度太大可以采用固体稀释方法，使用干燥的硅胶或者碳酸钙等都能起到稀释的作用。

三、变温测量

低温实验主要是为了检测短寿命自由基、活组织和含水样品、过渡金属离子，由于其弛豫时间短，在室温下检测有困难。一般低温实验用得比较多的是液氮温度，有时也会用液氦温度。常用的过渡金属离子中，Mn^{2+} 尚可以在室温检测，Cu^{2+} 及其络合物需要在液氮温度测量，Fe^{2+}、Fe^{3+} 及其络合物最好在液氦温度测量。高温实验常用于材料科学的研究。

四、应用举例

1. EPR 高温实验测定大气颗粒物表面持久性自由基的形成特性

Q. Li 等（2018）探究了在空气气氛下，将装有 1,2,4-三氯苯和 5% MnO_2/SiO_2 矿物的石英管用氮气流加热到 573K，探究在加热过程中二氧化锰界面形成的持久性自由基情况，结果发现只有 $\alpha-MnO_2$ 和 $\beta-MnO_2$ 界面形成了持久性自由基（图9-1）。

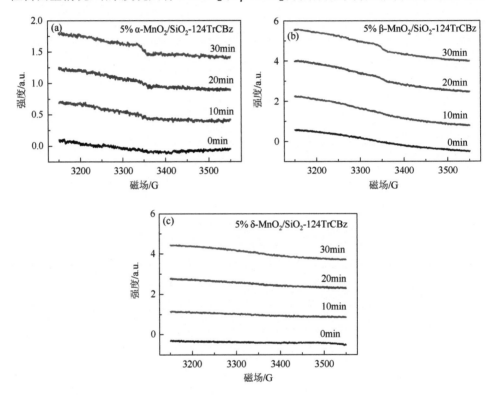

图 9-1 在 573 K 下（a）5% $\alpha-MnO_2/SiO_2$、(b) 5% $\beta-MnO_2/SiO_2$、(c) 5% $\delta-MnO_2/SiO_2$ 与 1, 2, 4-三氯苯反应的 EPR 谱图（Li Q et al., 2018）

2. EPR 测定矿物中金属价态变化

在 de Santana 等（2010）的研究中发现，半胱氨酸（Cys）吸附于膨润土（bentonite）和蒙脱石（montmorillonite）后，EPR 谱图（图 9-2）中矿物中 Fe^{3+} 的强度显著降低（表 9-1），反映出半胱氨酸促进矿物中 Fe^{3+} 还原为无顺磁性的 Fe^{2+}。

3. 自旋捕获方法（spin trap）研究活性氧物种（ROS）

自旋捕获技术可以用于检测稳定性差、寿命短的自由基。通常自旋捕获剂是一种能与活性自由基反应的硝酮或亚硝基化合物,能够反应生成比原来自由基更稳定的氮氧化物。EPR 谱图展示出具有精细分裂的图纹。常见的自旋捕获剂有 5,5-二甲基-1-吡咯啉-N-氧化物(DMPO)、3,3,5,5-四甲基哌啶酮氧化物(TEMPO)和 α-(4-吡啶基-1-氧)-N-叔丁基硝基酮(POBN)等。Fang 等(2018)用 DMPO 作为捕获剂探究了过硫酸盐在土壤中的自由基生成情况,EPR 谱图如图 9-3 所示,在反应体系中用 DMPO 捕获到三种自由基,并且随着反应时间的延长,自由基的种类和强度发生改变。

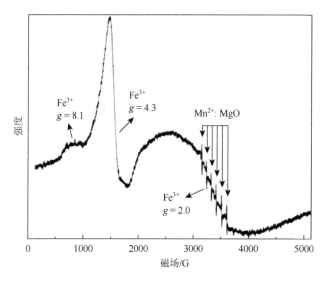

图 9-2　黏土样品在室温下的 EPR 谱图(de Santana et al.,2010)

表 9-1　半胱氨酸与膨润土和蒙脱石反应前后 Fe^{3+} 共振线强度变化

黏土矿物	pH	有(+)无(−)半胱氨酸	Fe^{3+} 共振线强度/a.u.($g=8.1$)	Fe^{3+} 共振线强度/a.u.($g=4.3$)	Fe^{3+} 共振线强度/a.u.($g=2.0$)
膨润土	3.00	−	0.32	1.24	1.87
		+	0.36	1.68	1.71
	8.00	−	0.37	1.51	2.44
		+	0.30	1.34	1.22
蒙脱石	3.00	−	0.51	2.78	2.68
		+	0.30	3.02	1.39
	8.00	−	0.50	3.11	2.68
		+	0.40	2.97	1.74

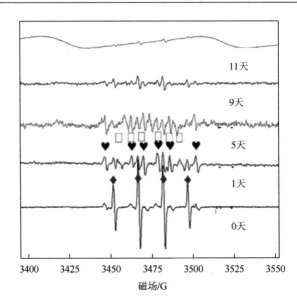

图 9-3 利用 DMPO 作为自旋诱捕剂，对不同土壤/过硫酸盐悬浮液中自由基形成的 EPR 光谱分析。实验条件：PS 初始浓度为 5.0 g/L，反应温度 25℃，水土比为 2∶1；过滤后的土壤/过硫酸盐悬浮液中 DMPO 浓度为 0.1 mol/L（◆DMPO-OH，□DMPO-SO$_4$，♥DMPO-R）（Fang et al., 2018）

第二节 原位光谱表征

在有机分子中，组成化学键或官能团的原子处于不断振动的状态，其振动频率与红外光的振动频率相当。用频率连续变化的红外光照射有机物分子时，分子选择性地吸收某些频率范围的辐射，偶极矩发生变化，产生分子振动（和转动）能级从基态到激发态的跃迁，并使得相应范围的透射光的强度减弱。不同的化学键或官能团吸收频率不同，在红外光谱上将处于不同位置，因此可以根据有机物的红外光谱图获得分子中含有何种化学键或官能团的信息。红外光谱法所需样品量少且分析速度快，不受样品的相态、熔点、沸点和蒸气压等物理性质的限制，应用广泛。

对于非均相的反应，若仅仅采用离线红外表征反应前后的土壤矿物光谱变化，不能准确认识土壤矿物与有机污染物的非均相反应过程。为此，购置或设计一些原位反应器，搭建原位光谱表征体系，有利于实时反映物质的结构变化，对进行分子机制研究具有重要意义。

图 9-4 为原位漫反射傅里叶变换红外光谱（diffuse reflectance infrared Fourier transform spectroscopy，DRIFTS）在线监控的示意图，这一原位体系适用于气-固非均相反应的原位表征，通过调节配气系统中通入水的载气流量控制反应体系的

湿度，并利用载气将探针分子送入样品池与放置于此的土壤矿物反应；对于液相中的非均相反应，利用原位衰减全反射傅里叶变换红外光谱（attenuated total reflection Fourier transform infrared spectroscopy，ATR-FTIR）进行测定（图 9-5），将土壤矿物均匀涂于样品池上，利用蠕动泵可向样品池中不断通入反应溶液参与反应，同时可以在原位反应器的上方加设光照体系以模拟光照对反应的影响。这两种装置可以实时监控反应过程中的红外信号，结合理论计算测定物质的红外光谱，推断出在非均相反应过程中有机物与黏土矿物的结合位点和转化方式。例如，Jin 等（2021）使用 Cl-DMA（2-氯-N,N-二甲基乙酰胺）作为探针分子，利用原位 DRIFTS 系统测试不同湿度下该物质在 Fe^{3+}-蒙脱石和 Al^{3+}-蒙脱石的吸附，观察到 Cl-DMA 的 ν(N=C=O，Cl-DMA)发生了红移，验证了表面/中间层 Fe^{3+} 或 Al^{3+} 通过络合形式吸引和解离酰胺基团的 π 电子。Sheng 等（2019）利用原位 ATR-FTIR 来研究固相界面上阿莫西林/Zn/针铁矿三者的相互作用，通过与对照组阿莫西林、青霉素和阿莫西林、阿莫西林和针铁矿进行对比分析发现针铁矿表面吸附态的 Zn 与阿莫西林分子中的 β-内酰胺环中的 N 存在配位过程，并进一步证明了在三元体系中针铁矿表面吸附的阿莫西林分子主要与针铁矿表面羟基和铁原子形成氢键及配位键。

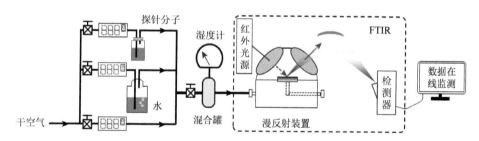

图 9-4 原位漫反射傅里叶变换红外光谱（多用于气-固反应体系）

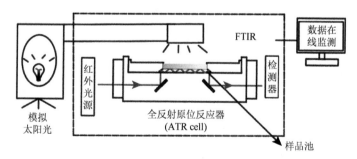

图 9-5 原位衰减全反射傅里叶变换红外光谱（多用于液-固反应体系）

拉曼光谱也是一种非均相反应分子机制研究的重要技术手段。当频率为 ν_0 的可见或近红外强激光照射被分析样品时，有极少量的入射光与样品分子之间发生非弹性碰撞，光子与分子之间产生能量交换，使光子的方向和频率发生变化，即产生了拉曼散射。分子吸收频率为 v_0 的光子，发射 v_0-v_1 的光子（即吸收的能量大于释放的能量），同时分子从低能态跃迁到高能态（斯托克斯线）；分子吸收频率为 v_0 的光子，发射 v_0+v_1 的光子（即释放的能量大于吸收的能量），同时分子从高能态跃迁到低能态（反斯托克斯线）。斯托克斯线与反斯托克斯线统称为拉曼线，由于斯托克斯线远强于反斯托克斯线，通常拉曼光谱仪记录的是前者。拉曼光谱与样品分子的能级跃迁有关，因此通过分析发射的拉曼光谱可得出分子的转动、振动-转动能级方面的信息。与红外光谱不同，极性分子和非极性分子都能产生拉曼光谱，并且拉曼光谱受水分子的影响小，弥补了红外光谱的不足。

同样，可以设计相应的与红外光谱相似的原位表征体系实时监测非均相反应过程中的拉曼光谱，结合理论计算推导出物质与矿物的结合位点和转化方式。如图 9-6 所示为参考 DRIFTS 设计的气-固非均相原位表征体系，其操作方式与 DRIFTS 相似，利用专业设计的反应池还能实现对高温反应的原位表征。Ou 等（2011）利用原位拉曼光谱研究 H_2 与 MoO_3 的相互作用，发现 H^+ 主要与双配位氧原子作用，导致晶体从 α-MoO_3 转变为氢钼青铜和 MoO_3 的混合结构，并最终形成氧空位和水。同时，MoO_3 暴露于 H_2 气体期间 O_2 的存在会导致许多氧空位的重组并减少了 H_2 的可催化位点。Zhu 等（2017）利用原位拉曼光谱检测了温度升高过程中炭结构的变化，结果显示煤烟热解过程中气体的生成呈现两个阶段，且催化剂的存在会显著促进热解反应，并显著降低炭结构的有序性。

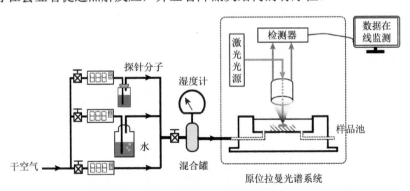

图 9-6　原位拉曼光谱（多用于气-固反应体系）

第三节　扫描电子显微镜

扫描电子显微镜（scanning electron microscope，SEM）是一种介于透射电子显微镜和光学显微镜之间的观察手段。其利用聚焦的很窄的高能电子束来扫描样品，通过光束与物质间的相互作用，来激发各种物理信号调制，对这些信息收集、放大、再成像以达到对物质微观形貌表征的目的。扫描电子显微镜主要由以下几部分构成（图9-7）。①电子光学系统：电子枪、电磁透镜、扫描线圈和样品室。②扫描系统：扫描信号发生器、扫描放大控制器、扫描偏转线圈。③信号探测放大系统：接收二次电子、背散射电子等电子信号并放大。④图像显示和记录系统：SEM采用计算机进行图像显示和记录。⑤真空系统：机械泵、扩散泵和涡轮分子泵等。⑥电源系统。

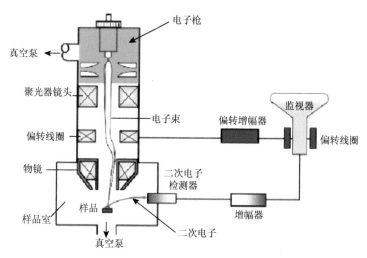

图9-7 扫描电子显微镜结构原理示意图

新式的扫描电子显微镜（Hitachi S4800，Japan）的分辨率可以达到100 nm，放大倍数可以达到30万倍及以上连续可调，并且景深大，视野大，成像立体效果好。此外，扫描电子显微镜和其他分析仪器[能量色散X射线谱仪（EDX）]相结合，可以做到观察微观形貌的同时进行物质微区成分分析。如图9-8（a）所示为人工合成的黄铁矿FeS_2扫描电子显微镜图像，图9-8（b）为选定区域的Fe、O、S三种元素的组分比例图。

SEM样品要求：①样品不含水分，湿的样品会释放出水蒸气，往往真空度很难达到，而且水蒸气遇到高能电子束会被电离，还会增加电子束能量分散，使其成像模糊，分辨率降低；水蒸气还会与高温钨丝反应，加速电子枪灯丝挥发，极大地降低了灯丝的寿命；在高真空状态下，大部分含水样品的表面易发生变形，这会导致结果失真。绝大多数的生物样品需要经过干燥处理。②样品不含挥发物，污染物样品中的挥发物会造成探测器、光阑等部件污染，在电子束的作用下容易分解产生碳氢化物，遮盖样品表面的细节或吸附在探测器晶体表面，最终降低成像信号产量以及探测器检测效率。③样品具有导电性，SEM成像原理是通过探测器获得二次电子和背散射电子信号，样品不导电会造成表面多余电子或游离粒子的累积进而不能及时导走，达到一定程度后就会反复出现充放电现象，最终影响电子信号的传递，造成图像扭曲、变形、晃动。所以不导电的样品，其表面一般都需要镀金（影像观察）或者镀碳（成分分析）。

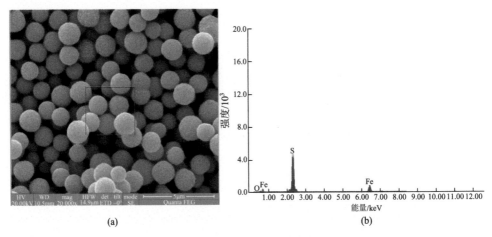

图 9-8　人工合成 FeS_2 的 SEM 图（a）及对应的 EDX 谱图（b）

第四节　透射电子显微镜

透射电子显微镜（transmission electron microscope，TEM），简称透射电镜，是将经加速和聚集的电子束投射到非常薄的样品上，电子与样品中的原子碰撞而改变方向，从而产生立体角散射。散射角的大小与样品的密度、厚度相关，可以形成明暗不同的影像，将影像放大、聚焦后在成像器件（如荧光屏、胶片以及感光耦合组件）上显示出来。由于电子的德布罗意波长非常短，TEM 的分辨率比光学显微镜高很多，可以达到 0.1～0.2 nm，放大倍数为几万～百万倍。因此，使用 TEM 可以用于观察样品的精细结构，甚至可以用于观察仅仅一列原子的结构。

TEM 主要用来观察材料的微观形貌和结构，如催化剂粉末的轮廓外形，纳米粒子的尺寸和形貌。如图 9-9（a）为 FeS_2 复合石墨烯的 TEM 图，可见 FeS_2 的棒状结构和石墨烯的平面褶皱结构。

高分辨 TEM（HRTEM）是透射电镜的一种，可将晶面间距通过明暗条纹形象地表示出来。通过测定明暗条纹的间距，然后与晶体的标准晶面间距 d 对比，确定属于哪个晶面。方便标定出晶面取向或者材料的生长方向。同时 HRTEM 也可获得结构像及单个原子像（反映晶体结构中原子或原子团配置情况）等分辨率更高的图像信息。但是要求样品厚度小于 1 nm。如图 9-9（b）为 FeS_2 复合石墨烯的 HRTEM 图像，可见 FeS_2 的晶格间距为 0.31 nm，对应（111）晶面。

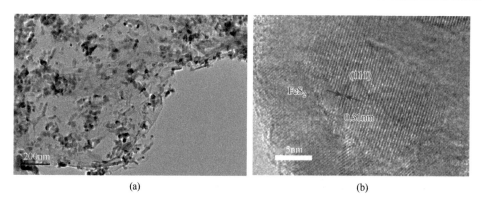

图 9-9 二硫化铁复合石墨烯的 TEM（a）及 HRTEM 图（b）

第五节 循环伏安法

循环伏安法（cyclic voltammetry）是一种常用的电化学实验方法。该方法通过控制电极电位，使电极电位随时间以三角波形式，在不同的扫描速率条件下一次或多次反复扫描，电位范围是使电极上能交替发生不同的还原和氧化反应，同时记录电流-电位曲线。根据曲线形状可以判断电极上发生的氧化还原反应的可逆程度，是否有中间体、相界吸附或新相形成的可能性，以及偶联化学反应的性质等。循环伏安法也常用来测量电极反应参数，判断其控制步骤和反应机制，并观察整个电势扫描范围内可发生哪些氧化还原反应及这些反应的性质。

循环伏安法原理如下（图 9-10）：以等腰三角形的脉冲电压加在工作电极上，得到的电流-电位曲线包括两个分支，如果前半部分电位向阴极方向扫描，电活性物质在电极上还原，产生还原波，那么后半部分电位向阳极方向扫描时，还原产

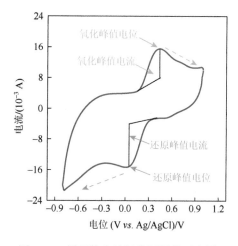

图 9-10 循环伏安法氧化还原峰示意图

物又会重新在电极上氧化,产生氧化波。因此一次三角波扫描,完成一个还原和氧化过程的循环,该法称为循环伏安法,其电流-电压曲线称为循环伏安图。如果电活性物质可逆性差,则氧化波与还原波的高度就不同,对称性也较差。循环伏安法中电压扫描速率可从每秒钟数毫伏到 1V。工作电极可用悬汞电极或铂、玻碳、石墨等固体电极。

循环伏安法可用来确定反应是否为可逆反应:氧化峰电流与还原峰电流之比的绝对值等于 1,氧化峰与还原峰电位差约为 $\frac{59}{n}$ mV,n 为电子转移量(温度一般是 293K)。也可用来判断扩散反应或者是吸附反应:改变扫描速率,看峰电流是与扫描速率还是它的二次方根成正比。若是与扫描速率呈线性关系,就是表面控制。若是与二次方根呈线性关系,则是扩散控制。循环伏安法可用来检测具备氧化还原行为的污染物,如图 9-11 所示,测试参数为扫描速率 10 mV/s,电压扫描范围为 –1.0~2.0 V(vs. Ag/AgCl),扫描 1 次,扫描得到氧化峰电流值与对乙酰氨基酚浓度在 20~200 mg/L 范围内呈线性关系。

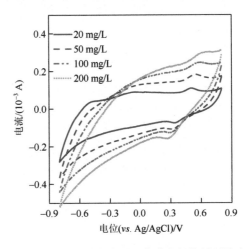

图 9-11 对乙酰氨基酚在金刚石薄膜电极的循环伏安曲线

第六节 X 射线光电子能谱

X 射线光电子能谱(X-ray photoelectron spectroscopy,XPS)是一种常用的表面分析技术,它可以通过光子束照射样品,根据受激发逸出的光电子能谱,鉴别固体材料表面元素种类、含量、价态、化学键以及其他的电子结构信息。XPS 测定简单,测试范围广,可对表面存在的除 H 和 He 以外的所有元素进行定性和定量分析。由于相邻元素的同种能级的谱线相隔较远,相互干扰少,XPS 元素定性的标识性强。作为一种高灵敏超微量表面分析技术,XPS 被广泛应用于冶金、化工、医学、材料、环境催化等各个领域,用于分析固体矿物表面的元素组成及变化。

一、X 射线光电子能谱原理

XPS 的工作原理如图 9-12 所示:一定能量的 X 射线(常用的射线源是 Mg K_α-1253.6 eV 或 Al K_α-1486.6 eV)照射到样品表面,与待测样品的表层原子发生作用,当光电子能量大于核外电子的结合能时,可以激发待测物质原子中的电子脱离原子成为自由电子逸出。对这些光电子的能量分布进行分析,就可得到光电子能谱图。XPS 起始于光电效应,其基本方程为

$$hv = E_k + E_b + E_r$$

其中,hv 是 X 射线的能量;E_k 是光电子的能量(eV);E_b 是电子的结合能(eV);E_r 是原子的反冲能量(eV)。E_r 很小,可以忽略。根据能量守恒定律可得到下述关系:

$$E_b = hv - E_k$$

hv 是已知的,E_k 可通过电子能量分析器测得,则可确定结合能 E_b。由于不同原子中同一层上电子的结合能 E_b 不同,可用 E_b 进行元素鉴定(张素伟等,2021)。以被测电子的动能或结合能为横坐标,出射电子的数目为纵坐标,即可绘制出被测样品的 X 射线光电子能谱图。

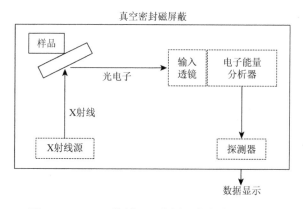

图 9-12　XPS 工作原理示意图(俞宏坤,2003)

二、X 射线光电子能谱应用

XPS 可通过测定谱中特征谱线的位置及峰强进行定性和定量分析(郭沁林,2007)。①元素组成分析:每种元素都有唯一的一套能级谱图,XPS 技术通过对固体表面元素亚层电子的结合能分析来确定固体表面的元素组成。对于化学组成不确定的样品,可作全谱扫描以初步判定表面的全部或大部分化学元素。②形态分析:元素亚层电子的结合能受价电子的影响,价电子电子云密度低(对应高价态)

的元素,其亚层电子的结合能越高,价层电子电子云密度高(对应低价态)的元素则与之相反。对于已知元素组成的固体,XPS 技术对已知元素进行窄区扫描分析,通过元素信号峰值结合能的位移来判断表面元素的氧化还原价态分布。此外,可以通过元素峰值结合能的位置判断表面元素的结合形态。Zhang 等(2018)通过对黄铁矿表面铁元素(2p)的窄区扫描及解卷积操作,证实了结合能在 706.8 eV、708.9 eV 和 712 eV 的峰分别代表了硫原子结合态的二价铁[Fe(Ⅱ)-S]、硫原子结合态的三价铁[Fe(Ⅲ)-S]和氧原子结合态的三价铁[Fe(Ⅲ)-O]。③半定量分析:XPS 可以通过表面不同元素信号强度的比值简单确定表面元素的相对占比,也可以通过对同一元素信号峰的解卷积分峰,根据信号强度比值来判断不同价态原子的表面占比。Yuan 等(2018)通过铁元素($2p^{3/2}$)XPS 数据的半定量分析(图 9-13),证明了随着反应过程的进行,绿脱石表面的 Fe(Ⅱ)被氧化,其相对含量由 41.1%降至 32.4%。XPS 定量分析数据与穆斯堡尔谱及绿脱石酸解后测定的数据相近,证明了 XPS 作为半定量分析数据的可靠性。

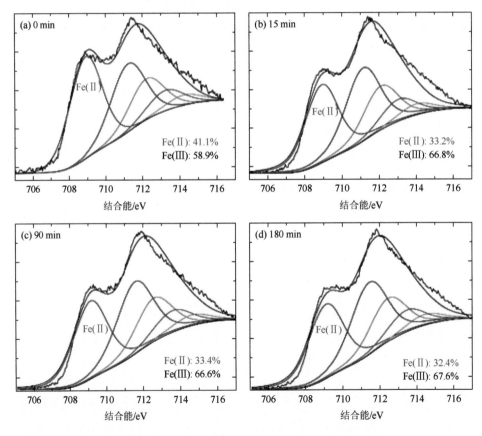

图 9-13 绿脱石表面 Fe($2p^{3/2}$)XPS 数据分析(Yuan et al.,2018)

第七节　石英晶体微天平应用

一、基本原理

石英晶体微天平（quartz crystal microbalance，QCM）是基于石英晶体的压电效应，即对于具有一定对称性的晶体材料，施加电压会导致材料的机械变形，如果施加电压周期性变化，则晶体会周期性振动。物质在芯片表面的吸附/脱附引起晶体振动频率 F 的改变，通过建立晶体谐振频率变化与传感器表面微小的质量变化间的关系，即可原位得到与芯片表面相互作用的物质的质量。QCM 主要由三部分构成：①石英晶体；②频率检测部分；③信号显示部分，如图 9-14 所示。

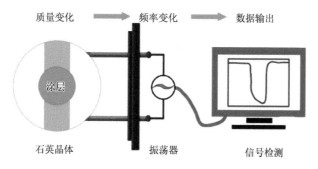

图 9-14　检测系统示意图（Ma et al.，2020）

QCM 最开始应用的情景是在晶体表面的质量沉积和形成的薄膜遵循晶体振动的刚性均匀的薄膜，此时频率质量关系遵循著名的 Sauerbrey 方程 [式（9-4）]。

$$\Delta F_n = -\frac{n \Delta m_f}{C} = -\frac{n}{C} \rho_f \Delta h_f \tag{9-4}$$

其中，ΔF_n 为不同倍频下的频率变化；Δm_f 是单位面积吸附的物质质量（质量/单位面积）；ρ_f 和 Δh_f 分别为吸附物质的密度和厚度。质量灵敏度常数 C 只取决于石英晶体的基频和材料性能。该模型假定振动过程不发生能量耗散，与石英晶体芯片表面相互作用的物质可以近似地认为是石英晶体的一部分，适用于气体在芯片表面吸附以及液相中形成的吸附层能量耗散较小的情况。

液体环境中石英晶体微天平的应用可以追溯到 20 世纪中期，研究者建立了石英晶体的振动频率与液体黏弹性 η_1 和密度 ρ_1 之间的关系（Reviakine et al.，2011）：

$$\Delta F_n = -\frac{1}{C}\sqrt{\frac{n \rho_1 \eta_1}{2\omega_F}} \tag{9-5}$$

但由于晶体振动频率的变化还受吸附物质黏弹性等因素的影响，不同条件下频率质量关系不同。何建安等将液相中 QCM 的研究对象分为两层，第一层为溶液环境层，第二层为功能化膜层，根据剪切波的穿透深度和功能化膜层高度的关系来界定能量耗散的影响，总结了不同条件下的频率质量定量关系（何建安等，2011）。由于耗散因子等参数的引入，刚性膜的研究拓展到黏弹性薄膜的研究应用，耗散型QCM-D就是在QCM的基础上增加了耗散因子D，来表示吸附在传感器表面的膜层黏弹性，D越大表明晶体上的薄膜越柔软，吸附层黏弹性越大。如果通过不同方法如层层自组装、旋涂、电化学沉降（Zhou et al.，2011）等将芯片表面镀改性为不同矿物膜表面，就可以原位、实时研究不同物质与矿物表面的相互作用，是一种具有纳克级灵敏度的矿物界面过程分析工具。

二、QCM-D在矿物界面反应中的应用

在矿物界面反应过程的研究中，QCM-D可以原位实时地研究酶、蛋白质、细菌、病毒等在矿物界面沉降吸附过程，如计算其热力学和动力学，利用定量公式可以计算吸附层的质量和厚度，通过耗散因子的变化可以研究吸附层的结构性质，以及溶液条件的影响。Kolman等结合AFM和QCM-D研究蛋白质在蒙脱石表面的吸附团聚，发现蛋白质与蒙脱石表面的结合主要是由静电相互作用驱动的，因此吸附层的性质受pH控制，pH的改变会引起吸附蛋白质结构的变化。例如，随着pH的升高，由于静电斥力的减小，溶酶菌可能由原来的"站立"吸附转变为"平躺"的方式吸附在蒙脱石的表面，虽然这种吸附方式的吸附密度低，但可能由于这种吸附层更容易被水渗透而导致吸附质量的增加（Kolman et al.，2014）。利用QCM-D技术研究了天然有机质在Al_2O_3、Fe_3O_4表面的沉降过程、吸附动力学，以及共存离子的影响，发现有机质在Al_2O_3表面快速形成单分子层吸附，但在Fe_3O_4表面却没有观察到有机分子的吸附。较低浓度二价阳离子的存在显著提高有机质在SiO_2、Al_2O_3表面的沉积。QCM-D还通过同时测量能量耗散，提供了吸附层厚度和黏弹性信息，反应吸附层构型，较高钙离子可显著增加有机质苏瓦尼河胡敏酸（Suwannee River humic acid，SRHA）在Al_2O_3表面沉降的$\Delta D/\Delta F$值，说明钙离子的存在改变了SRHA在表面的吸附构型，二价钙离子可能作为阳离子桥或发挥静电吸引作用而促进有机质和表面相互作用（Li W et al.，2018）。为研究外膜细胞色素c对于希瓦氏菌在铁氧化物表面吸附过程中的作用，通过观察希瓦氏菌与针铁矿表面相互作用过程的频率和耗散变化数据，发现与细胞色素c缺失突变体相比，野生希瓦氏菌在针铁矿表面的吸附过程包括初始沉积吸附、细胞快速聚集，最终形成刚性吸附层三个阶段（景新新等，2019）。QCM-D结合DLVO理论对MS2噬菌体病毒在石英晶体表面、膨润土覆盖的石英晶体表面以及高岭石覆盖的石英晶体表面一系列溶液化学条件下的吸附进行研究，发现离子强度的增加及二价阳离子都可以增加MS2在三种表面上的吸附（Tong et al.，2012）。由于不同的芯片具有不同的表面性质，其可选择性地与某一矿物表面作用进而调控矿

物的暴露晶面而研究矿物不同表面和其他物质的相互作用，Alagha 等（2013）在硅和氧化铝传感器上沉积高岭石纳米颗粒，由于氧化铝表面带正电，更趋向与高岭石的硅氧四面体相互作用而使铝氧八面体表面暴露在溶液相，同样由于硅表面带负电，易与带正电的铝氧八面体表面相互作用而使硅氧四面体表面暴露在溶液相。

参 考 文 献

何建安，付龙，黄沫，等. 2011. 石英晶体微天平的新进展. 中国科学：化学，41（11）：1679-1698.

郭沁林. 2007. X 射线光电子能谱. 物理，36（5）：405-410.

景新新，吴一超，高春辉，等. 2019. 针铁矿表面希瓦氏菌吸附分子机制：外膜细胞色素 OmcA 和 MtrC 的作用. 2019 年中国土壤学会土壤环境专业委员会，土壤化学专业委员会联合学术研讨会，中国重庆.

俞宏坤. 2003. X 射线光电子能谱（XPS）. 上海计量测试，30（40）：45-47.

张素伟，姚雅萱，高慧芳，等. 2021. X 射线光电子能谱技术在材料表面分析中的应用. 计量科学与技术，(1)：40-44.

Alagha L, Wang S, Yan L, et al. 2013. Probing adsorption of polyacrylamide-based polymers on anisotropic basal planes of kaolinite using quartz crystal microbalance. Langmuir, 29（12）：3989-3998.

de Santana H, Paesano A, da Costa, et al. 2010. Cysteine, thiourea and thiocyanate interactions with clays: FT-IR, Mössbauer and EPR spectroscopy and X-ray diffractometry studies. Amino Acids, 38（4）：1089-1099.

Fang G, Chen X, Wu W, et al. 2018. Mechanisms of interaction between persulfate and soil constituents: Activation, free radical formation, conversion, and identification. Environ Sci Technol, 52（24）：14352-14361.

Jin X, Wu D, Chen Z, et al. 2021. Surface catalyzed hydrolysis of chloramphenicol by montmorillonite under limited surface moisture conditions. Sci Total Environ, 770: 144843.

Kolman K, Makowski M M, Golriz A A, et al. 2014. Adsorption, aggregation, and desorption of proteins on smectite particles. Langmuir, 30（39）：11650-11659.

Li Q, Huang X, Su G, et al. 2018. The regular/persistent free radicals and associated reaction mechanism for the degradation of 1, 2, 4-trichlorobenzene over different MnO_2 polymorphs. Environ Sci Technol, 52（22）：13351-13360.

Li W, Liao P, Oldham T, et al. 2018. Real-time evaluation of natural organic matter deposition processes onto model environmental surfaces. Water Res, 129: 231-239.

Ma Z, Yuan T, Fan Y, et al. 2020. A benzene vapor sensor based on a metal-organic framework-modified quartz crystal microbalance. Sensor Actuat B: Chem, 311: 127365.

Ou J Z, Campbell J L, Yao D, et al. 2011. In situ raman spectroscopy of H_2 gas interaction with layered MoO_3. The J Phys Chem C, 115（21）：10757-10763.

Reviakine I, Johannsmann D, Richter R P. 2011. Hearing what you cannot see and visualizing what you hear: Interpreting quartz crystal microbalance data from solvated interfaces. Anal Chem, 83（23）：8838-8848.

Sheng F, Ling J, Wang C, et al. 2019. Rapid hydrolysis of penicillin antibiotics mediated by adsorbed zinc on goethite surfaces. Environ Sci Technol, 53（18）：10705-10713.

Tong M, Shen Y, Yang H, et al. 2012. Deposition kinetics of MS2 bacteriophages on clay mineral surfaces. Colloids Surf B: Biointerfaces, 92: 340-347.

Yuan S, Liu X, Liao W, et al. 2018. Mechanisms of electron transfer from structrual Fe(II) in reduced nontronite to oxygen for production of hydroxyl radicals. Geochim Cosmochim Ac, 223: 422-436.

Zhang P, Huang W, Ji Z, et al. 2018. Mechanisms of hydroxyl radicals production from pyrite oxidation by hydrogen peroxide: Surface versus aqueous reactions. Geochim Cosmochim Ac, 238: 394-410.

Zhou C, Shen Z, Liu L, et al. 2011. Preparation and functionality of clay-containing films. J Mater Chem, 21 (39): 15132-15153.

Zhu H, Yu G, Guo Q, et al. 2017. *In situ* Raman spectroscopy study on catalytic pyrolysis of a bituminous coal. Energ Fuel, 31 (6): 5817-5827.